作物测土配方与营养套餐施肥技术系列丛书

果树测土配方与营养套餐施肥技术

宋志伟 等 编著

U0239218

中国农业出版社
北京

作者简介

宋志伟，男，1964年出生，大学毕业，1986年参加工作，河南农业职业学院教授，从事新型肥料研究与技术推广工作。先后荣获河南省优秀教师、全国农业职业技能开发先进个人、河南省农业厅优秀教师、河南省高等学校学术技术带头人等称号。先后在《土壤通报》《中国土壤与肥料》《棉花学报》等18种刊物上发表论文56篇；先后主编出版《土壤肥料》《农作物实用测土配方施肥技术》《果树实用测土配方施肥技术》《蔬菜实用测土配方施肥技术》《农作物秸秆综合利用新技术》《现代农业》《现代农艺基础》《植物生长与环境》《特种作物生产新技术》《实用农业实验统计分析新解》等论著、教材75部；获得地市级以上教科研成果16项。

内容提要

本书借鉴人体保健营养套餐设计理念，在目前推广的测土配方施肥技术基础上，以保护生态环境、提升土壤肥力、改善果树品质、促进农业持续发展为目的，从果树的营养需求特点、果树测土施肥配方、无公害果树营养套餐肥料组合和施肥技术规程等方面入手，主要介绍我国落叶果树、常绿果树及草本果树等29种果树的测土配方与营养套餐施肥技术。根据灌溉方式（旱地、常规灌溉、沟灌、滴灌、膜下灌溉等）、树龄（幼树、初结果树、结果盛期树等）等不同而设计的营养套餐施肥技术，具有针对性强、实用价值高、适宜操作等特点，方便果农选用。

本书可供适合各级农业技术推广部门、肥料生产企业、土壤肥料科研教学部门的科技人员、肥料生产和经销人员、果树种植户阅读和参考使用。

编著者名单

宋志伟　杨首乐
海建平　张少伟

总 序

作 物 测 土 配 方 与 营 养 套 餐 施 肥 技 术 系 列 丛 书

　　肥料是作物的粮食，是农业生产的最重要的物质基础。科学施肥，不仅可以提高作物产量、改善作物品质，还能改良和培肥土壤，减少环境污染。我国在传统农业向现代农业的转变过程中，肥料用量急剧增加，并显著地提高了作物产量，但由于化肥用量日益增加，有机肥施用量急剧减少，导致了土壤板结、结构变差，土壤微生物功能下降，土壤生态系统脆弱，耕地的生产能力和抵御自然灾害能力严重下降，从而影响了农产品数量和质量安全，影响了农业效益和农民收入的提高，而且严重影响了生态环境。

　　2000 年我国化肥产量只有 3 207.17 万吨，2004 年超过 4 000 万吨，2006 年突破 5 000 万吨大关，2009 年继续突破 6 000 万吨大关，2013 年又突破 7 000 万吨大关。短短的 13 年时间，国内化肥产量翻了一番还多，成为世界第一肥料生产和消费大国。但由于施肥的不科学，我国的肥料利用率不高。据 2005 年以来全国 11 788 个"3414"试验数据，现阶段我国小麦氮肥利用率为 28.8%、玉米氮肥利用率为 30.4%、水稻氮肥利用率为 32.3%，距离一般发达国家的氮肥利用率 40%～60% 的水平有很大差距。而磷肥、钾肥等肥料利用率与发达国家的差距更大。我国粮食增产主要靠化肥，我国占世界 9% 的耕地使用了世界 35% 的化肥，稻田使用化肥量比日本多一倍，而产量相近。这些不仅造成了农业生产成本增加，还污染了环境，降低了土壤的永续生产能力。

　　当前世界肥料产业出现了高效化、专业化、专用化、简便化和多功能化的趋势，一大批符合发展趋势的新型肥料逐渐出现，缓/控释肥、生物肥料、商品有机肥、多功能肥料、增效类肥料、有机无机复混肥等逐渐被应用。据统计，我国目前每年缓释肥料生产量为 100 万吨（实物量）、生物肥料生产量为 800 万～900 万吨（实物量）、商品有机肥料 1 000 万吨（实物量）。这些肥料的广泛应用，有助于解决肥料利用率一直不高的问题。同时由于目前我国劳动力用工需求和成本走高，施肥方法与次数已成为限制农业生产进一步发展的因素之一，因此在提供营养的同时，培肥土壤、提高抗性、逆境生长，既能除草又能抗病，施肥次数减少等新型多功能肥料的研发和应用是一个重要的发展方向。此外，随着人们环保意识的提高，肥料对环境的影响越来越受到重视，减少损失、提高利用率是重要的目标，环保型肥料的研发和应用也将是肥料发展的重要方向之一。

国务院通过的《全国新增 1 000 亿斤①粮食生产能力规划（2009—2020）》要求，到 2020 年我国粮食生产能力达到 11 000 亿斤以上，比现有产能增加 1 000 亿斤。但近些年来，随着经济的快速发展和国家农业政策的落实，农业种植结构调整，作物复种指数提高，作物产量的提高，我国农业基础设施条件、作物布局、种植制度、施肥结构、耕作水平等发生了较大改变，土壤肥力和耕地质量也发生了很大变化。1982 年我国引入平衡施肥、配方施肥等科学施肥技术，使我国的施肥技术发生了根本变革。特别是 2005 年农业部开始在全国推行测土配方施肥技术春季行动，使我国的作物施肥技术得到了一次全面提升。2004 年山东烟台众德集团首次提出"套餐施肥"理念，并在北方小麦、玉米、水稻、棉花、马铃薯、西瓜、大蒜、果树及大棚蔬菜上推广 220 万亩②。测土配方施肥技术、"套餐施肥"、水肥一体化技术、养分资源综合管理等施肥新技术的推广，对于提高粮食单产、降低生产成本、保证粮食稳定增产和农民持续增收具有重要的现实意义；对于提高肥料利用率、减少肥料浪费、保护农业生态环境、保证农产品质量安全、实现农业可持续发展具有深远的历史意义。

笔者自 2000 年开始一直与国内一些新型肥料厂家合作，试图借鉴人体营养保健营养套餐理念，考虑人体营养元素与作物必需营养元素的关系，在测土配方施肥技术的基础上，参考"套餐施肥"理念，按照各种作物生

---

① 斤为非法定计量单位，1 斤＝0.5 千克；

② 亩为非法定计量单位，1 亩＝1/15 公顷。下同。——编者注

长营养吸收规律，综合调控作物生长发育与环境的关系，对农用化学品投入进行科学的选择、经济的配置，要实现高产、高效、安全为栽培目标，要统筹考虑栽培管理因素，以最优的配置、最少的投入、最佳的管理，达到最高的产量。正是基于上述理念，在中国农业出版社、河南农业职业学院等单位的大力支持下，筹划出版了"作物测土配方与营养套餐施肥技术系列丛书"，以粮经作物、果树、蔬菜、花卉等大类作物进行分册出版。希望这套丛书的出版，能为广大农民科学合理施肥提供参考，对当前施肥新技术的推广起到一定的推动作用，为现代农业的可持续发展做出相应的贡献。

宋志伟

2015 年 6 月

前 言

作 物 测 土 配 方 与 营 养 套 餐 施 肥 技 术 系 列 丛 书

　　我国地域广阔，种植的果树种类繁多，但南北方差异较大，北方以落叶果树为主，南方以常绿果树为主。落叶果树的主要种类有苹果、梨、山楂、桃、李、杏、樱桃、葡萄、猕猴桃、石榴、核桃、板栗、银杏、枣、柿等；常绿果树的主要种类有柑橘、脐橙、柚子、荔枝、龙眼、芒果、杨梅、橄榄、番石榴、番木瓜、椰子、槟榔、腰果、枇杷等。除此之外，还有一类草本果树，主要有香蕉、菠萝、草莓、西瓜、甜瓜等。由于交通物流业的发展，这些水果已成为人们生活中常见的果品，因此，其安全性对人体健康至关重要。施用安全环保肥料，采用科学施肥技术，是我国果树生产的重要措施之一。随着现代农业的发展，无公害、绿色、有机农产品需求越来越多，果树施肥也应进入注重施肥安全的时期。

　　《果树测土配方与营养套餐施肥技术》一书是一本技术性强、应用性强，全面阐述我国主要果树的营养需求特点与安全科学施肥技术的现代农业科技书。本书借鉴人体保健营养套餐设计理念，在目前推广的测土配方施肥技术基础上，以保护生态环境、提升土壤肥力、改善果树品质、促进农业持续发展为目的，从果树的营养需求特点、果树测土施肥配方、无公害果树营养套餐肥料组合、无公害果树营养套餐施肥技术规程等方面入手，提出我国主要落叶果树、常绿果树、瓜果等29种果树的测土配方与营养套餐施肥技术，希望能为广大农民科学合理施肥提供参考，为现代农业的可持续发展做出相应的贡献。

　　本书具有针对性强、实用价值高、适宜操作等特点。综合考虑了不同灌溉方式（旱地、常规灌溉、沟灌、滴灌等）、树龄（幼树、初结果树、结果盛期树等）等情况下的营养套餐施肥技术，方便果农选用。

本书在编写过程中得到中国农业出版社、河南农业职业学院以及众多农业及肥料企业等单位领导和有关人员的大力支持，在此表示感谢。本书在编写过程中参考引用了许多文献资料，在此谨向其作者深表谢意。由于我们水平有限，书中难免存在疏漏和不足之处，敬请读者批评指正。

宋志伟

2015 年 10 月

目 录

作 物 测 土 配 方 与 营 养 套 餐 施 肥 技 术 系 列 丛 书

总序
前言

第一章　果树测土配方与营养套餐施肥新技术 ················· 1

　第一节　果树测土配方施肥技术 ··························· 1
　　一、果树测土配方施肥的技术要点 ····················· 1
　　二、果园样品采集、制备与测试 ······················· 4
　　三、果树肥效试验 ····································· 8
　　四、果树施肥配方确定 ······························· 10

　第二节　果树营养套餐施肥技术 ························· 16
　　一、果树营养套餐施肥技术内涵 ······················ 16
　　二、果树营养套餐施肥的技术环节 ···················· 19
　　三、果树营养套餐肥料的生产 ························ 22
　　四、主要果树营养套餐肥料 ·························· 26

第二章　仁果类落叶果树测土配方与营养套餐施肥技术 ······ 31

　第一节　苹果树测土配方与营养套餐施肥技术 ············ 31
　　一、苹果树营养需求特点 ···························· 31
　　二、苹果树测土施肥配方 ···························· 33
　　三、无公害苹果树营养套餐肥料组合 ·················· 39
　　四、无公害苹果树营养套餐施肥技术规程 ·············· 40

　第二节　梨树测土配方与营养套餐施肥技术 ·············· 42
　　一、梨树的营养需求特点 ···························· 42

二、梨树测土施肥配方 ………………………………… 43

三、无公害梨树营养套餐肥料组合 …………………… 45

四、无公害梨树营养套餐施肥技术规程 ……………… 46

第三节　山楂树测土配方与营养套餐施肥技术 ……… 47

一、山楂树的营养需求特点 …………………………… 47

二、山楂树测土施肥配方 ……………………………… 48

三、无公害山楂树营养套餐肥料组合 ………………… 50

四、无公害山楂树营养套餐施肥技术规程 …………… 51

第三章　核果类落叶果树测土配方与营养套餐施肥技术 ……… 53

第一节　桃树测土配方与营养套餐施肥技术 ………… 53

一、桃树的营养需求特点 ……………………………… 53

二、桃树测土施肥配方 ………………………………… 55

三、无公害桃树营养套餐肥料组合 …………………… 61

四、无公害桃树营养套餐施肥技术规程 ……………… 62

第二节　李子树测土配方与营养套餐施肥技术 ……… 64

一、李子树的营养需求特点 …………………………… 64

二、李子树测土施肥配方 ……………………………… 65

三、无公害李子树营养套餐肥料组合 ………………… 67

四、无公害李子树营养套餐施肥技术规程 …………… 67

第三节　杏树测土配方与营养套餐施肥技术 ………… 69

一、杏树的营养需求特点 ……………………………… 69

二、杏树测土施肥配方 ………………………………… 70

三、无公害杏树营养套餐肥料组合 …………………… 72

四、无公害杏树营养套餐施肥技术规程 ……………… 73

第四节　樱桃树测土配方与营养套餐施肥技术 ……… 75

一、樱桃树的营养需求特点 …………………………… 75

二、樱桃树测土施肥配方 ……………………………… 76

三、无公害樱桃树营养套餐肥料组合 ………………… 78

四、无公害樱桃树营养套餐施肥技术规程 …………… 79

第四章　浆果类落叶果树测土配方与营养套餐施肥技术 ……… 81

第一节　葡萄树测土配方与营养套餐施肥技术 ……… 81

一、葡萄树的营养需求特点 …………………………… 81

二、葡萄树测土施肥配方 …………………………………………… 83

三、无公害葡萄树营养套餐肥料组合 ……………………………… 87

四、无公害葡萄树营养套餐施肥技术规程 ………………………… 88

第二节 猕猴桃树测土配方与营养套餐施肥技术 ……………… 90

一、猕猴桃树的营养需求特点 ……………………………………… 90

二、猕猴桃树测土施肥配方 ………………………………………… 92

三、无公害猕猴桃树营养套餐肥料组合 …………………………… 95

四、无公害猕猴桃树营养套餐施肥技术规程 ……………………… 95

第三节 石榴树测土配方与营养套餐施肥技术 ………………… 97

一、石榴树的营养需求特点 ………………………………………… 97

二、石榴树测土施肥配方 …………………………………………… 98

三、无公害石榴树营养套餐肥料组合 ……………………………… 100

四、无公害石榴树营养套餐施肥技术规程 ………………………… 101

第四节 无花果测土配方与营养套餐施肥技术 ………………… 103

一、无花果的营养需求特点 ………………………………………… 103

二、无花果测土施肥配方 …………………………………………… 104

三、无公害无花果营养套餐肥料组合 ……………………………… 107

四、无公害无花果营养套餐施肥技术规程 ………………………… 107

第五章 坚果类落叶果树测土配方与营养套餐施肥技术 ………… 110

第一节 核桃树测土配方与营养套餐施肥技术 ………………… 110

一、核桃树的营养需求特点 ………………………………………… 110

二、核桃树测土施肥配方 …………………………………………… 111

三、无公害核桃树营养套餐肥料组合 ……………………………… 115

四、无公害核桃树营养套餐施肥技术规程 ………………………… 116

第二节 板栗树测土配方与营养套餐施肥技术 ………………… 119

一、板栗树的营养需求特点 ………………………………………… 119

二、板栗树测土施肥配方 …………………………………………… 121

三、无公害板栗树营养套餐肥料组合 ……………………………… 123

四、无公害板栗树营养套餐施肥技术规程 ………………………… 124

第六章 柿枣类落叶果树测土配方与营养套餐施肥技术 ………… 128

第一节 柿树测土配方与营养套餐施肥技术 …………………… 128

一、柿树的营养需求特点 …………………………………………… 128

二、柿树测土施肥配方 ……………………………………… 129

三、无公害柿树营养套餐肥料组合 …………………………… 132

四、无公害柿树营养套餐施肥技术规程 ……………………… 132

第二节　枣树测土配方与营养套餐施肥技术 ……………………… 135

一、枣树的营养需求特点 …………………………………… 135

二、枣树测土施肥配方 ……………………………………… 136

三、无公害枣树营养套餐肥料组合 …………………………… 138

四、无公害枣树营养套餐施肥技术规程 ……………………… 139

第七章　柑橘类常绿果树测土配方与营养套餐施肥技术 ………… 145

第一节　柑橘树测土配方与营养套餐施肥技术 ………………… 145

一、柑橘树的营养需求特点 ………………………………… 145

二、柑橘树测土施肥配方 …………………………………… 146

三、无公害柑橘树营养套餐肥料组合 ………………………… 152

四、无公害柑橘树营养套餐施肥技术规程 …………………… 153

第二节　橙子树测土配方与营养套餐施肥技术 ………………… 155

一、脐橙树的营养需求特点 ………………………………… 155

二、脐橙树测土施肥配方 …………………………………… 157

三、无公害脐橙树营养套餐肥料组合 ………………………… 159

四、无公害脐橙树营养套餐施肥技术规程 …………………… 160

第三节　柚子树测土配方与营养套餐施肥技术 ………………… 163

一、柚子树的营养需求特点 ………………………………… 163

二、柚子树测土施肥配方 …………………………………… 163

三、无公害柚子树营养套餐肥料组合 ………………………… 165

四、无公害柚子树营养套餐施肥技术规程 …………………… 166

第八章　荔枝类及壳果类常绿果树测土配方与营养套餐
施肥技术 ………………………………………………… 169

第一节　荔枝树测土配方与营养套餐施肥技术 ………………… 169

一、荔枝树的营养需求特点 ………………………………… 169

二、荔枝树测土施肥配方 …………………………………… 171

三、无公害荔枝树营养套餐肥料组合 ………………………… 175

四、无公害荔枝树营养套餐施肥技术规程 …………………… 176

第二节　龙眼树测土配方与营养套餐施肥技术 ………………… 180

一、龙眼树的营养需求特点 ·················· 180

二、龙眼树测土施肥配方 ·················· 182

三、无公害龙眼树营养套餐肥料组合 ·················· 185

四、无公害龙眼树营养套餐施肥技术规程 ·················· 186

第三节　椰子树测土配方与营养套餐施肥技术 ·················· 194

一、椰子树的营养需求特点 ·················· 194

二、椰子树测土施肥配方 ·················· 195

三、无公害椰子树营养套餐肥料组合 ·················· 199

四、无公害椰子树营养套餐施肥技术规程 ·················· 200

第九章　核果类常绿果树测土配方与营养套餐施肥技术 ·················· 202

第一节　杧果树测土配方与营养套餐施肥技术 ·················· 202

一、杧果树的营养需求特点 ·················· 202

二、杧果树测土施肥配方 ·················· 203

三、无公害杧果树营养套餐肥料组合 ·················· 205

四、无公害杧果树营养套餐施肥技术规程 ·················· 206

第二节　杨梅树测土配方与营养套餐施肥技术 ·················· 209

一、杨梅树的营养需求特点 ·················· 209

二、杨梅树测土施肥配方 ·················· 210

三、无公害杨梅树营养套餐肥料组合 ·················· 212

四、无公害杨梅树营养套餐施肥技术规程 ·················· 213

第三节　枇杷树测土配方与营养套餐施肥技术 ·················· 217

一、枇杷树的营养需求特点 ·················· 217

二、枇杷树测土施肥配方 ·················· 219

三、无公害枇杷树营养套餐肥料组合 ·················· 221

四、无公害枇杷树营养套餐施肥技术规程 ·················· 222

第十章　草本果树测土配方与营养套餐施肥技术 ·················· 226

第一节　香蕉测土配方与营养套餐施肥技术 ·················· 226

一、香蕉的营养需求特点 ·················· 226

二、香蕉测土施肥配方 ·················· 228

三、无公害香蕉营养套餐肥料组合 ·················· 232

四、无公害香蕉营养套餐施肥技术规程 ·················· 233

第二节　菠萝测土配方与营养套餐施肥技术 ·················· 236

一、菠萝的营养需求特点 ………………………………… 236

二、菠萝测土施肥配方 …………………………………… 237

三、无公害菠萝营养套餐肥料组合 ……………………… 240

四、无公害菠萝营养套餐施肥技术规程 ………………… 241

第三节　草莓测土配方与营养套餐施肥技术 …………… 244

一、草莓的营养需求特点 ………………………………… 245

二、草莓测土施肥配方 …………………………………… 245

三、无公害草莓营养套餐肥料组合 ……………………… 248

四、无公害草莓营养套餐施肥技术规程 ………………… 248

第四节　西瓜测土配方与营养套餐施肥技术 …………… 251

一、西瓜的营养需求特点 ………………………………… 251

二、西瓜测土施肥配方 …………………………………… 252

三、无公害西瓜营养套餐肥料组合 ……………………… 255

四、无公害西瓜营养套餐施肥技术规程 ………………… 256

第五节　甜瓜测土配方与营养套餐施肥技术 …………… 258

一、甜瓜的营养需求特点 ………………………………… 258

二、甜瓜测土施肥配方 …………………………………… 260

三、无公害甜瓜营养套餐肥料组合 ……………………… 262

四、无公害甜瓜营养套餐施肥技术规程 ………………… 263

主要参考文献 ……………………………………………… 266

第一章
果树测土配方与营养套餐施肥新技术

果树测土配方与营养套餐施肥技术是在测土配方施肥技术、水肥一体化技术基础上，引入人体健康营养套餐理念而提出的一种施肥新技术。

第一节 果树测土配方施肥技术

果树测土配方施肥技术是果树栽培生产中的重要环节之一，也是保证果树高产、稳产、优质最有效的农艺措施。果树测土配方施肥技术是综合运用现代农业科技成果，以肥料田间试验和土壤测试为基础，根据果树需肥规律、土壤供肥性能和肥料效应，在合理施用有机肥料的基础上，科学提出氮、磷、钾及中、微量元素等肥料的施用品种、数量、施肥时期和施用方法的一套施肥技术体系。

一、果树测土配方施肥的技术要点

测土配方施肥技术包括"测土、配方、配肥、供应、施肥指导"5个核心环节和"野外调查、田间试验、土壤测试、配方设计、校正试验、配方加工、示范推广、宣传培训、数据库建设、效果评价、技术创新11项重点内容。

（一）测土配方施肥技术的核心环节

1. **测土** 在广泛的资料收集整理、深入的野外调查和典型农户调查、掌握耕地的立地条件、土壤理化性质与施肥管理水平的基础上，果树平均每个采样单元为20～40亩[*]（地势平坦果园取高限，丘陵区果园取低限）。对采集的土样进行有机质、全氮、水解氮、有效磷、缓效钾、速效钾及中、微量元素等养分的分析，为制定配方和田间肥料试验提供基础数据。

---

[*] 亩为非法定计量单位，1亩≈667米^2，下同。——编者注

2. **配方** 以开展田间肥料小区试验，摸清土壤养分校正系数、土壤供肥量、果树需肥规律和肥料利用率等基本参数，建立不同施肥分区主要果树的氮、磷、钾肥料效应模式和施肥指标体系，再由专家分区域、分果树根据土壤养分测试数据、果树需肥规律、土壤供肥特点和肥料效应，在合理配施有机肥的基础上，提出氮、磷、钾及中、微量元素等肥料配方。

3. **配肥** 依据施肥配方，以各种单质或复混肥料为原料，配制配方肥料。目前，在推广上有两种模式：一是农民根据配方建议卡自行购买各种肥料配合施用；二是由配肥企业按配方加工配方肥料，农民直接购买施用。

4. **供应** 测土配方施肥技术最具活力的供肥模式是通过肥料招投标，以市场化运作、工厂化生产和网络化经营将优质配方肥料供应到户、到田。

5. **施肥** 制定、发放测土配方施肥建议卡到户或供应配方肥到点，并建立测土配方施肥示范区，通过树立样板田的形式来展示测土配方施肥技术效果，引导农民应用测土配方施肥技术。

（二）果树测土配方施肥技术的重点内容

果树测土配方施肥技术的实施是一个系统工程，整个实施过程需要农业教育、科研、技术推广部门与广大农户或农业合作社、农业企业等相结合，配方肥料的研制、销售、应用相结合，现代先进技术与传统实践经验相结合。从土样采集、养分分析、肥料配方制定、按配方施肥、田间试验示范监测到修订配方，形成一个完整的测土配方施肥技术体系。

1. **野外调查** 资料收集整理与野外定点采样调查相结合，典型农户调查与随机抽样调查相结合，通过广泛深入的野外调查和取样地块农户调查，掌握耕地地理位置、自然环境、土壤状况、生产条件、农户施肥情况以及耕作制度等基本信息进行调查，以便有的放矢地开展测土配方施肥技术工作。

2. **田间试验** 田间试验是获得各种果树最佳施肥量、施肥时期、施肥方法的根本途径，也是筛选、验证土壤养分测试技术、建立施肥指标体系的基本环节。通过田间试验，掌握各个施肥单元不同果树优化施肥量，基、追肥分配比例，施肥时期和施肥方法；摸清土壤养分校正系数、土壤供肥量、农果树需肥参数和肥料利用率等基本参数；构建作物施肥模型，为施肥分区和肥料配方依据。

3. **土壤测试** 土壤测试是肥料配方的重要依据之一，随着我国种植业结构不断调整，高产作物品种不断涌现，施肥结构和数量发生了很大的变化，土壤养分库也发生了明显改变。通过开展土壤氮、磷、钾及中、微量元素养分测试，了解土壤供肥能力状况。

4. 配方设计　肥料配方设计是测土配方施肥工作的核心。通过总结田间试验、土壤养分数据等，划分不同区域施肥分区；同时，根据气候、地貌、土壤、耕作制度等相似性和差异性，结合专家经验，提出不同果树的施肥配方。

5. 校正试验　为保证肥料配方的准确性，最大限度地减少配方肥料批量生产和大面积应用的风险，在每个施肥分区单元设置配方施肥、农户习惯施肥、空白施肥3个处理，以当地主要果树及其主栽品种为研究对象，对比配方施肥的增产效果，校验施肥参数，验证并完善肥料施用配方，改进测土配方施肥技术参数。

6. 配方加工　配方落实到农户田间是提高和普及测土配方施肥技术的最关键环节。目前不同地区有不同的模式，其中最主要的也是最具有市场前景和运作模式就是市场化运作、工厂化加工、网络化经营。这种模式适应我国农村农民科技水平低、土地经营规模小、技物分离的现状。

7. 示范推广　为促进测土配方施肥技术能够落实到田间地点，既要解决测土配方施肥技术市场化运作的难题，又要让广大农民亲眼看到实际效果，这是限制测土配方施肥技术推广的"瓶颈"。建立测土配方施肥示范区，为农民创建窗口，树立样板，全面展示测土配方施肥技术效果。将测土配方施肥技术物化成产品，打破技术推广"最后一公里"的"坚冰"。

8. 宣传培训　测土配方施肥技术宣传培训是提高农民科学施肥意识，普及技术的重要手段。农民是测土配方施肥技术的最终使用者，迫切需要向农民传授科学施肥方法和模式；同时还要加强对各级技术人员、肥料生产企业、肥料经销商的系统培训，逐步建立技术人员和肥料经销持证上岗制度。

9. 数据库建设　运用计算机技术、地理信息系统和全球卫星定位系统，按照规范化测土配方施肥数据字典，以野外调查、农户施肥状况调查、田间试验和分析化验数据为基础，整理历年土壤肥料田间试验和土壤监测数据资料，建立不同层次、不同区域的测土配方施肥数据库。

10. 效果评价　农民是测土配方施肥技术的最终执行者和落实者，也是最终受益者。检验测土配方施肥的实际效果，及时获得农民的反馈信息，不断完善管理体系、技术体系和服务体系。同时，为科学地评价测土配方施肥的实际效果，必须对一定的区域进行动态调查。

11. 技术创新　技术创新是保证测土配方施肥工作长效性的科技支撑。重点开展田间试验方法、土壤养分测试技术、肥料配制方法、数据处理方法等方面的创新研究工作，不断提升测土配方施肥技术水平。

二、果园样品采集、制备与测试

（一）果园土壤样品采集与植被

土壤样品的采集是土壤测试的一个重要环节，土壤样品采集应具有代表性，并根据不同分析项目采用相应的采样和处理方法。

1. 果园土壤样品的采集

（1）采样准备 为确保土壤测试的准确性，应选择具有采样经验，明确采样方法和要领，对采样区域农业生产情况熟悉的技术人员负责采样；如果是农民自行采样，采样前应咨询当地熟悉情况的技术人员，或在其指导下进行采样。

采样时要具备有采样区域的土壤图、土地利用现状图、行政区划图等，标出样点分布位置，制定采样计划。准备 GPS、采样工具、采样袋、采样标签等。

（2）采样单元 采样前要详细了解采样地区的土壤类型、肥力等级和地形等因素，将测土配方施肥区域划分为若干个采样单元，每个采样单元的土壤要尽可能均匀一致。果树平均每个采样单元为 20～40 亩（地势平坦果园取高限，丘陵区果园取低限）。采样集中在位于每个采样单元相对中心位置的典型地块（同一农户的地块），采样地块面积为 1～5 亩。

（3）采样时间 果树在上一个生育期果实采摘后下一个生育期开始之前，连续一个月未进行施肥后的任意时间采集土壤样品。进行氮肥追肥推荐时，应在追肥前或果树生长的关键时期采集。

（4）采样周期 同一采样单元，无机氮或进行植株氮营养快速诊断每季或每年采集 1 次；土壤有效磷、速效钾每 2～3 年采集 1 次，中、微量元素每3～5 年采集 1 次。

（5）采样深度 果树采样深度为 0～60 厘米，分为 0～30 厘米、30～60厘米采集基础土壤样品。如果果园土层薄（＜60 厘米），则按照土层实际深度采集，或只采集 0～30 厘米土层。

（6）采样点数量 要保证足够的采样点，使之能代表采样单元的土壤特性。采样必须多点混合，每个样点由 15～20 个分点混合而成。

（7）采样路线 采样时应沿着一定的线路，按照"随机""等量"和"多点混合"的原则进行采样。一般采用对角线或"S"形布点采样。在地形变化小、地力均匀、采样单元面积较小的情况下，也可采用梅花形布点取样，要避开路边、田埂、沟边、肥堆等特殊部位。

（8）采样方法　在测定果园选择不少于 5 棵果树，在每个果树树冠投影边缘线 30 厘米左右范围，分东西南北四个方向采四个点。每个采样点的取土深度及采样量应均匀一致，土样上层与下层的比例要相同，取样器应垂直于地面入土，深度相同。用取土铲取样应先铲出一个耕层断面，再平行于断面下铲取土。测定微量元素的样品必须用不锈钢取土器采样。

（9）样品重　一个混合土样以取土 1 千克左右为宜（用于推荐施肥的取 0.5 千克，用于试验的取 2 千克），如果一个混合样品的数量太大，可用四分法将多余的土壤弃去。方法是将采集的土壤样品放在盘子里或塑料布上，弄碎、混匀，铺成四方形，画对角线将土样分成四份，把对角的两份分别全并成一份，保留一份，弃去一份。如果所得的样品依然很多，可再用四分法处理，直到所需数量为止。

2. 土壤样品制备

（1）新鲜样品　某些土壤成分如二价铁、硝态氮、铵态氮等在风干过程中会发生显著变化，必须用新鲜样品进行分析。为了能真实地反映土壤在田间自然状态下的某些理化性状，新鲜样品要及时送回室内进行分析，用粗玻璃棒或塑料棒将样品混匀后迅速称样测定。

新鲜样品一般不宜贮存，如需要暂时贮存，可将新鲜样品装入塑料袋，扎紧袋口，放在冰箱冷藏室或进行速冻保存。

（2）风干样品　从野外采回的土壤样品要及时放在样品盘上，摊成薄薄的一层，置于干净整洁的室内通风处自然风干，严禁暴晒，并注意防止酸、碱等气体及灰尘的污染。风干过程中要经常翻动土样并将大土块捍碎以加速干燥，同时剔除土壤以外的侵入体。

风干后的土样按照不同的分析要求研磨过筛，充分混匀后，装入样品瓶中备用。瓶内外各放标签一张，标明编号、采样地点、土壤名称、采样深度、样品粒径、采样日期、采样人及制样时间、制样人等项目。制备好的样品要妥为贮存，分析数据核实无误后，试样一般还要保存 3 个月至 1 年，以备查询。少数有价值需要长期保存的样品，须保存于广口瓶中，用蜡封好瓶口。

① 一般化学分析试样的制备。将风干后的样品平铺在制样板上，用木棍或塑料棍碾压，并将植物残体、石块等侵入体和新生体剔除干净，细小已断的植物须根，可采用静电吸附的方法清除。压碎的土样要全部通过 2 毫米孔径筛为止。有条件时，可采用土壤样品粉碎机粉碎。过 2 毫米孔径筛的土样可供 pH、盐分、交换性能及有效养分项目的测定。

将通过 2 毫米孔径筛的土样用四分法取出平分继续碾磨，使之全部通过

0.25毫米孔径筛，供有机质、全氮、碳酸钙等项目的测定。

② 微量元素分析试样的制备。用于微量元素分析的土样，其处理方法同一般化学分析样品，但在采样、风干、研磨、过筛、运输、贮存等诸环节都要特别注意，不要接触金属器具，以防污染。如采样、制样使用木、竹或塑料工具，过筛使用尼龙网筛等。通过2毫米孔径尼龙筛的样品可用于测定土壤有效态微量元素。

（二）果树植株样品的采集与处理

果树植株样品的采集主要是水果样品的采集和用于营养诊断的叶样品的采集。

1. 果树样品的采集

（1）果实样品 进行"X"动态优化施肥试验的果园，要求每个处理都必须采样。基础施肥试验面积较大时，在平坦果园可采用对角线法布点采样，由采样区的一角向另一角引一对角线，在此线上等距离布设采样点，山地果园应按等高线均匀布点，采样点一般不应少于10个。对于树型较大的果树，采样时应在果树上、中、下、内、外部的果实着生方位（东南西北））均匀采摘果实。将各点采摘的果品进行充分混合，按四分法缩分，根据检验项目要求，最后分取所需份数，每份20～30个果实，分别装入袋内，粘贴标签，扎紧袋口。

（2）叶片样品 一般分为落叶果树和常绿果树采集叶片样品。落叶果树，在6月中下旬至7月初营养性春梢停长、秋梢尚未萌发即叶片养分相对稳定期，采集新梢中部第7～9片成熟正常叶片（完整无病虫叶），分树冠中部外侧的四个方位进行；常绿果树，在8～10月（即在当年生营养春梢抽出后4～6个月）采集叶片，应在树冠中部外侧的四个方位采集生长中等的当年生营养春梢顶部向下第3叶（完整无病虫叶）。采样时间一般以上午8～10时采叶为宜。一个样品采10株，样品数量根据叶片大小确定，苹果等大叶一般50～100片；杏、柑橘等一般100～200片；葡萄要分叶柄和叶肉两部分，用叶柄进行养分测定。

2. 果树样品处理

（1）叶片样品 完整的植株叶片样品先洗干净，洗涤方法是先将中性洗涤剂配成0.1%的水溶液，再将叶片置于其中洗涤30秒钟，取出后尽快用清水冲掉洗涤剂，再用0.2% HCl溶液洗涤约30秒钟，然后用去离子水洗净。整个操作必须在2分钟内完成，以避免某些养分的损失。叶片洗净后必须尽快烘干，一般是将洗净的叶片用滤纸吸去水分，先置于105 ℃鼓风干燥箱中杀酶

15~20分钟，然后保持在 75~80 ℃条件下恒温烘干。烘干的样品从烘箱取出冷却后随即放入塑料袋里，用手在袋外轻轻搓碎，然后在玛瑙研钵或玛瑙球磨机或不锈钢粉碎机中磨细（若仅测定大量元素的样品可使用瓷研钵或一般植物粉碎机磨细），用 60 目（直径 0.25 毫米）尼龙筛过筛。干燥磨细的叶片样品，可用磨口玻璃瓶或塑料瓶贮存。若需长期保存，则须将密封瓶置于－5 ℃下冷藏。

（2）果实样品　果实样品测定品质（糖酸比等）时，应及时将果皮洗净并尽快进行，若不能马上进行分析测定，应暂时放入冰箱保存。需测定养分的果实样品，洗净果皮后将果实切成小块，充分混匀用四分法缩分至所需的数量，仿叶片干燥、磨细、贮存方法进行处理。

（三）土壤与植株测试

　　土壤与植株测试是测土配方施肥技术的重要环节，也是制定养分配方的重要依据。因此，土壤与植株测试在测土配方施肥技术工作中起着关键性作用。农民自行采集的样品，可咨询专家，到当地土肥站进行测试。

　　1. **土壤测试**　对于一个具体土壤或区域来讲，一般需要测定某几项或多项指标（表 1-1）。目前土壤测试方法有三类：M3 为主的土壤测试项目、ASI 方法为主的土壤测试项目、目前采用的常规方法。在应用时可根据测土配方施肥的要求和条件，选择相应的土壤测试方法。

表 1-1　果树测土配方施肥和耕地地力评价样品测试项目汇总

序号	测试项目	果树测土施肥	耕地地力评价
1	土壤 pH	必测	必测
2	石灰需要量	pH＜6 的样品必测	—
3	土壤阳离子交换量	选测	—
4	土壤水溶性盐分	必测	—
5	土壤有机质	必测	必测
6	土壤全氮	—	必测
7	土壤有效磷	必测	必测
8	土壤速效钾	必测	必测
9	土壤交换性钙镁	必测	—
10	土壤有效铁、锰、铜、锌、硼	选测	—

2. **植株测试** 果树植株测试项目如表1-2。

表1-2 果树测土配方施肥植株样品测试项目汇总

序号	测试项目	必测或选测
1	全氮、全磷、全钾	必测
2	水分	必测
3	粗灰分	选测
4	全钙、全镁	选测
5	全硫	选测
6	全硼、全钼	选测
7	全量铜、锌、铁、锰	选测
8	硝态氮田间快速诊断	选测
9	果树叶片营养诊断	必测
10	叶片金属营养元素快速测试	选测
11	维生素C	选测
12	硝酸盐	选测
13	可溶性固形物	选测
14	可溶性糖	选测
15	可滴定酸	选测

三、果树肥效试验

果树肥料田间试验设计推荐"2+X"方法，分为基础施肥和动态优化施肥试验两部分，"2"是指各地均应进行的以常规施肥和优化施肥2个处理为基础的对比施肥试验研究，其中常规施肥是当地大多数农户在果树生产中习惯采用的施肥技术，优化施肥则为当地近期获得的果树高产高效或优质适产施肥技术；"X"是指针对不同地区、不同种类果树可能存在一些对生产和养分高效有较大影响的未知因子而不断进行的修正优化施肥处理的动态研究试验，未知因子包括不同种类果树养分吸收规律、施肥量、施肥时期、养分配比、中微量元素等。为了进一步阐明各个因子的作用特点，可有针对性地进一步安排试验，目的是为确定施肥方法及数量、验证土壤和果树叶片养分测试指标等提供依据，"X"的研究成果也将为进一步修正和完善优化施肥技术提供参考，最终形成新的测土配方施肥（集成优化施肥）技术，有利于在田间大面积应用、示范推广。

1. **基础施肥试验设计** 基础施肥试验取"2+X"中的"2"为试验处理数：①常规施肥，果树的施肥种类、数量、时期、方法和栽培管理措施均按照本地区大多数农户的生产习惯进行；②优化施肥，即果树的高产高效或优质适产施肥技术，可以是科技部门的研究成果，也可为当地高产果园采用并经土壤肥料专家认可的优化施肥技术方案作为试验处理。优化施肥处理涉及施肥时期、肥料分配方式、水分管理、花果管理、整形修剪等技术应根据当地情况与有关专家协商确定。基础施肥试验是在大田条件下进行的生产应用性试验，可将面积适当增大，不设置重复。试验采用盛果期的正常结果树。

2.“X”动态优化施肥试验设计　　“X”表示根据试验地区果树的立地条件、果树生长的潜在障碍因子、果园土壤肥力状况、果树种类及品种、适产优质等内容，确定急需优化的技术内容方案，旨在不断完善优化施肥处理。其中氮、磷、钾通过采用土壤养分测试和叶片营养诊断丰缺指标法进行，中量元素钙、镁、硫和微量元素铁、锌、硼、钼、铜、锰宜采用叶片营养诊断临界指标法。“X”动态优化施肥试验可与基础施肥试验的2个处理在同一试验条件下进行，也可单独布置试验。“X”动态优化施肥试验每个处理应不少于4棵果树，需要设置3~4次重复，必须进行长期定位试验研究，至少有3年以上的试验结果。

“X”主要包括4个方面的试验设计，分别为：X_1，氮肥总量控制试验；X_2，氮肥分期调控试验；X_3，果树配方肥料试验；X_4，中微量元素试验。“X”处理中涉及有机肥、磷钾肥的用量、施肥时期等应接近于优化管理；磷、钾根据土壤磷、钾测试值和目标产量确定施用量和作物养分规律确定施肥时期。各地根据实际情况，选择设置相应的“X”试验；如果认为磷或钾肥为限制因子，可根据需要将磷、钾单独设置几个处理。

(1) 氮肥总量控制试验（X_1）　　根据果树目标产量和养分吸收特点来确定氮肥适宜用量，主要设4个处理：①不施化学氮肥；②70％的优化施氮量；③优化施氮量；④130％的优化施氮量。其中优化施肥量根据果树目标产量、养分吸收特点和土壤养分状况确定，磷、钾肥按照正常优化施肥量投入。各处理详见表1-3。

表1-3　果树氮肥总量控制试验方案

试验编号	试验内容	处理	M	N	P	K
1	无氮区	$MN_0P_2K_2$	＋	0	2	2
2	70％的优化氮区	$MN_1P_2K_2$	＋	1	2	2
3	优化氮区	$MN_2P_2K_2$	＋	2	2	2
4	130％的优化氮区	$MN_3P_2K_2$	＋	3	2	2

注：①M代表有机肥料；②＋：施用有机肥，其中有机肥的种类在当地应该有代表性，其施用数量在当地为中等偏下水平，一般为1~3米³/亩，有机肥料的氮、磷、钾养分含量需要测定；③0水平：指不施该种养分；④1水平：适合于当地生产条件下的推荐值的70％；⑤2水平：指适合于当地生产条件下的推荐值；⑥3水平：该水平为过量施肥水平，为2水平氮肥适宜推荐量的1.3倍。

(2) 氮肥分期调控技术（X_2）　试验设 3 个处理：①一次性施氮肥，根据当地农民习惯的一次性施氮肥时期（如苹果在 3 月上中旬）；②分次施氮肥，根据果树营养规律分次施用（如苹果分春、夏、秋 3 次施用）；③分次简化施氮肥，根据果树营养规律及土壤特性在处理 2 基础上进行简化（如苹果可简化为夏秋两次施肥）。在采用优化施氮肥量的基础上，磷钾根据果树需肥规律与氮肥按优化比例投入。

(3) 果树配方肥料试验（X_3）　试验设 4 个处理：①农民常规施肥；②区域大配方施肥处理（大区域的氮、磷、钾配比，包括基肥型和追肥型）；③局部小调整施肥处理（根据当地土壤养分含量进行适当调整）；④新型肥料处理（选择在当地有推广价值且养分配比适合供试果树的新型肥料如有机—无机复混肥、缓控释肥料等）。

(4) 中、微量元素试验（X_4）　果树中、微量元素主要包括 Ca、Mg、S、Fe、Zn、B、Mo、Cu、Mn 等，按照因缺补缺的原则，在氮、磷、钾肥优化的基础上，进行叶面施肥试验。

试验设 3 个处理：①不施肥处理，即不施中微量元素肥料；②全施肥处理，施入可能缺乏的一种或多种中微量元素肥料；③减素施肥处理，在处理 2 基础上，减去某一个中微量元素肥料。

可根据区域及土壤背景设置处理 3 的试验处理数量。试验以叶面喷施为主，在果树关键生长时期施用，喷施次数相同，喷施浓度根据肥料种类和养分含量换算成适宜的百分比浓度。

四、果树施肥配方确定

根据当前我国测土配方施肥技术工作的经验，肥料配方设计的核心是肥料用量的确定。肥料配方设计首先确定氮、磷、钾养分的用量，然后确定相应的肥料组合，通过提供配方肥料或发放配肥通知单，指导农民使用。

（一）基于田块的肥料配方设计

肥料用量的确定方法主要包括土壤与植株测试推荐施肥方法、土壤养分丰缺指标法和养分平衡法。

1. **土壤、植株测试推荐施肥方法**　该技术综合了目标产量法、养分丰缺指标法和作物营养诊断法的优点。在综合考虑有机肥、作物秸秆应用和管理措施的基础上，根据氮、磷、钾和中微量元素养分的不同特征，采取不同的养分优化调控与管理策略。其中，氮素推荐根据土壤供氮状况和作物需氮量，进行实时动态监测和精确调控，包括基肥和追肥的调控；磷、钾肥通过土壤测试和养分平衡进行监控；中微量元素采用因缺补缺的矫正施肥策略。该技术包括氮素实时监控、磷钾养分恒量监控和中微量元素养分矫正施肥技术。

(1) 氮素实时监控施肥技术　根据目标产量确定作物需氮量，以需氮量的 30％～60％ 作为基肥用量。具体基施比例根据土壤全氮含量，同时参照当地丰缺指标来确定，一般在全氮含量偏低时，采用需氮量的 50％～60％ 作为基肥；在全氮含量居中时，采用需氮量的 40％～50％ 作为基肥；在全氮含量偏高时，采用需氮量的 30％～40％ 作为基肥。30％～60％ 基肥比例可根据上述方法确定，并通过"3414"田间试验进行校验，建立当地不同作物的施肥指标体系。

氮肥追肥用量推荐以作物关键生育期的营养状况诊断或土壤硝态氮的测试为依据。这是实现氮肥准确推荐的关键环节，也是控制过量施氮或施氮不足、提高氮肥利用率和减少损失的重要措施。测试项目主要是土壤全氮、土壤硝态氮。

(2) 磷、钾养分恒量监控施肥技术　根据土壤有（速）效磷、钾含量水平，以土壤有（速）效磷、钾养分不成为实现目标产量的限制因子为前提，通过土壤测试和养分平衡监控，使土壤有（速）效磷钾含量保持在一定范围内。对于磷肥，基本思路是根据土壤有效磷测试结果和养分丰缺指标进行分级，当有效磷水平处在中等偏上时，可以将目标产量需要量（包括带出田块的收获物）的 100％～110％ 作为当季磷用量；随着有效磷含量的增加，需要减少磷用量，直至不施；而随着有效磷的降低，需要适当增加磷用量；在极缺磷的土壤上，可以施到需要量的 150％～200％。在 2～4 年后再次测土时，根据土壤有效磷和产量的变化再对磷肥用量进行调整。钾肥首先需要确定施用钾肥是否有效，再参照上面方法确定钾肥用量，但需要考虑有机肥和秸秆还田带入的钾量。一般果树磷、钾肥料全部做基肥。

(3) 中微量元素养分矫正施肥技术　中微量元素养分的含量变幅大，果树对其需要量也各不相同。这主要与土壤特性（尤其是母质）、果树种类和产量水平等有关。通过土壤测试评价土壤中微量元素养分的丰缺状况，进行有针对性地因缺补缺矫正施肥。

2. **养分平衡法**　根据作物目标产量需肥量与土壤供肥量之差估算目标产量的施肥量，通过施肥实践土壤供应不足的那部分养分。施肥量的计算公式为：

$$施肥量（千克/亩）=\frac{（目标产量所需养分总量-土壤供肥量）}{肥料中养分含量\times肥料当季利用率}$$

养分平衡法涉及目标产量、作物需肥量、土壤供肥量、肥料当季利用率和肥料中有效养分含量五大参数。目标产量确定后因土壤供肥量的确定方法不同，形成了地力差减法和土壤有效养分校正系数法两种。

地力差减法是根据作物目标产量与基础产量之差来计算施肥量的一种方法。其计算公式为：

$$施肥量（千克/亩）=\frac{（目标产量-基础产量）\times单位经济产量养分吸收量}{肥料中养分含量\times肥料当季利用率}$$

基础产量即为果树肥效实验方案中无肥区的产量。

土壤有效养分校正系数法是通过测定土壤有效养分含量来计算施肥量。其计算公式为：

$$施肥量（千克/亩）=\frac{（作物单位产量养分吸收量-目标测试值）\times有效养分校正系数}{肥料中养分含量\times肥料当季利用率}$$

（1）目标产量 目标产量可采用平均单产法来确定。平均单产法是利用施肥区前 3 年平均单产和年递增率为基础确定目标产量，其计算公式是：

$$目标产量（千克）=（1+递增率）\times前 3 年平均单产$$

一般果树的递增率以 10%～15% 为宜。

（2）作物需肥量 通过对正常成熟的全株养分的化学分析，测定各种果树百千克经济产量所需养分量，即可获得果树需肥量。

$$作物目标产量所需养分量（千克）=\frac{目标产量}{100}\times百千克产量所需养分量$$

如果没有试验条件，常见作物平均百千克经济产量吸收的养分量也可参考表 1-4 进行确定。

表 1-4 不同果树形成 100 千克经济产量所需养分（千克）

果树名称	收获物	从土壤中吸收 N、P$_2$O$_5$、K$_2$O 数量		
		N	P$_2$O$_5$	K$_2$O
苹果	果实	0.30～0.34	0.08～0.11	0.21～0.32
梨	果实	0.4～0.6	0.1～0.25	0.4～0.6
桃	果实	0.4～1.0	0.2～0.5	0.6～1.0
枣	果实	1.5	1.0	1.3

（续）

果树名称	收获物	从土壤中吸收 N、P_2O_5、K_2O 数量		
		N	P_2O_5	K_2O
葡萄	果实	0.75	0.42	0.83
猕猴桃	果实	1.31	0.65	1.50
板栗	果实	1.47	0.70	1.25
杏	果实	0.53	0.23	0.41
核桃	果实	1.46	0.19	0.47
李子	果实	0.15～0.18	0.02～0.03	0.3～0.76
石榴	果实	0.3～0.6	0.1～0.3	0.3～0.7
樱桃	果实	1.04	0.14	1.37
柑橘	果实	0.12～0.19	0.02～0.03	0.17～0.26
脐橙	果实	0.45	0.23	0.34
荔枝	果实	1.36～1.89	0.32～0.49	2.08～2.52
龙眼	果实	1.3	0.4	1.1
杧果	果实	0.17	0.02	0.20
枇杷	果实	0.11	0.04	0.32
菠萝	果实	0.38～0.88	0.11～0.19	0.74～1.72
香蕉	果实	0.95～2.15	0.45～0.6	2.12～2.25
西瓜	果实	0.29～0.37	0.08～0.13	0.29～0.37
甜瓜	果实	0.35	0.17	0.68
草莓	果实	0.6～1.0	0.25～0.4	0.9～1.3

（3）土壤供肥量　土壤供肥量可以通过测定基础产量、土壤有效养分校正系数两种方法估算。

通过基础产量估算（处理1产量）：不施养分区果树所吸收的养分量作为土壤供肥量。

$$土壤供肥量（千克）=\frac{不施养分区果树产量}{100}×百千克产量所需养分量$$

通过土壤有效养分校正系数估算：将土壤有效养分测定值乘一个校正系

数，以表达土壤"真实"供肥量。该系数称为土壤有效养分校正系数。

$$土壤有效养分校正系数（\%）= \frac{缺素区作物地上部分吸收该元素量（千克/亩）}{该元素土壤测定值（毫克/千克）\times 0.15}$$

（4）肥料利用率　如果没有试验条件，常见肥料的利用率也可参考表1-5。

表1-5　肥料当季利用率

肥　　料	利用率（%）	肥　　料	利用率（%）
堆肥	25～30	尿素	60
一般圈粪	20～30	过磷酸钙	25
硫酸铵	70	钙镁磷肥	25
硝酸铵	65	硫酸钾	50
氯化铵	60	氯化钾	50
碳酸氢铵	55	草木灰	30～40

（5）肥料养分含量　供施肥料包括无机肥料和有机肥料。无机肥料、商品有机肥料含量按其标明量，不明养分含量的有机肥料，其养分含量可参照当地不同类型有机肥养分平均含量获得。

（二）县域施肥分区与肥料配方设计

在GPS定位土壤采样与土壤测试的基础上，综合考虑行政区划、土壤类型、土壤质地、气象资料、种植结构、作物需肥规律等因素，借助信息技术生成区域性土壤养分空间变异图和县域施肥分区，优化设计不同分区的肥料配方。主要工作步骤如下。

1. **确定研究区域**　一般以县级行政区域为施肥分区和肥料配方设计的研究单元。

2. **GPS定位指导下的土壤样品采集**　土壤样品采集要求使用GPS定位，采样点的空间分布应相对均匀，如每100亩采集一个土壤样品，先在土壤图上大致确定采样位置，然后要标记校园附近采集多点混合土样。

3. **土壤测试与土壤养分空间数据库的建立**　将土壤测试数据和空间位置建立对应关系，形成空间数据库，以便能在GIS中进行分析。

4. **土壤养分分区图的制作**　基于区域土壤养分分级指标，以GIS为操作平台，使用Kriging方法进行土壤养分空间插值，制作土壤养分分区图。

5. **施肥分区和肥料配方的生成**　针对土壤养分的空间分布特征，结合作物养分需求规律和施肥决策系统，生成县域施肥分区图和分区肥料配方（表1-6）。

表 1-6　测土配方施肥通知单

农户姓名_____　_____省_____县（市）_____乡（镇）____村

编号_____

	测试项目	测试值	丰缺指标	养分水平评价		
				偏低	适宜	偏高
土壤测试数据	全氮（克/千克）					
	硝态氮（毫克/千克）					
	有效磷（毫克/千克）					
	速效钾（毫克/千克）					
	有效铁（毫克/千克）					
	有效锰（毫克/千克）					
	有效铜（毫克/千克）					
	有效硼（毫克/千克）					
	有效钼（毫克/千克）					
	有机质（克/千克）					

方案	作物	目标产量（千克/亩）				
		肥料配方	用量（千克/亩）	施肥时间	施肥方式	施肥方法
推荐方案一	基肥					
	追肥					
推荐方案二	基肥					
	追肥					

测土施肥推荐单位：_____省_____县_____土壤肥料工作站（盖章）

责任人（签字）：

6. 肥料配方的校验 在肥料配方区域内针对特定果树，进行肥料配方验证。

第二节 果树营养套餐施肥技术

目前，在传统农业向现代农业转变的过程中，肥料施用量急剧增加，显著提高了作物产量，但也面临着土壤养分过量积累、肥料施用效率下降问题。同时，由于广大农村盲目施用化肥现象普遍存在，还造成了增肥不增产甚至减产、品质没有改善、农业生产成本增加、破坏土壤、污染环境等现象。近年来，农业部推广测土配方施肥技术采取"测土、试验、配方、配肥、供肥、施肥指导"一条龙服务的技术模式，因此，引入人体健康保健营养套餐理念，在测土配方施肥技术基础上建立作物营养套餐施肥技术，在提高或稳定作物产量基础上，改善作物品质、保护生态环境，为农业可持续发展作出相应的贡献。

一、果树营养套餐施肥技术内涵

"吃出营养，促进健康"这一科学饮食观念已越来越受到人们的重视，目前开发营养套餐正逐渐成为社会关注的热点问题，快餐业、集体食堂、集体用餐配送单位等企业都在积极开发和生产营养套餐，以满足人们对科学饮食的需求。合理营养，平衡膳食，食物合理搭配、合理烹调等，保证营养、卫生、好吃，也成为家庭饮食的潮流。"肥料是作物的粮食"，已成为人们的共识，如何借鉴这一营养套餐理念，构建作物的营养套餐施肥技术，使作物营养平衡、品质优良、环境友好，也是一个新的课题。

（一）果树营养套餐施肥技术的基本理念

果树营养套餐施肥技术是借鉴人体营养保健营养套餐理念，考虑人体营养元素与作物必需营养元素的关系，在测土配方的基础上，在养分归还学说、最小养分律、因子综合作用律等施肥基本理论指导下，按照各种果树生长营养吸收规律，综合调控果树生长发育与环境的关系，对农用化学品投入进行科学的选择、经济的配置，实现高产、高效、安全的栽培目标，统筹考虑栽培管理因素，以最优的配置、最少的投入、最优的管理，达到最高的产量。

1. **果树营养套餐施肥技术的基本理念** 果树营养套餐施肥技术是在总结和借鉴国内外作物科学施肥技术和综合应用最新研究成果的基础上，根据果树的养分需求规律，针对各种果树主产区的土壤养分特点、结构性能差异、最佳栽培条件以及高产量、高质量、高效益的现代农业栽培目标，引入人体营养套餐理念，精心设计出的系统化的施肥方案。其核心理念是实现果树各种养分资源的科学配置及其高效综合利用，让果树"吃出营养""吃出健康""吃出高产高效"。

2. 果树营养套餐施肥技术的技术创新

（1）从测土配方施肥技术中走出了简单掺混的误区，不仅仅是在测土的基础上设计每种果树需要的大、中、微量元素的数量组合，更重要的是为了满足各种果树养分需求中有机营养和矿质营养的定性配置。

（2）在营养套餐施肥方案中，除了传统的根部施肥配方外，还强调配合施用高效专用或通用的配方叶面肥，使两种施肥方式互相补充，相互完善，起到施肥增效作用。

3. 果树营养套餐施肥技术与测土配方施肥技术的区别

（1）果树测土配方施肥技术是以土壤为中心，果树营养套餐施肥技术是以作物为中心　营养套餐施肥技术强调作物与养分的关系，因此，要针对不同的土壤理化性质、果树特性，制定多种配方，真正做到按土壤、按果树科学施肥。

（2）果树测土配方施肥技术施肥方式单一，果树营养套餐施肥技术施肥方式多样　营养套餐施肥技术实行配方化底肥、配方化追肥和配方化叶面肥三者结合，属于系统工程，要做到不同的配方肥料产品之间和不同的施肥方式之间的有机配合，才能做到增产提效，做到科学施肥。

（二）果树营养套餐施肥技术的技术内涵

果树营养套餐施肥技术是通过引进和吸收国内外有关果树营养科学的最新技术成果，融肥料效应田间试验、土壤养分测试、营养套餐配方、农用化学品加工、示范推广服务、效果校核评估为一体，组装技物结合连锁配送、技术服务到位的测土配方营养套餐系列化平台，逐步实现测土配方与营养套餐施肥技术的规范化、标准化。其技术内涵主要表现在以下方面。

1. 提高果树对养分的吸收能力

众所周知，大多数果树生长所需要的养分主要通过根系吸收，但也能通过茎、叶等根外器官吸收养分。因此，促进果树根系生长就能够大大提高养分的吸收利用率。通过合理施肥、植物生长调节剂、菌肥菌药，以及适宜的农事管理措施，均能有效促进根系生长。如德国康朴集团的"凯普克"、华南农业大学的"根得肥"、云南金星化工有限公司的"高活性有机酸水溶肥"、新疆慧尔农业有限公司的氨基酸生物复混肥、云南金星化工有限公司的 PPF 等。

2. 解决养分的科学供给问题

（1）有机肥与无机肥并重　在果树营养套餐肥中一个极为重要的原则就是有机肥与无机肥并重，才能极大地提高肥效及经济效益，实现农业的"高产、优质、高效、生态和安全"5 大战略目标。有机肥料是耕地土壤有机质的主要来源，也是作物养分的直接供应者。大量的实践表明，有机肥料在供应作物有效营养成分和增肥改良土壤等方面的独特作用是化学肥料根本无法代替的。有机肥料是完全肥料；补给和更新土壤有机质；改善土壤理化性状；提高土壤微生物活性和酶的活性；提高化肥的利用率；刺激生长，改善品质，提高作物的质量。作物营养套餐施肥技术的一个重要内容就是在底肥中配置一定数量的生态有机肥、生物有机肥等精制商品有机肥，实施有机肥与无机肥并重的施肥原则，实现补给土壤有机质、改良土壤结构、提高化肥利用率的目的。

（2）保证大量元素和中微量元素的平衡供应　只有在大、中、微量养分平衡供应的情况下，才能大幅度提高养分的利用率，增进肥效。然而，随着农业的发展，微量元素的缺乏问题日益突出。其主要原因是：作物产量越高，微量元素养分的消耗越多；氮、磷、钾化肥用量的增加，加剧了养分平衡供应的矛盾；有机肥料用量减少，微量元素养分难以得到补充。

微量元素肥料的补充坚持根部补充与叶面补充相结合，充分重视叶面补充的重要性，喷施复合型微量元素肥料增产效果显著。复合型多元微量元素肥料含有果树所需的各种微量元素养分，它不仅能全面补充微量元素养分，而且还体现了养分的平衡供给。对于微量营养元素的铁、硼、锰、锌、钼来说，由于果树对他们的需要量很少，叶面施肥对于满足果树对微量营养元素的需要有着特别重要的意义。总之，从养分平衡和平衡施肥的角度出发，在果树营养套餐施肥技术中，重视在科学施用氮、磷、钾化肥的基础上，合理施用微肥和有益元素肥，将是 21 世纪提高作物产量的一项重要的施肥措施。

3. 灵活运用多各施肥技术是果树营养套餐技术的重要内容

（1）养套餐施肥技术是肥料种类（品种）、施肥量、养分配比、施肥时期、施肥方法和施肥位置等项技术的总称　其中第一项技术均与施肥效果密切有关。只有在平衡施肥的前提下，各种施肥技术之间相互配合，互相促进，才能发挥肥料的最大效果。

（2）大量元素肥料因为作物需求量大，应以基肥和追肥为主，基肥应以有机肥料为主和追肥应以氮、磷、钾肥为主　肥效长且土壤中不易损失的肥料品种可以作为基肥施肥。在北方地区，磷肥可以在底肥中一次性施足，钾肥可以在底肥和追肥中各安排一半，氮肥根据肥料品种的肥效长短和作物的生长周期的长短来确定。底肥中，一般要选用肥效长的肥料，如大颗粒尿素或以大颗粒尿素为原料制成的复混肥料。硝态氮肥和碳酸氢铵就不宜在底肥中大量施用。追肥可以选用速效性肥料（特别是硝态氮肥）。

（3）微量元素　因为果树的需求量小，坚持根部补充与叶面补充相结合，充分重视叶面补充的重要性。

（4）氮肥的施用　提倡深施覆土，反对撒施肥料。对于果树来说，先撒肥后浇水只是一种折中的补救措施。

（5）化肥的施用量　要根据具体果树的营养需求和各个时期的需肥规律，确定合理的化肥用量，真正做到因果树施肥，按需施肥。

（6）底肥的合理施用量　要统筹考虑到追肥和叶面肥选用的品种和作用量，应做到各品种间的互相配合，互相促进，真正起到 $1+1+1>3$ 的效果。

4. 坚持技术集成的原则，简化施肥程序与成本　农业生产是一个多种元素综合影响的生态系统，农业的高产、优质、高效只能是各种生产要素综合作用和最佳组合的结果。施肥技术在不断创新，新的肥料产品在不断涌现，源源不断地为农业生产提供了增产增收的条件。要实现新产品、新技术的集成运用，相容互补，需要一个最佳的物化载体。农化人员在长期、大量的工作实践中发现，果树套餐专用肥是实施果树营养套餐施肥的最佳物化载体。

果树套餐专用肥是根据耕地土壤养分实际含量和果树的需肥规律，有针对性地配置生产出来的一种多元素掺混肥料。具有以下几个特点：一是配方灵活，可以满足营养套餐配方的需要。二是生产设备投资小，生产成本低，竞争力强。年产 10 万吨的复合肥生产造粒设备需要 500 万元，同样年产 10 万吨作物套餐专用肥设备仅需 50 余万元，复合肥造粒成本达 120～150 元/吨，而作物套餐专用肥仅为 20～50 元/吨，而且能源消耗少，每产 1 吨肥仅耗电 15 度。在能源日趋紧张的今天，这无疑是一条降低成本的有效途径，同时还减少了肥料中养分的损耗。三是果树套餐专用肥养分利用率高，并有利于保护环境。由于这种产品的颗粒大，养分释放较慢，肥效稳长，利于作物吸收，因而损失较少，可以减少肥料养分淋失，减少污染。四是添加各种新产品比较容易。果树套餐专用肥的生产工艺属于一种纯物理性质的搅拌（掺混）过程，只要解决了共容性问题，就可以容易地添加各种中微量元素、控释尿素、硝态氮肥、有机物质，能够实现新产品的集成运用，形成相容互补的有利局面，能够真正帮助农民实现"只用一袋子肥料种地，也能实现增产增收"的梦想。

二、果树营养套餐施肥的技术环节

果树营养套餐施肥的重点技术环节主要包括：土壤样品的采集、制备与养分测试（参见测土配方施肥技术）；肥料效应田间试验；测土配方营养套餐施肥的效果评价方法；县域施肥分区与营养套餐设计；作物营养套餐施肥技术的推广普及等。

（一）肥料效应田间试验

1. **示范方案**　每万亩测土配方营养套餐施肥田设 2～3 示范点，进行田间对比示范。示范设置常规施肥对照区和测土配方营养套餐施肥区两个处理，另外，加设一个不施肥的空白处理。其中测土配方营养套餐施肥、农民常规施肥处理不少于 200 米^2，空白（不施肥）处理不少于 30 米^2。其他参照一般肥料试验要求。通过田间示范，综合比较肥料投入、作物产量、经济效益、肥料利用率等指标，客观评价测土配方营养套餐施肥效益，为测土配方营养套餐施肥技术参数的校正及进一步优化肥料配方提供依据。田间示范应包括规范的田间记录档案和示范报告。

2. **结果分析与数据汇总**　对于每一个示范点，可以利用 3 个处理之间产量、肥料成本、产值等方面的比较从增产和增收等角度进行分析，同时也可以通过测土配方营养套餐施肥产量结果与计划产量之间的比较进行参数校验。

3. **农户调查反馈**　农户是营养套餐施肥的具体应用者，通过收集农户施肥数据进行分析是评价营养套餐肥效效果与技术准确度的重要手段，也是反馈修正肥料配方的基本途径。因此，需要进行农户测土配方施肥的反馈与评价工作。该项工作可以由各级配方施肥管理机构组织进行独立调查，结果可以作为营养套餐配方施肥执行情况评价的依据之一，也是社会监督和社会宣传的重要途径，甚至可以作为配方技术人员工作水平考核的依据。

（1）测土样点农户的调查与跟踪每县主要果树选择 30～50 个农户，填写农户测土配方施肥田块管理记载反馈表，留作测土配方施肥反馈分析　反馈分析的主要目的是评价测土农户执行配方施肥推荐的情况和效果，建议配方的准确度。具体分析方法见下节测土配方施肥的效果评价方法。

（2）农户施肥调查每县选择 100 户左右的农户，开展农户施肥调查，最好包括测土配方农户和常规施肥农户，调查内容略　主要目的是评价配方施肥与常规施肥相比的效益，具体方法见测土配方施肥的效果评价方法。

（二）营养套餐施肥的效果评价方法

1. **测土配方营养套餐施肥农户与常规施肥农户比较**　从养分投入量、作物产量、效益方面进行评价。通过比较两类农户氮、磷、钾养分投入量来检验测土营养套餐施肥的节肥效果，也可利用结果分析与数据汇总的方法计算测土配方施肥的增产率、增收情况和投入产出效率。

2. 农户测土配方营养套餐施肥前后的比较　从农民执行测土配方施肥前后的养分投入量、作物产量、效益方面进行评价。通过比较农户采用测土配方施肥前后氮、磷、钾养分投入量来检验测土配方营养套餐施肥的节肥效果，也可利用结果分析与数据汇总中的方法计算测土配方营养套餐施肥的增产率、增收情况和投入产出效率。

3. 配方营养套餐施肥准确度的评价　从农户和果树两方面对测土配方营养套餐施肥技术准确度进行评价。主要比较测土推荐的目标产量和实践执行测土配方施肥后获得的产量来判断技术的准确度，找出存在的问题和需要改进的地方，包括推荐施肥方法是否合适、采用的配方参数是否合理、丰缺指标是否需要调整等。也可以作为配方人员技术水平的评价指标。

（三）县域施肥分区与营养套餐设计

1. 收集与分析研究有关资料　果树测土配方营养套餐施肥技术的涉及面极广，诸如土壤类型及其养分供应特点、当地的种植业结构、各种果树的养分需求规律、主要果树产量状况及发展目标、现阶段的土壤养分含量、农民的习惯施肥做法等，无不关系到技术推广的成败。要搞好测土配方营养套餐施肥，就必须大量收集与分析研究这些有关资料，才能做出正确的科学施肥方案。例如，当地的第二次土壤普查资料、主要果树的种植生产技术现状、农民现有施肥特点、作物养分需求状况、肥料施用及作物技术的田间试验数据等，尤其是当地的土地利用现状图、土壤养分图等更应关注，可作为县域施肥分区制定的重要参考资料。

2. 确定研究区域　所谓确定研究区域，就是按照本区域的主栽果树及土壤肥力状况，分成若干县域施肥区域，根据各类施肥区内的测土化验资料（没有当时的测试资料也可参照第二次土壤普查的数据）和肥料田间试验结果，结合当地农民的实践经验，确定该区域的营养套餐施肥技术方案。具体应用时，一般以县为单位，按其自然区域及主栽果树分为几个套餐配方施肥区域，每个区又按土壤肥力水平分成若干个施肥分区，并分别制定分区内（主栽作物）的营养套餐施肥技术方案。

3. 县级土壤养分分区图的制作　县级土壤养分分区图的编制的基础资料便是分区区域内的土壤采样分析测试资料。如资料不够完整，也可参照第二次土壤普查资料及肥料田间试验资料编制。即首先将该分区内的土壤采样点标在施肥区域的土壤图上，并综合大、中、微量元素含量制定出整个分区的土壤养分含量的标准。例如，某县东部（或东北部）中氮高磷低钾缺锌，西部（或西北部）低氮中磷低钾缺锌、硼，北部（西北部）中氮中磷中钾缺锌等，并大致勾画出主要大部分元素变化分区界限，形成完整的县域养分分区图。原则上，每个施肥分区可以形成 2～3 个推荐施肥单元，用不同颜色分界。

4. 施肥分区和营养套餐方案的形成 根据当地的果树栽培目标及养分丰缺现状，并认真考虑影响该果树产量、品质、安全的主要限制因子等，就可以科学制定当地的施肥分区的营养套餐施肥技术方案了。

果树测土配方套餐施肥技术方案应根据如下内容：①当地主栽作物的养分需求特点；②当地农民的现行施肥的误区；③当地土壤的养分丰缺现状与主要增产限制因子；④营养套餐施肥技术方案。

营养套餐施肥技术方案：①基肥的种类及推荐用量；②追肥的种类及推荐用量；③叶面肥的喷施时期与种类、用量推荐；④主要病虫草害的有效农用化学品投入时间、种类、用量及用法；⑤其他集成配套技术。

（四）果树营养套餐施肥技术的推广普及

1. 组织实施 以县、镇农技推广部门为主，企业积极参与，成立营养套餐施肥专家技术服务队伍；以点带面，推广果树营养套餐施肥技术；建立作物营养套餐施肥技物结合、连锁配送的生产、供应体系；按照"讲给农民听、做给农民看、带着农民干"的方式，开展果树营养套餐施肥技术的推广普及工作。

2. 宣传发动 广泛利用多媒体宣传；层层动员和认真落实，让果树营养套餐施肥技术进村入户；召开现场会，扩大果树营养套餐技术影响。

3. 技术服务 培训果树营养套餐施肥专业技术队伍；培训农民科技示范户；培训广大农民；强化产中服务，提高技术服务到位率。

三、果树营养套餐肥料的生产

果树营养套餐肥料是一种肥料组合，往往包括果树营养套餐专用底肥、专用追肥、专用根外追肥等。

（一）果树营养套餐肥概述

1. 果树营养套餐肥料定义 果树营养套餐肥料是根据果树营养需求特点，考虑到最终为人体营养服务，在增加产量的基础上，能够改善农产品品质，确保农产品安全，减少环境污染，减少农业生产环节，并能提供多种营养需求的组合肥料。属于多功能肥料，不仅具有提供果树养分的功能，往往还具有一些附加功能；也属于新型肥料范畴，不仅含有氮、磷、钾、中微量元素，往往还有有机生长素、增效剂、添加剂等功能性物质。

2. 果树营养套餐肥料的特点 果树营养套餐肥料是测土配方施肥技术与

营养套餐理念相结合的产物，是大量营养元素与中微量营养元素相结合、有机营养元素与无机营养元素相结合、肥料与其他功能物质相结合、根部营养与叶部营养相结合、基肥种肥追肥相结合的产物。通过试验应用证明，对现代农业生产具有重要的作用。

（1）提高耕地质量 由于果树营养套餐肥料产品中含有有机物质或活性有机物物质和果树需要的多种营养元素，具有保水和改善土壤理化性状，改善果树根系生态环境的作用，施用后可增加果树产量，增加留在土壤中的残留有机物含量。上述诸多因素对提高土壤有机质含量、增加土壤养分供应能力、提高土壤保水性、改善土壤宜耕性等方面都有良好作用。

（2）提高产量、耐贮性等 营养套餐施肥是在测土配方施肥技术的基础上，根据某个地区、某种果树的需要生产的一个组合肥料，考虑到根部营养和后期叶部营养，营养全面，功能多样化，因此，施用后在改良土壤的基础上优化作物根系生态环境，能使果树健壮生长发育，促进作物提高产量。

（3）改善果树品质 果树品质主要是指果品的营养成分、安全品质和商品品质。营养成分是指蛋白质、氨基酸、维生素等营养成分的含量；安全品质是指化肥、农药的有害残留多少；商品品质是指外观与耐贮性等。这些都与施肥有密切关系。施用果树营养套餐肥料，可促进作物品质的改善，如增加蛋白质、维生素、脂肪等营养成分；肥料中的有机物质或活性微生物能够减少化肥、农药等有害物质的残留，提高果品的外观色泽和耐贮性等。

（4）确保果品安全，减少环境污染 果树营养套餐肥料考虑了土壤、肥料、作物等多方面关系，考虑了有机营养与无机营养、营养物质与其他功能性物质、根际营养与叶面营养等配合施用，因此肥料利用率高，减少了肥料的损失和残留；同时肥料中的有机物质或活性微生物能够减少化肥、农药等有害物质的残留，减少污染，确保果品安全和保护农业生态环境。

（5）多功能性 果树营养套餐肥料考虑了大量营养元素与中微量营养元素相结合、肥料与其他功能物质相结合，可做到一品多用，施用一次肥料发挥多种功效，肥料利用率高，可减少肥料施用次数和数量，减少了农业生产环节，降低了农事劳动强度，从而降低农业生产费用，使农民增产增收。

（6）实用性、针对性强 果树营养套餐肥料可根据果树的需肥特点和土壤供给养分情况及种植果树的情况，灵活确定氮、磷、钾、中量元素、微量元素、功能性物质的配方，从而形成系列多功能肥料配方。当条件发生变化时，又可以及时加以调整。对于某一具体产品，用于特定的土壤和果树的施用量、施用期、施用方法等都有明确具体的要求，产品施用方便，施用安全，促进农业优质高产，使农户增产增收。

3. 果树营养套餐肥料的类型 目前没有一个公认的分类方法，可以根据肥料用途、性质、生产工艺等进行分类。

（1）按性质分类 可分为无机营养套餐肥、有机营养套餐肥、微生物营养套餐肥、有机无机营养套餐肥、缓释型营养套餐肥等。

（2）按生产工艺分类 可分为颗粒掺混型、干粉混合造粒型、包裹型、流体型、熔体造粒型、叶面喷施型等。叶面喷施型又可分为液体型和固体型。

（二）果树营养套餐肥的生产原料

1. 果树营养套餐肥的主要原料

（1）大量营养元素肥料 氮素肥料主要有尿素、氯化铵、硝酸铵、硫酸铵、碳酸氢铵等可作为营养套餐肥的生产原料。磷素原料主要有过磷酸钙、重过磷酸钙、钙镁磷肥、磷酸一铵、磷酸二铵等。钾素原料主要是硫酸钾、氯化钾、硫酸钾镁肥和磷酸二氢钾等。

（2）中量营养元素肥料 钙肥主要采用磷肥中含钙磷肥，如过磷酸钙、重过磷酸钙、钙镁磷肥进行补充，不足的可用石膏等进行添加。镁肥主要是硫酸镁、氯化镁、硫酸钾镁、钾镁肥、钙镁磷肥等。硫肥主要是硫酸铵、过磷酸钙、硫酸钾、硫酸镁、硫酸钾镁、石膏、硫黄、硫酸亚铁等。硅肥主要是硅酸钠、硅钙钾肥、钙镁磷肥、钾钙肥等。

（3）微量营养元素肥料 微量元素肥料主要是一些含硼、锌、钼、锰、铁、铜等营养元素的无机盐类和氧化物。肥源有无机微肥、有机微肥和有机螯合态微肥，由于价格原因，一般选用无机微肥。

（4）有机活性原料 主要是指含某种功能性的有机物经加工处理后成为具有某种活性的有机物质，也可用作作物营养套餐肥的原料。有机活性原料具有高效有机肥的诸多功能：含有杀虫活性物质、杀菌活性物质、调节生长活性物质等，主要种类见表1-7。

表1-7　含有功能性有机原料的种类

类别	物料名称
有机酸类	氨基酸及其衍生物、螯合物，腐殖酸类物质，柠檬酸等有机物
楝素类	苦楝树和川楝树的种子、枝、叶、根
野生植物	鸡脚骨草、苦豆子、苦参、除虫菊、羊角扭、百部、黄连、天南星、雷公藤、狼毒、鱼藤、苦皮藤、蒿蒿、皂角、闹羊花等
饼粕类	菜籽饼、棉籽饼、蓖麻籽饼、豆饼等
作物秸秆	辣椒秸秆、烟草秸秆、棉花秸秆、番茄秸秆等

这些有机物要经过粉碎、润湿、调碳氮比、调酸碱度、加入菌剂，干燥后即可作为备用原料待用。

（5）微生物肥料　主要有固氮菌肥料、根瘤菌肥料、磷细菌肥料、硅酸盐细菌肥料、抗生菌肥料、复合微生物肥料、生物有机肥等。

（6）农用稀土　目前我国定点生产和使用的农用稀土制品称为"农乐"益植素 NL 系列，简称"农乐"或"常乐"，是混合稀土元素的硝酸盐，主要成分为硝酸镧、硝酸铈等。含稀土氧化物含量 $37\%\sim40\%$、氧化镧 $25\%\sim28\%$、氧化铈 $49\%\sim51\%$、氧化铵 $14\%\sim16\%$，其他稀土元素小于 1%。

（7）有关添加剂　主要是生物制剂、调理剂、增效剂等。

生物制剂可用植物提取物、有益菌代谢物、发酵提取物等，具有防止病虫害、促进植物健壮生长、提高作物抗逆、抗寒和抗旱能力等功效。

调理剂，也称黏结剂，是指营养套餐肥生产中加入的功能性物质，是营养套餐肥生产中加入的有助于减少造粒难度，在干燥后得到比较紧实通常也比较坚硬的一类具有黏结性的物质，如沸石、硅藻土、凹凸棒粉、石膏粉、海泡石、高岭土等。

增效剂是由天然物质经生化处理提取的活性物质，可提高肥料利用率，促进作物提高产量和改善品质。

2. 果树营养套餐肥配料的原则

（1）确保产品具有良好的物理性状　固体型营养套餐肥生产时多种肥料、功能性物质混配后应确保产品不产生不良的物理性状，如不能结块等。液体型营养套餐肥生产时应保证产品沉淀物小于 5%，产品呈清液或乳状液体。

（2）原料的"可配性"及"塑性"　多种肥料、功能性物质的合理配伍是保证营养套餐肥产品质量的关键。营养套餐肥生产时必须了解所选原料的组成成分及共存性，要求多种肥料、功能性物质之间不产生化学反应，肥效不能低于单质肥料。

各种营养元素之间的配伍性有三类：可混配型、不可混配型和有限混配型。可混配型的原料在混配时，有效养分不发生损失或退化，其物理性质可得到改善。不可混配型的原料在混配时可能会出现：吸湿性增强，物理性状变坏；发生化学反应，造成养分挥发损失；养分由有效性向难溶性转变，导致有效成分降低。有限混配型是指在一定条件下可以混配的肥料类型。具体可参考复混肥料相关内容。

生产中使用的原料应注意其"可配性"，避免不相配伍的原料同时配伍。微量元素和稀土应尽量采用氨基酸螯合，避免某些元素间相互拮抗，如稀土元素与有效磷间拮抗。当需要两种不相配伍的原料来配伍成营养套餐肥料时，应尽量将该两种原料分别进行预处理，使用某几种惰性物质将其隔离，不相互直接接触，便于预处理，或将其分别包裹粒化制成掺混型营养套餐肥料。当配伍的原料都不具塑性时，除采用能带入营养元素并能与原料中一种或几种发生化学反应而有益于团粒外，黏结剂要选用能改良土壤的酸胺类，或采用在土壤内经微生物细菌作用能完全降解的聚乙烯醇之类的高分子化合物。

(3) 提高肥效 多种肥料之间及与其他功能性物质之间合理混配后，能表现出良好的相互增效效应。

四、主要果树营养套餐肥料

目前我国各大肥料生产厂家生产的果树营养套餐肥料品种主要有以下类型：一是根际施肥用的增效肥料、有机型作物专用肥、有机型缓释复混肥、功能性生物有机肥等；二是叶面喷施用的螯合态高活性水溶肥；三是其他一些专用营养套餐肥，如滴灌用的长效水溶性滴灌肥、育秧用的保健型壮秧剂等。

(一) 增效肥料

增效肥料指，一些化学肥料在基本不改变其生产工艺的基础上，增加简单设备，向肥料中直接添加增效剂所生产的增值产品。而增效剂是指利用海藻、腐殖酸和氨基酸等天然物质经改性获得的、可以提高肥料利用率的物质。这些物质经过包裹、腐殖酸化等可提高单质肥料的利用率，减少肥料损失，所生产的增效肥料可作为营养套餐肥的追肥品种。

1. **包裹型长效腐殖酸尿素** 包裹型长效腐殖酸尿素是用腐殖酸经过活化在少量介质参与下，与尿素包裹反应生成腐脲络合物及包裹层。产品核心为尿素，尿素的表层为活性腐殖酸与尿素反应形成络合层，外层为活性腐殖酸包裹层，包裹层量占产品的 10%～20%（不同型号含量不同）。产品含氮≥30%，有机质含量≥10%，中量元素含量≥1%，微量元素含量≥1%。

2. **硅包缓释尿素** 硅包缓释尿素以硅肥包裹尿素，消除化肥对农产品质量的不良影响，同时提高化肥利用率，减少尿素的淋失，提高土壤肥力，方便农民使用。肥料中加入中微量营养元素，可以平衡作物营养。硅包缓释尿素减缓氮的释放速度，有利于减少尿素的流失。硅包缓释尿素使用高分子化合物作为包裹造粒黏合剂，使粉状硅肥与尿素紧密包裹，延长了尿素的肥效，消除了尿素的副作用，使产品具有"抗倒伏、抗干旱、抗病虫、促进光合作用、促进根系生长发育、促进养分利用"的"三抗三促"功能。目前该产品技术指标如表1-8。该产品施用方法同尿素。

表 1 - 8　硅包尿素产品技术指标

成分	高浓度	中浓度	低浓度
氮含量（%）≥	30	20	10
活性硅（%）≥	6	10	15
中量元素（%）≥	6	10	15
微量元素（%）≥	1	1	1
水分（%）＜	5	5	5

3. 树脂包膜尿素　树脂包膜尿素是采用各种不同的树脂材料，主要由于释放慢，起到长效和缓效的作用，可以减少一些作物追肥的次数。玉米采用长效尿素可实现一次性施用底肥，改变以往在小喇叭口期或大喇叭口期追肥的不便；在水稻田可以在插秧时一次施足肥料即可以减少多次追肥。蔬菜上，特别是一些地膜覆盖栽培的蔬菜使用长效（缓效）肥可以减少施肥的次数提高肥料的利用率节省肥料。有试验结果表明使用包衣尿素可以节省常规用量的 50%。

4. 腐殖酸型过磷酸钙　该肥料是应用优质的腐殖酸与过磷酸钙，在促释剂和螯合剂的作用下，经过化学反应形成的 HA‐P 复合物，能够有效地抑制肥料成品中有效磷的固定，减缓磷肥从速效性向迟效和无效的转化，可以使土壤对磷的固定减少 16% 以上，磷肥肥效提高 10%～20%。该产品有效磷含量≥10%。

5. 增效磷酸二铵　增效磷酸二铵是应用 NAM 长效缓释技术研发的一种新型长效缓释肥，总养分量 53%（14‐39‐0）。产品特有的保氮、控氨、解磷 HLS 集成动力系统，改变了养分释放模式，解除磷的固定，促进磷的扩散吸收，比常规磷酸二铵养分利用率提高一倍左右，并可使追肥中施用的普通尿素提高利用率，延长肥效期，做到底肥长效、追肥减量。施用方法与普通磷酸二铵相同，施肥量可减少 20% 左右。

（二）有机酸型专用肥及复混肥

1. 有机酸型果树专用肥　有机酸型果树物专用肥是根据不同作物的需肥特性和土壤特点，在测土配方施肥基础上，在传统作物专用肥基础上添加腐殖酸、氨基酸、生物制剂、螯合态微量元素、中量元素、生物制剂、增效剂、调理剂等，进行科学配方设计生产的一类有机无机复混肥料。其剂型有粉粒状、颗粒状和液体三种剂型，可用于基肥、种肥和追肥。根据有关厂家在全国 22 省试验结果表明，有机酸型果树专用肥肥效持续时间长、针对性强，养分之间有协同效应，能把物化的科学施肥技术与产品融为一体，可获得明显的增产、增收效果。

2. **腐殖酸型高效缓释复混肥**　腐殖酸型高效缓释复混肥是在复混肥产品中配置了腐殖酸等有机成分，采用先进生产工艺与制造技术，实现化肥与腐殖酸肥的有机结合，大、中、微量元素与有益元素的结合。如云南金星化工有限公司生产的品种有3个：15-5-20 含量的腐殖酸型高效缓释复混肥是针对需钾较高的作物设计，18-8-4 含量的腐殖酸型高效缓释复混肥是针对需氮较高的果树设计，13-4-13 含量的腐殖酸型高效缓释复混肥是针对甘蔗等作物设计。

3. **腐殖酸涂层缓释肥**　腐殖酸涂层缓释肥，有的也称腐殖酸涂层长效肥、腐殖酸涂层缓释 BB 肥等。它是应用涂层肥料专利技术，配合氨酸造粒工艺生产的多效螯合缓释肥料。目前主要配方类型有 15-10-15、15-5-20、20-4-16、18-5-13、23-15-7、15-5-10、17-5-8 等多种。

腐殖酸涂层缓释肥与以塑料（树脂）为包膜材料的缓控释肥不同，腐殖酸涂层缓释肥料选择的缓释材料都可当季转化为果树可吸收的养分或成为土壤有机质成分，具有改善土壤结构，提升可持续生产能力的作用。同时，促控分离的缓释增效模式，是目前市场唯一对氮、磷、钾养分分别进行增效处理的多元素肥料，具有"省肥、省水、省工、增产增收"的特点，比一般复合肥利用率提高10%，果树平均增产15%、省肥20%、省水30%、省工30%，与习惯施肥对照，每亩节本增效 200 元以上。

4. **含促生真菌有机无机复混肥**　含促生真菌有机无机复混肥是在有机无机复混肥生产中，采用最新的生物、化学、物理综合技术，添加促生真菌孢子粉——PPF 生产的一种新型肥料。目前主要配方类型有 17-5-8、20-0-10 等类型。

促生真菌具有四大特殊功能：一是能够分泌各种生理活性物质，提高作物发根力，提高作物的抗旱性、抗盐性等；二是能够产生大量的纤维素酶，加速土壤有机质的分解，增加作物的可吸收养分；三是能够分泌的代谢产物，可抑制土壤病原菌、病毒的生长与繁殖，净化土壤；四是可促进土壤中难溶性磷的分解，增加作物对磷的吸收。

（三）功能性生物有机肥

生物有机肥是指特定功能微生物与主要以动植物残体（如畜禽粪便、农作物秸秆等）为来源并经无害化处理、腐熟的有机物料复合而成的一类兼具微生物肥料和有机肥效应的肥料。

1. **生态生物有机肥**　生态生物有机肥是选用优质有机原料（如木薯渣、糖渣、玉米淀粉渣、烟草废弃物等生物有机工厂的废弃物），采用生物高氮源发酵技术、好氧堆肥快速腐熟技术、复合有益微生物技术等高新生物技术，生产的含有生物菌的一种生物有机肥。一般要求产品中生物菌数 0.2 亿/克或 0.5 亿/克，有机质含量≥20%。

2. **抗旱促生高效缓释功能肥**　抗旱促生高效缓释功能肥是新疆慧尔农业科技股份有限公司针对新疆干旱、少雨情况，在生产含促生真菌有机无机复混肥基础上添加腐殖酸、TE（稀有元素）生产的一种新型肥料。目前产品有小麦抗旱促生高效缓释功能肥（23 - 0 - 12 - TE）、棉花抗旱促生高效缓释功能肥（20 - 0 - 15 - TE）、玉米抗旱促生高效缓释功能肥（21 - 0 - 14 - TE）、甜菜抗旱促生高效缓释功能肥（15 - 0 - 20 - TE）等类型，产品中腐殖酸含量≥3%。

3. **高效微生物功能菌肥**　高效微生物功能菌肥是在生物有机肥生产中添加氨基酸或腐殖酸、腐熟菌、解磷菌、解钾菌等而生产的一种生物有机肥。一般要求产品中生物菌数 0.2 亿/克，有机质含量≥40%，氨基酸含量≥10%。

（四）螯合态高活性水溶肥

1. **高活性有机酸水溶肥**　高活性有机酸水溶肥是利用当代最新生物技术精心研制开发的一种高效特效腐殖酸类、氨基酸类、海藻酸类等有机活性水溶肥，产品中 N≥80 克/升，P_2O_5≥50 克/升、K_2O≥150 克/升，腐殖酸（或氨基酸、海藻酸）≥50 克/升。

2. **螯合型微量元素水溶肥**　螯合型微量元素水溶肥是将氨基酸、柠檬酸、EDTA 等螯合剂与微量元素有机结合起来，并可添加有益微生物生产的一种新型水溶肥料。一般产品要求微量元素含量≥8%。

3. **活力钾、钙、硼水溶肥**　该类肥料是利用高活性生化黄腐酸（黄腐酸属腐殖酸中分子量最小、活性最大的组分）添加钾、钙、硼等营养元素生产的一类新型水溶肥料。要求黄腐酸含量≥30%，其他元素含量达到水溶标准要求，如有效钙 180 克/升、有效硼 100 克/升。

（五）长效水溶性滴灌肥

除了上述介绍的作物底肥、种肥、追肥、根外追肥施用的营养套餐肥外，在一些滴灌栽培区还应用长效水溶性滴灌肥等，也有良好施用效果。

长效水溶性滴灌肥是将脲酶抑制剂、硝化抑制剂、磷活化剂与营养成分有机组合，利用抑制剂的协同作用，比单一抑制剂具有更长作用时间，达到供肥期延长和更高肥料利用率的效果。利用抑制剂调控土壤中的铵态氮和硝态氮的转化，达到增铵营养效果，为作物提供适宜的 NH_4^+、NO_3^- 比例，从而加快作物对养分的吸收、利用与转化，促进作物生长，增产效果显著。目前主要品种有：棉花长效水溶性滴灌肥（15 - 25 - 10＋B＋Zn）、果菜类长效水溶性滴灌肥（17 - 15 - 18＋B＋Zn）、果树长效水溶性滴灌肥（10 - 15 - 25＋B＋Zn）等。

长效水溶性滴灌肥的性能主要体现在：一是肥效长，具有一定可调性。该肥料在磷肥用量减少 1/3 时仍可获得正常产量，养分有效期可达 120 天以上。二是养分利用率高，氮肥利用率提高到 38.7％～43.7％，磷肥利用率达到 19％～28％。三是增产幅度大，生产成本低。施用长效水溶性滴灌肥可使作物活秆成熟，增产幅度大，平均增产 10％以上。由于节肥、免追肥、省工及减少磷肥施用量，能降低农民的生产投入，增产增收。四是环境友好，可降低施肥造成的面源污染。低碳、低毒，对人畜安全，在土壤及作物中无残留。试验表明，施用该肥料可减少淋失 48.2％，降低 N_2O 排放 64.7％，显著降低氮肥施用带来的环境污染。

第二章
仁果类落叶果树测土配方与营养套餐施肥技术

落叶果树是秋末落叶、翌年春天又萌发的一类果树，能耐冬季低温，分布较广。如苹果、梨、桃、葡萄、核桃、杏、李子、大枣、樱桃、山楂、板栗、榛子等。其中仁果类果树，属蔷薇科，包括苹果、梨、海棠果、山楂等。

第一节　苹果树测土配方与营养套餐施肥技术

我国是世界第一苹果生产大国，2012 年栽培面积为 256.67 万公顷，总产量达 3 950 万吨，分别占世界的 42％和 54％。我国共有 24 个省（自治区、直辖市）生产苹果，主要集中在渤海湾、西北黄土高原、黄河故道和西南冷凉高地四大产区，其中陕西、山东、河北、甘肃、河南、山西和辽宁是我国七大苹果主产省。

一、苹果树营养需求特点

苹果是多年生植物，在不同的生长发育时期，对养分的种类和数量需求不同。因此，苹果对营养的需求具有明显的年龄性和季节性特点。

1. **苹果树生命周期的营养需求特点**　苹果树在生长发育过程中，不同的年龄时期，不同生长季节，其吸收肥料种类和吸收量不同。一般分为幼树期、初结果树期、盛结果树期和衰老树期四个时期。

（1）**幼树期**　指苗木定植到开花结果这段时期，属于营养生长时期，由于养分供应生长积累较少，这一时期一般不结果，一般为 3～6 年。幼树期苹果树对养分的需要量相对较少，但对养分很敏感。需氮素较多，磷素、钾素较少。幼树期苹果树要充分积累更多的贮藏营养，及时满足幼树树体健壮生长和新梢抽发的需要，使其尽快形成树体骨架，为以后的开花结果奠定良好的物质基础。

（2）初结果树期 指开始结果到大量结果这段时期。苹果初结果期一般为一般为 4~5 年。初结果树期是营养生长到生殖生长转化的时期，此期既要促进树体贮备养分，健壮生长，提高坐果率，又要控制无效新梢的抽发和徒长，因此，既要注重氮、磷、钾的合理配比，又要控制氮素的用量，以协调营养生长和生殖生长之间的平衡。若营养生长长势较强，要以磷素为主，配施钾素营养，少施氮素营养；若营养生长长势较弱，则以磷素为主，适当增施氮素营养，配施钾素。

（3）盛果期树 指苹果大量结果而产量最高的时期。苹果盛果期为 15 年，有的甚至 45 年以上。盛果期树营养的目的是促进果实优质丰产，维持树体健壮长势。该期对磷素、钾素的需求量增大，氮素的需求量相对比较稳定，因此应根据产量和树势适当调节氮、磷、钾的比例，同时注意微量元素营养的供应，并适当注意钙、镁的营养。

（4）衰老树期 指苹果树生命活动更加衰老退化的时期。衰老期的后期，当更新树冠再度衰老时，大多失去栽培价值。更新期和衰老期主要重视氮素营养，延长结果时间。

2. 苹果树年生长周期的营养需求特点 苹果树在一年中随环境条件的变化出现一系列的生理与形态的变化并呈现一定的生长发育规律性，这种随气候而变化的生命活动称为年生长周期。在年生长周期中，苹果树进行营养生长的同时也开花、结果与花芽分化。

（1）未结果树 未结果苹果树的年生长周期中，氮素的吸收自春至夏随气温上升而增加，到 8 月上旬达到高峰期，以后随气温下降，吸收量逐渐下降。磷的吸收规律与氮大致相同，但吸收量较少，高峰期不明显。钾的吸收自萌芽开始，随着枝条生长，吸收量急剧增加；枝条停止生长后，吸收量急剧减少。

（2）结果树 结果苹果树的年生长周期中，对氮素的需求生长前期量最大，新梢生长、花期和幼果生长都需要大量的氮，但这时期需要的氮主要来源于树体的贮藏养分，因此增加氮素的贮藏养分非常重要；进入 6 月下旬以后氮素要求量减少，如果 7、8 月氮素过多，必然造成秋稍旺长，影响花芽分化和果实膨大。而从采收到休眠前，是根系的再次生长高峰，也是氮素营养的贮藏期，对氮肥的需求量又明显回升。

对磷元素的吸收，表现为生长初期迅速增加，花期达到吸收高峰，以后一直维持较高水平，直至生长后期仍无明显变化。

对钾元素的需求表现为前低、中高、后低，即花期需求量少，后期逐渐增加，至 8 月果实膨大期达到高峰，后期又逐渐下降。

钙元素在苹果幼果期达到吸收高峰，占全年 70%，因此，幼果期补充充足的钙对果实生长发育至关重要。苹果对镁的需求量随着叶片的生长而逐渐增加，并维持在较高水平。

硼元素在花期需求量最大，其次是幼果期和果实膨大期，因此，花期补硼是关键时期，可提高坐果率，增加优质果率。锌元素在发芽期需要量最大，必须在发芽前进行补充。

3. 苹果树不同砧穗组合的营养需求特点　苹果通常以嫁接繁殖为主，即将优良品种的枝或芽（接穗）嫁接到其他砧木的枝、干等适宜部位上，接口愈合后即长成新的树体。因嫁接树由砧木和接穗组成，它既兼有二者特点的作用，又存在着相互密切的影响，而以砧木对地上部的影响最明显。

由于砧木对树体生长、结果能力与果实品质，以及对干旱、寒冷、盐碱、酸害和病虫等的抵抗能力均有很大影响，因此不同砧穗组合对养分的吸收、运转和分配的差异很大，相同品种嫁接在不同砧木上，植株的营养状况差异也很明显。不耐盐碱的东北山定子砧木，叶片铁含量低，易发生严重的黄叶病，而耐盐碱的的八棱海棠的砧木含铁丰富，钾、铜、锰含量低；山东省对不同砧木红星苹果的观察表明，矮化砧木根系中硝态氮含量高于乔化砧，在花芽分化期糖类与铵态氮含量高且比例协调，促进了花芽分化，但是乔化砧红星苹果碳、氮两类物质往往比例失调，树势旺长而不结果。湖北省通过对矮化中间砧的试验表明，金帅和矮生苹果的氮、磷、钾含量均是砧木 M_9＞砧木 M_7＞砧木 M_4（基砧为河北海棠），祝光苹果叶片钾含量也表明这一趋势。可见筛选高产优质砧穗组合，可减轻或克服营养失调，提高养分利用率。

近几年，在国内外的苹果栽培中，多利用矮化砧木和短枝型品种。由于砧木、接穗类型和栽培方式的不同，对养分的需求、吸收也有很大的影响。砧木类型不仅影响苹果树的树势，对养分的吸收也有明显影响。据国外资料报道，砧木 M_9 能提高叶片中的氮、钙、镁、铁、硼含量，同时降低了叶片中的磷、钾、钠等元素，在生产中应引起极大的关注。

因此，在苹果生产中，要根据区域条件，因地制宜选择适宜当地的砧木和接穗组合，并在此基础上合理施肥，协调嫁接苗的营养平衡，充分发挥其优良的遗传特性，提高其丰产性能。

二、苹果树测土施肥配方

确定苹果施肥量的最简单方法就是：以结果量为基础，并根据品种特性、树势强弱、树龄、立地条件及诊断结果等加以调整。

1. **氮肥总量控制、磷钾肥恒量监控技术** 姜远茂等人（2009 年）针对苹果主产区施肥现状，提出在保证有机肥施用的基础上，氮肥推荐采用总量控制分期调控技术，磷、钾肥推荐采取恒量监控技术，中微量元素采用因缺补缺。

（1）有机肥推荐技术 考虑到果园有机肥水平、产量水平和有机肥种类，苹果树有机肥推荐用量参考表 2-1。

表 2-1 苹果树有机肥推荐用量（千克/亩）

有机质含量	产量水平			
（克/千克）	2 000 千克/亩	3 000 千克/亩	4 000 千克/亩	5 000 千克/亩
>15	1 000	2 000	3 000	4 000
10~15	2 000	3 000	4 000	5 000
5~10	3 000	4 000	5 000	—
<5	4 000	5 000	—	—

（2）氮肥推荐技术 考虑到土壤供氮能力和苹果产量水平，苹果树氮肥推荐用量参考表 2-2。

表 2-2 苹果树氮肥推荐用量（N，千克/亩）

有机质含量	产量水平			
（克/千克）	2 000 千克/亩	3 000 千克/亩	4 000 千克/亩	5 000 千克/亩
<7.5	23.3~33.3	30~40	—	—
7.5~10	16.7~26.7	23.3~33.3	30~40	—
10~15	10~20	16.7~26.7	23.3~33.3	30~40
15~20	3.3~10	10~20	16.7~26.7	23.3~33.3
>20	<3.3	3.3~10	10~20	16.7~26.7

（3）磷肥推荐技术 考虑到土壤供磷能力和苹果产量水平，苹果树磷肥推荐用量参考表 2-3。

表 2-3 苹果树磷肥推荐用量（P_2O_5，千克/亩）

土壤速效磷	产量水平			
（毫克/千克）	2 000 千克/亩	3 000 千克/亩	4 000 千克/亩	5 000 千克/亩
<15	8~10	10~13	12~16	—
15~30	6~8	8~11	10~14	12~17
30~50	4~6	6~9	8~12	10~15
50~90	2~4	4~7	6~10	8~13
>90	<2	<4	<6	<8

(4) 钾肥推荐技术　考虑到土壤供钾能力和苹果产量水平，苹果树钾肥推荐用量参考表2-4。

表2-4　苹果树钾肥推荐用量（K₂O，千克/亩）

土壤交换钾	产量水平			
（毫克/千克）	2 000 千克/亩	3 000 千克/亩	4 000 千克/亩	5 000 千克/亩
＜50	20～30	23.3～40	26.7～43.3	—
50～100	16.7～20	20～30	23.3～40	26.7～43.3
100～150	10～13.3	16.7～20	20～30	23.3～40
150～200	6.7～10	10～13.3	16.7～20	20～30
＞200	＜6.7	6.7～10	10～13.3	16.7～20

(5) 中微量元素因缺补缺技术　根据土壤分析结果，对照临界指标，如果缺乏进行矫正（表2-5）。

表2-5　苹果产区中微量元素丰缺指标及对应肥料用量

元素	提取方法	临界指标（毫克/千克）	基施用量（千克/亩）
锌	DTPA	0.5	硫酸锌：2.5～5.0
硼	沸水	0.5	硼砂：2.5～5.0
钙	醋酸铵	450	硝酸钙：10～20

2. 根据苹果树树龄确定

（1）根据试验结果（顾曼如，1994）及综合有关资料确定不同树龄的苹果年施肥量（表2-6）。

表2-6　不同树龄苹果的施肥量（千克/亩）

树龄（年）	有机肥	尿素	过磷酸钙	硫酸钾
1～5	1 000～1 500	5～10	20～30	5～10
6～10	2 000～3 000	10～15	30～50	7.5～15
11～15	3 000～4 000	10～30	50～75	10～20
16～20	3 000～4 000	20～40	50～100	20～40
21～30	4 000～5 000	20～40	50～75	30～40
＞30	4 000～5 000	40	50～75	20～40

（2）辽南地区苹果施肥量推荐如表2-7和表2-8。

表 2-7 辽南不同树龄苹果施肥参照表（单株）

树龄 （年）	产量 （千克）	有机肥 （千克）	追肥（千克）		
			硫酸铵	过磷酸钙	草木灰
1～5	—	100			
6～10	25～50	150～200	0.5～1.0	1.0～1.5	1.0～1.5
11～15	50～100	200～300	1.0～1.5	2.0～2.5	2.0～2.5
16～20	100～150	300～400	1.5～2.0	3.0～4.0	3.0～4.0
21～30	150～250	400～600	2.5～3.0	4.0～5.0	4.0～5.0
＞30	＞250	＞600	3.0～4.0	5.0～7.5	5.0～7.5

表 2-8 辽南小苹果不同树龄施肥参照表（单株）

树龄（年）	有机肥（千克）	硝酸铵（千克）	过磷酸钙（千克）	草木灰（千克）
1～3	10～20	0.05～0.1	—	—
4～6	25～50	0.25	—	—
6～10	75	0.5～0.75	0.25	1.0～1.5
11～15	100	1.0	0.5	2.0～3.0
16～20	150	1.5～2.0	1.0～1.5	4.0～5.0

3. 根据种植地形和目标产量确定 如山西苹果主产区推荐施肥量如表 2-9（武怀庆，2005）。

表 2-9 山西苹果主产区推荐施肥量（千克/亩）

区域	目标产量	有机肥	氮	五氧化二磷	氧化钾	微肥
平川区	—	1 500	4～6	3～4	4～6	硼、锌 喷施
	500～1 000	2 000～3 000	8～10	4～6	8～10	
	1 000～1 500	3 000～4 000	10～15	6～8	10～15	
	1 500～2 000	4 000～5 000	15～20	8～10	15～20	
丘陵山区	—	1 500	4～6	4～5	4～6	硼、锌 基肥和喷施
	500～1 000	2 000～3 000	8～11	5～8	8～11	
	1 000～1 500	3 000～4 000	11～16	8～13	11～16	
	1 500～2 000	4 000～5 000	16～26	13～18	16～26	

4. **果树叶片分析**　一般可在苹果园用对角线法取样 25 株以上，大约在花后 8～12 周，取新梢基部向上第 7～8 片叶，按树冠东西南北四个方向，每株 8 片共取 200 片叶。带回室内后，首先洗去叶柄上的污物，烘干研碎，测定硝酸氮、全磷、全钾、铁、锌、硼等元素的含量，根据叶片分析含量，与表 2-10 对照，进而判断肥效情况，制定施肥标准。

表 2-10　苹果树营养诊断表

元素	成熟叶片含量		缺素症状	补救办法
	正常	缺乏		
氮	21.3～27.5 克/千克	＜17 克/千克	新梢短而细，叶小直立，新梢下部的叶片逐渐失绿转黄，并不断向顶端发展，花芽形成少，果小早熟易落，须根多，大根少，新根发黄。严重缺氮时，嫩梢木质化后呈淡红褐色，叶柄、叶脉变红，严重者甚至造成生理落果	叶面喷施 0.5%～0.8% 尿素溶液 2～3 次
磷	1.3～2.5 克/千克	＜1 克/千克	新梢和根系生长减弱，枝条细弱而分枝少，叶片小而薄，老叶呈古铜色，叶脉间出现淡绿色斑，幼叶呈暗绿色，叶柄、叶背呈紫色或紫红色。严重缺磷时，老叶会出现黄绿和深绿相间的花叶，甚至出现紫色、红色的斑块，叶缘出现半月形坏死，枝条茎部叶片早落，而顶端则长期保留一簇簇叶片。枝条下部芽不充实，春天不萌发，展叶开花迟缓，花芽少，果实着色面小，色泽差。树体抗逆性差，常引起早期落叶，产量下降。苹果树上早春或夏季生长较快的枝叶，几乎都呈紫红色，新梢末端的枝叶特别明显，这种现象是缺磷的重要特征	叶面喷施 3%～5% 过磷酸钙浸出液
钾	10～21.5 克/千克	＜10 克/千克	根和新梢加粗，生长减弱，新梢细弱，叶尖和叶缘常发生褐红色枯斑，易受真菌危害，降低果实产量和品质。严重缺钾时，叶片从边缘向内焦枯，向下卷曲枯死而不易脱落，花芽小而多，果实色泽差，着色面小	叶面喷施 0.2%～0.3% 磷酸二氢钾 2～3 次；或 1.5% 硫酸钾溶液 2～3 次
钙	10～20 克/千克	＜7 克/千克	缺钙的果实，细胞间的黏结作用消失，细胞壁和中胶层变软，细胞破裂，贮藏期果实变软，甚至出现水心病、苦痘病	喷施 0.2%～0.3% 的硝酸钙溶液 3～4 次

（续）

元素	成熟叶片含量		缺素症状	补救办法
	正常	缺乏		
镁	2.4～5.0 克/千克	<2.4 克/千克	幼树缺镁，新梢下部叶片先开始褪绿，并逐渐脱落，仅先端残留几片软而薄的淡绿色叶片。成龄树缺镁，枝条老叶叶缘或叶脉间先失绿或坏死，后渐变黄褐色，新梢、嫩枝细长，抗寒力明显降低，并导致开花受抑，果小味差	在6、7月叶面喷施1%～2%硫酸镁溶液2～3次
铁	80～235 毫克/千克	<60 毫克/千克	苹果树缺铁时，首先产生于新梢嫩叶，叶片变黄，俗称黄叶病。其表现是叶肉发黄，叶脉为绿色，呈典型的网状失绿。缺铁严重时，除叶片主脉靠近叶柄部分保持绿色外，其余部分均呈黄色或白色，甚至干枯死亡。随着病叶叶龄的增长和病情的发展，叶片失去光泽，叶片皱缩，叶缘变褐、破裂	发病严重的树发芽前可喷0.3%～0.5%硫酸亚铁（黑矾）溶液，或在果树中、短枝顶部1～3片叶失绿时，喷0.5%尿素＋0.3%硫酸亚铁，每隔10～15天喷1次，连喷2～3次
锌	20～60 毫克/千克	<16 毫克/千克	早春发芽晚，新梢节间极短，从基部向顶端逐渐落叶，叶片狭小、质脆、小叶簇生，俗称"小叶病"，数月后可出现枯梢或病枝枯死现象。病枝以下可再发新梢，新梢叶片初期正常，以后又变得窄长，产生花斑，花芽形成减少，且病枝上的花显著变小，不易坐果，果实小而畸形。幼树缺锌，根系发育不良，老树则有根系腐烂现象	在萌芽前喷2%～3%、展叶期喷0.1%～0.2%、秋季落叶前喷0.3%～0.5%的硫酸锌溶液，重病树连续喷2～3年可使缺素症得以大幅度缓解甚至治愈
锰	30～150 毫克/千克	<25 毫克/千克	果树缺锰，常出现缺锰性失绿。从老叶叶缘开始，逐渐扩大到主脉间失绿，在中脉和主脉处出现宽度不等的绿边，严重时全叶黄化，而顶端叶仍为绿色	喷施0.2%～0.3%硫酸锰溶液2～3次

（续）

元素	成熟叶片含量		缺素症状	补救办法
	正常	缺乏		
硼	22～50 毫克/千克	＜20 毫克/千克	缺硼可使花器官发育不良，受精不良，落花落果加重发生，坐果率明显降低。叶片变黄并卷缩，叶柄和叶脉质脆易折断。严重缺硼时，根和新梢生长点枯死，根系生长变弱，还能导致苹果、梨、桃等果实畸形（即缩果病）。病果味淡而苦，果面凹凸不平，果皮下的部分果肉木栓化，致使果实扭曲、变形，严重时，木栓化的一边果皮开裂，形成品相差的所谓"猴头果"	在开花前，开花期和落花后各喷1次 0.3%～0.5%的硼砂溶液，溶液浓度发芽前为 1%～2%，萌芽至花期为 0.3%～0.5%
铜	5～12 毫克/千克	＜4 毫克/千克	最初叶片出现褐色斑点，扩大后变成深褐色，引起落叶，新生枝条顶端10～30 厘米枯死，第二年春从枯死处下部的芽开始生长	喷施 0.04%～0.06%硫酸铜溶液 2～3 次

三、无公害苹果树营养套餐肥料组合

1. **基肥**　根据测土施肥配方，以氮肥、磷肥、钾肥为基础，添加腐殖酸、有机型螯合微量元素、增效剂、调理剂等，生产含锌、锰、硼、铁、铜等苹果有机型专用肥，根据当地苹果施肥现状，选取下列 3 个配方中一个作为基肥施用。综合各地苹果配方肥配制资料，基础肥料选用及用量（1 吨产品）如下。

配方 1：建议氮、磷、钾总养分量为 40%，氮、磷、钾比例分别为1:0.86:1。硫酸铵 100 千克、尿素 255 千克、磷酸一铵 213 千克、氨化过磷酸钙 100 千克、硫酸钾 100 千克、氯化钾 150 千克、氨基酸锌硼锰铁铜 23 千克、生物制剂 20 千克、增效剂 10 千克、土壤调理剂 29 千克。

配方 2：建议氮、磷、钾总养分量为 30%，氮、磷、钾比例分别为1:0.38:0.92。硫酸铵 100 千克、尿素 193 千克、磷酸一铵 80 千克、过磷酸钙 150 千克、钙镁磷肥 15 千克、硫酸钾 240 千克、氨基酸硼 10 千克、氨基酸螯合铁锌钙稀土 20 千克、硝基腐殖酸铵 100 千克、生物制剂 30 千克、增效剂 10 千克、土壤调理剂 52 千克。

配方 3：建议氮、磷、钾总养分量为 25%，氮、磷、钾比例分别为1:1:1.13。硫酸铵 100 千克、尿素 113 千克、磷酸一铵 50 千克、过磷酸钙 357 千克、钙镁磷肥 25 千克、硫酸钾 180 千克、氨基酸硼 8 千克、氨基酸锌锰铁稀土 15 千克、硝基腐殖酸 95 千克、生物制剂 20 千克、增效剂 10 千克、土壤调理剂 27 千克。

也可选用腐殖酸涂层长效肥（18－10－17＋B）、腐殖酸高效缓释复混肥（15－5－20、18－8－4）、有机无机复混肥（14－6－10）、硫基长效缓释复混肥（24－16－5）、腐殖酸含促生菌生物复混肥（20－0－10）等。

2. 生育期追肥 追肥可采用腐殖酸包裹尿素、增效尿素、腐殖酸型过磷酸钙、缓释磷酸二铵、腐殖酸高效缓释复混肥（15－5－20、18－8－4）、硫基长效水溶性肥（15－20－10）、生态有机肥、腐殖酸含促生菌生物复混肥（20－0－10）等。

3. 根外追肥 可根据苹果树生育情况，酌情选用含腐殖酸水溶肥、含氨基酸水溶肥、含海藻酸水溶肥、氨基酸螯合微量元素水溶肥、大量元素水溶肥、活力钙叶面肥、活力硼叶面肥、活力钾叶面肥等。

四、无公害苹果树营养套餐施肥技术规程

本规程以苹果盛果期树为依据，各种肥料用量以高产、优质、无公害、环境友好为目标，选用有机无机复合肥料、长效缓释肥料、有机活性水溶肥料进行施用，各地在具体应用时，可根据当地苹果树树龄及树势、测土配方推荐用量进行调整。

1. 秋施基肥 苹果树秋施基肥可选用下列基肥组合之一，采用环状施肥、放射状施肥方法施用。

（1）株施生物有机肥 10～15 千克（无害化处理过的有机肥 100～150 千克）、苹果有机型专用肥 2～2.5 千克或腐殖酸涂层长效肥（18－10－17＋B）1.5～2 千克。

（2）株施有机无机复混肥（14－6－10）2.5～3 千克、腐殖酸涂层长效肥（18－10－17＋B）1～1.5 千克。

（3）株施生物有机肥 10～15 千克（无害化处理过的有机肥 100～150 千克）、腐殖酸含促生菌生物复混肥（20－0－10）1 千克、腐殖酸型过磷酸钙 2 千克。

（4）株施生物有机肥 10～15 千克（无害化处理过的有机肥 100～150 千克）、硫基长效缓释复混肥（24－16－5）或腐殖酸高效缓释复混肥（15－5－20）1.5～2 千克。

2. 根际追肥 苹果树追肥时期主要在萌芽前、开花后、果实膨大和花芽分化期、果实生长后期，一般追肥 2～4 次，目前主要以开花后、果实膨大和花芽分化期追肥为主，视基肥施用情况、树势等，酌情在萌芽前、果实生长后

期追肥。

(1) 萌芽前追肥　如果基肥不足或未施基肥，或弱势树、老树，可在果园土壤解冻后至苹果树萌芽开花前，株施下列肥料组合之一：①苹果有机专用肥1～1.5千克；②腐殖酸包裹尿素1～1.5千克；③增效尿素0.75～1.0千克。

(2) 开花后追肥　一般苹果树落花后立即进行，株施下列肥料组合之一：①生物有机肥10～15千克、腐殖酸高效缓释复混肥（18-8-4）1.5～2千克；②生物有机肥10～15千克、腐殖酸型过磷酸钙2千克、增效尿素1.0～1.5千克、长效钾肥0.5千克；③生物有机肥10～15千克、增效磷酸铵1.0～1.5千克、大粒钾肥1.0千克；④生物有机肥10～15千克、苹果有机专用肥2～2.5千克。

(3) 果实膨大和花芽分化期追肥　株施下列肥料组合之一：①腐殖酸高效缓释复混肥（15-5-20）1.0～1.5千克；②硫基长效水溶性肥（15-20-10）1.0～1.5千克（随水冲施）；③腐殖酸型过磷酸钙1.5～2.0千克、增效尿素0.75～1.0千克、长效钾肥0.5千克；④苹果有机专用肥1～1.5千克。

(4) 果实生长后期追肥　此期追肥应在早、中熟品种采收后，晚熟品种采收前施入，株施下列肥料组合之一：①株施生物有机肥10～15千克、腐殖酸高效缓释复混肥（18-8-4）0.75～1.0千克；②腐殖酸含促生菌生物复混肥（20-0-10）0.5～0.75千克；③苹果有机专用肥0.75～1.0千克；④腐殖酸型过磷酸钙1.0～1.5千克、增效尿素0.5千克、长效钾肥0.5千克。

3. 根外追肥　可以根据苹果树生长情况，选择表2-11中时期和肥料进行根外追肥。

表2-11　苹果的根外追肥

喷施时期	肥料种类、浓度	备注
萌芽前	500～1 000倍含腐殖酸水溶肥，或500～1 000倍含氨基酸水溶肥	可连续喷2～3次
	1 500倍氨基酸螯合锌水溶肥	用于易缺锌果园
萌芽后	500～1 000倍含腐殖酸水溶肥，或500～1 000倍含氨基酸水溶肥	可连续喷2～3次
	1 500倍氨基酸螯合锌水溶肥	出现小叶病
开花期	1 500倍活力钙叶面肥、1 500倍活力硼叶面肥、500倍含腐殖酸水溶肥（500倍含氨基酸水溶肥）	可连续喷2次
新梢旺长期	0.1%～0.2%柠檬酸铁或黄腐酸二铵铁	可连续喷2次
5～6月	1 500倍活力硼叶面肥	

（续）

喷施时期	肥料种类、浓度	备注
5～7月	1 500倍活力钙叶面肥	可连续喷2～3次
果实发育后期	0.4%～0.5%磷酸二氢钾	可连续喷3～4次
采收后至落叶前	800～1 000倍大量元素水溶肥	可连续喷3～4次，大年尤为重要
	1 000～1 500倍氨基酸螯合锌	用于易缺锌果园
	1 000～1 500倍活力硼叶面肥	用于易缺硼果园

第二节　梨树测土配方与营养套餐施肥技术

梨树是我国分布面积最广的重要果树之一，全国各地均有栽培。梨园面积和梨果产量仅次于苹果和柑橘，名列第三位。梨树对土壤的适应能力强，且较易获得高产。其品种繁多，晚熟品种极耐贮藏与运输，对保证水果的周年供应和调节市场有重要意义，是人们喜食果品之一。

一、梨树的营养需求特点

梨树是多年生植物，在不同的生长发育时期，对养分的种类和数量需求不同。因此，梨树对营养的需求具有明显的年龄性和季节性特点。

1. **梨树生命周期的营养需求特点**　梨树幼龄树以长树、扩大树冠、搭好骨架为主，以后逐步过渡到以结果为主。幼树需要的主要养分是氮和磷，特别是磷素，其对植物根系的生长发育具有良好的作用。

成年果树对营养的需求主要是氮和钾，特别是由于果实的采收带走了大量的氮、钾和磷等许多营养元素，若不能及时补充则将影响梨树翌年的生长及产量。

梨树随树龄增加，结果部位不断更替，对养分的需求数量和比例也随之发生变化。

2. **梨树年不同生育期对养分吸收的特点**　梨树年周期内各物侯期对主要元素的吸收量是不平衡的。不同生长期对不同养分吸收的变化是适期、适量施肥的主要依据。

梨树萌芽开花期对养分的需要非常迫切，主要利用树体内储存的养分；新梢旺长期是树体生长量最大的时期，也是树体氮、磷、钾吸收数量最多的时期，其中氮最多、钾次之、磷较少；果树迅速膨大期对养分的需求数量较大，其中以对钾需求较为突出，该时期对钾的吸收数量高于氮，磷的吸收数量仍低于钾和氮；在果实采收以后至落叶休眠这段时期，主要是养分回流及有机物质贮藏，虽然仍能吸收一部分营养物质，但吸收的数量显著减少。

3. 梨树年周期对氮、磷、钾的吸收特点　梨树对各种元素的需要量不是一成不变的，而是依据各个生长发育阶段的不同而有多有少。

在一年中需氮有两个高峰期，第一次大高峰期在 5 月，吸收量可达 80％，由于此期是枝、叶、根生长的旺盛期，需要的营养多；第二次小高峰在 7 月，比第一次吸收的量少 35％～40％，由于此期是果实的迅速膨大期和花芽分化期，需养分也多。

磷在全年在的波峰不大，只在 5 月有个小高峰，由于此期是种子发育和枝条木质化阶段，需磷素较多。

需钾也有两个高峰期，时期与氮相同，由于第二次高峰期正值果实迅速膨大和糖分转化，需钾量较多，所以差幅没有氮大，比第一次少 8％左右。

二、梨树测土施肥配方

确定梨树施肥量的原则是生长"需要多少，就投入多少"。

1. 根据产量确定　不考虑养分损失的情况下，计算公式如下。

某元素施入量＝产量水平×单位产量该元素吸收量－土壤供给量－其他供给量

有关研究表明，在亩产 2 500 千克梨果情况下，每生产 100 千克梨果需供应纯氮 0.45 千克、五氧化二磷 0.09 千克、氧化钾 0.37 千克、氧化钙 0.44 千克、氧化镁 0.13 千克。

2. 根据树龄确定　不同树龄施肥量有所不同。表 2-12 列出了几种常用的肥料用量，如施其他肥料要进行养分量换算，在生产上提倡采用复合肥或配方肥。

表 2-12　不同树龄梨树的施肥量（千克/亩）

树龄（年）	有机肥	尿素	过磷酸钙	硫酸钾
1～5	1 000～1 500	5～10	25～30	5～10
6～10	2 000～3 000	10～15	35～50	5～15
11～15	3 000～4 000	10～30	55～75	10～20
16～20	3 000～4 000	20～40	55～100	15～40
21～30	4 000～5 000	20～40	55～75	20～40
>30	4 000～5 000	40	55～75	20～30

3. 根据土壤肥力水平确定 姜远茂等提出，在中等产量水平和中等肥力水平的条件下，梨树每亩年施肥量（33 株/亩）为：尿素 26 千克，过磷酸钙 67 千克，氯化钾 20 千克。土壤有效养分在中等水平以下时，需增加 25%～50%的量；在中等水平以上时，要减少 25%～50%的量，特别高时可考虑不施该种肥料。

4. 根据树势确定 主要根据树体的长势长相及枝条、叶片、果实、根系等特有的症状来判断某些矿质元素的盈亏，并以此来指导施肥。一般在梨树盛花后 8～12 周，随机采取树冠外围中部新梢的中部叶片，每个样点采取包括叶柄在内的 100 片完整叶片进行营养分析，将分析结果与表 2-13 中的指标相比较，诊断梨树体营养状况。

表 2-13　梨树营养诊断表

元素	成熟叶片含量		缺素症状	补救办法
	正常	缺乏		
氮	20～24 克/千克	<13 克/千克	生长衰弱，叶小而薄，呈黄绿色或灰绿色，老叶变橙红色或紫色，易早落；花芽、花及果实都少；果小但着色较好，口感较甜	在雨季和秋梢迅速生长期，可在树冠喷施 0.3%～0.5%尿素溶液
磷	1.2～2.5 克/千克	<0.9 克/千克	叶片紫红色；新梢和根系发育不良，植株瘦长或矮化，易早期落叶，果实较小；树体抗旱性减弱	展叶期叶面喷施 0.3%磷酸二氢钾或 2.0%过磷酸钙
钾	10～20 克/千克	<5 克/千克	当年生枝条中下部叶片边缘先产生枯黄色，后呈焦枯状，叶片皱缩，严重时整叶枯焦；枝条生长不良，果实小，品质差	果实膨大期株施硫酸钾 0.4～0.5 千克；6～7 月叶面喷施 0.2%～0.3%磷酸二氢钾 2～3 次
钙	10～25 克/千克	<7 克/千克	新梢嫩叶形成褪绿斑，叶尖及叶缘向下卷曲，几天后褪绿部分变成暗褐色形成枯斑，并逐渐向下部叶片扩展	喷施 0.3%～0.5%的氯化钙或硝酸钙溶液 4～5 次
镁	2.5～8 克/千克	<0.6 克/千克	叶绿素渐少，先从基部叶开始出现失绿症，枝条上部花叶呈深棕色，叶脉间出现枯死斑。严重的从枝条基部开始落叶	6～7 月叶面喷施 2%～3%硫酸镁 3～4 次
硫	1.7～2.6 克/千克	<1.0 克/千克	初期时幼叶边缘淡绿或黄色，逐渐扩大，仅在主、侧脉结合处保持一块呈楔形的绿色，最后幼叶全面失绿	可结合补铁、锌喷施硫酸亚铁、硫酸锌
铁	80～120 毫克/千克	<21 毫克/千克	出现黄叶病，多从新梢顶部嫩叶开始，初期叶片较小，肉失绿变黄；随病情加重全叶变黄白，叶缘出现褐色焦枯斑，严重时可焦枯脱落，顶芽枯死	发芽后喷施 0.5%硫酸亚铁，或树干注射 0.05%～0.1%的酸化硫酸亚铁溶液

（续）

元素	成熟叶片含量		缺素症状	补救办法
	正常	缺乏		
锌	20~60毫克/千克	<10毫克/千克	叶小而窄，簇状，有杂色斑点，叶缘向上或不伸展，叶呈淡黄绿色，节间缩短，细叶簇生成丝状，花芽渐少，不易坐果	落花后3周，用300毫克/千克环烷酸锌乳剂或0.2%硫酸锌加0.3%尿素，再加0.2%石灰混喷
锰	30~60毫克/千克	<14毫克/千克	叶片出现肋骨状失绿，多从新梢中部叶开始失绿	叶片生长期喷施0.3%硫酸锰溶液2~3次
硼	20~25毫克/千克	<10毫克/千克	小枝顶端枯死，叶稀疏；果实开裂而疙瘩，未熟先黄；树皮出现溃烂	花前、花期或花后喷施0.5%硼砂溶液后，并灌水
铜	8~14毫克/千克	<5毫克/千克	顶叶失绿，梢间变黄，结果少，品质差	喷施0.05%硫酸铜溶液

三、无公害梨树营养套餐肥料组合

1. **基肥**　根据测土施肥配方，以氮肥、磷肥、钾肥为基础，添加腐殖酸、有机型螯合微量元素、增效剂、调理剂等，生产含锌、锰、硼、铁、铜等梨树有机型专用肥，根据当地梨树施肥现状，选取下列3个配方中一个作为基肥施用。综合各地梨树配方肥配制资料，基础肥料选用及用量（1吨产品）如下。

配方1：综合各地梨树配方肥配制资料，建议氮、磷、钾总养分量为40%，氮、磷、钾比例分别为1：0.86：1。硫酸铵100千克、尿素208千克、磷酸一铵200千克、钙镁磷肥10千克、过磷酸钙100千克、氯化钾233千克、氨基酸螯合锰锌硼铜铁稀土25千克、硝基腐殖酸80千克、生物制剂20千克、增效剂10千克、土壤调理剂14千克。

配方2：综合各地梨树配方肥配制资料，建议氮、磷、钾总养分量为35%，氮、磷、钾比例分别为1：0.62：1.08。硫酸铵100千克、尿素185千克、磷酸二铵131千克、过磷酸钙120千克、钙镁磷肥10千克、氯化钾233千克、硫酸锌20千克、硼砂10千克、氨基酸螯合稀土1千克、硝基腐殖酸129千克、生物制剂20千克、氨基酸20千克、增效剂10千克、土壤调理剂11千克。

配方3：综合各地梨树配方肥配制资料，建议氮、磷、钾总养分量为30%，氮、磷、钾比例分别为1：0.9：1.1。硫酸铵100千克、尿素134千克、磷酸一铵 132 千克、过磷酸钙 130 千克、钙镁磷肥 10 千克、氯化钾 183 千克、氨基酸螯合锌硼铜铁锰稀土 26 千克、硝基腐殖酸 188 千克、氨基酸 40 千克、生物制剂 25 千克、增效剂 12 千克、土壤调理剂 20 千克。

也可选用腐殖酸涂层长效肥（18－8－4）、腐殖酸长效缓释复混肥（15－20－5）、腐殖酸含促生菌生物复混肥（20－0－10）等。

2. 生育期追肥 追肥可采用腐殖酸包裹尿素、增效尿素、腐殖酸型过磷酸钙、缓释磷酸二铵、腐殖酸涂层长效肥（18－8－4）、腐殖酸长效缓释复混肥（15－20－5）、生态有机肥、腐殖酸含促生菌生物复混肥（20－0－10）等。

3. 根外追肥 可根据梨树生育情况，酌情选用含腐殖酸水溶肥、含氨基酸水溶肥、含海藻酸水溶肥、氨基酸螯合微量元素水溶肥、大量元素水溶肥、活力钙叶面肥、活力硼叶面肥、活力钾叶面肥等。

四、无公害梨树营养套餐施肥技术规程

本规程以梨树盛果期树为依据，各种肥料用量以高产、优质、无公害、环境友好为目标，选用有机无机复合肥料、长效缓释肥料、有机活性水溶肥料进行施用，各地在具体应用时，可根据当地梨树树龄及树势、测土配方推荐用量进行调整。

1. 秋施基肥 梨树秋施基肥可选用下列基肥组合之一，采用环状施肥、放射状施肥方法施用。

（1）株施生物有机肥 8～12 千克（无害化处理过的有机肥 80～120 千克）、梨树有机型专用肥 2～3 千克或腐殖酸涂层长效肥（18－8－4）2.5～3 千克。

（2）株施生物有机肥 8～12 千克（无害化处理过的有机肥 80～120 千克）、腐殖酸含促生菌生物复混肥（20－0－10）1～1.5 千克、腐殖酸型过磷酸钙 2 千克。

（3）株施生物有机肥 10～15 千克（无害化处理过的有机肥 100～150 千克）、腐殖酸长效缓释复混肥（15－20－5）1.0～1.5 千克。

（4）株施生物有机肥 10～15 千克（无害化处理过的有机肥 100～150 千克）、缓释磷酸二铵 0.5～1.0 千克、大粒钾肥 1.0～1.25 千克。

2. 根际追肥 梨树追肥时期主要在花前追肥、花后追肥、花芽分化期追肥、果实膨大期追肥等时期，通常在各时期中选择 1～3 次进行。目前主要以开花后、果实膨大期追肥为主，视基肥施用情况、树势等，酌情在其他时期追肥。

（1）花前追肥 如果基肥不足或未施基肥，或弱势树、老树，可在果园土壤解冻后至梨树萌芽开花前，株施下列肥料组合之一：①梨树有机型专用肥

0.5千克；②腐殖酸包裹尿素1～1.2千克；③增效尿素0.75～1.0千克。

(2) 花后追肥　一般梨树落花后立即进行，可根据树势或肥源，株施下列肥料组合之一：①腐殖酸涂层长效肥（18-8-4）0.5～0.75千克；②腐殖酸长效缓释复混肥（15-20-5）0.5千克；③增效磷酸铵0.5千克、增效尿素0.5～0.75千克、硫酸钾0.5～1.0千克。

(3) 花芽分化期追肥　一般在中、短梢停止生长前8天左右，可根据树势或肥源，株施下列肥料组合之一：①腐殖酸涂层长效肥（18-8-4）1.0～1.2千克；②腐殖酸长效缓释复混肥（15-20-5）0.75千克；③梨树有机型专用肥1.5～2.0千克；④增效尿素0.5千克、增效磷酸铵0.5千克。

(4) 果实膨大期追肥　在果实膨大初期，可根据树势或肥源，株施下列肥料组合之一：①腐殖酸涂层长效肥（18-8-4）2.5～3千克；②腐殖酸长效缓释复混肥（15-20-5）1.5～2.0千克；③梨树有机型专用肥2～3千克；④增效尿素0.5～1千克、增效磷酸铵0.5～1千克、大粒钾肥0.5～1千克。

3. **根外追肥**　梨树根外追肥一般在花后、花芽形成前、果实膨大期及采果后进行，但在具体应用时应根据树体的营养需求确定。

(1) 萌芽前　叶面喷施300～500倍氨基酸螯合锌。

(2) 春季抽梢期　叶面喷施500～1 000倍腐殖酸水溶肥或500～1 000倍氨基酸水溶肥、0.3%～0.5%硫酸亚铁溶液2次，间隔期15天。

(3) 花期　叶面喷施1 500倍活力硼、1 500倍活力钙叶面肥。

(4) 花芽分化期　叶面喷施500～1 000倍腐殖酸水溶肥或500～1 000倍氨基酸水溶肥、1 500倍活力钾叶面肥2次，间隔期15天。

(5) 果实膨大期　叶面喷施1 500倍活力钾叶面肥、1 500倍活力钙叶面肥2次，间隔期20天。

第三节　山楂树测土配方与营养套餐施肥技术

山楂又名红果、山里红等。山楂树适应性强，在我国北方和南方都有适于栽培发展的优良品种。作为经济栽培，山楂主要产区可分为北方山楂和云贵高原云南山楂两大产区。

一、山楂树的营养需求特点

1. **山楂树营养特性**　山楂树在春季进行根系生长、花芽分化、萌发新芽、新梢及叶片生长等生命活动消耗较多养分，而树体所需的养分主要依赖于上年树体内贮存的养分。

山楂树接近开花时，新梢和叶仍在旺盛地生长，叶片制造营养的能力还很低，前一年贮存的营养基本消耗完，进入营养转换期。粗放管理的果园，上年贮存的营养少，当年制造的营养又不能满足需要，营养转换期会拖的很长，当春梢和叶片完全停止生长时，树体已能大量制造营养，生长所需要的营养都是当年所制造的，基本上不利用上年的贮存营养，此期生长发育器官主要是果实，是一年中关键的营养期，对当年的产量、质量有直接影响。

当秋梢停止生长和果实采收后，树体消耗营养已很少，叶片等器官还具有很强的光合能力，营养物质逐渐由叶片、新梢1~2年枝向树体的干枝和根系转移，成为贮存营养。

2. 山楂树需肥规律　山楂的适应性强，树势强壮，抗性强。平原、山地都可栽培。相对而言，山楂树喜冷凉湿润的小气候。在土壤条件方面，喜中性或微酸性的土壤，质地以壤质土为佳；在碱性土壤或质地较黏种的土壤上则容易长势差、品质劣。

山楂树的根系生长能力强，但主根不发达、侧根分布浅。在北方地区一年内有3次根系发育高峰。第一次在地温上升到约6℃起至5月上旬，根系开始生长后，吸收根的密度逐渐增大，至发芽时达到高峰，以后逐渐下降；第二次是在7月，吸收根急剧增加，并很快进入发根高峰，之后逐渐进入缓慢期；第三次在9~10月，发根时间长，强度小。

山楂树生长发育所需要的主要营养元素有氮、磷、钾、钙、镁、铁、硼、锌、铜、钼等营养元素，养分吸收量较大的时期主要是萌芽期、开花期、果实膨大期。同时，由于山楂树早春萌芽较早，花期前后营养消耗多，果实进入发育期；根系生长和花芽分化相对集中，因此山楂树对营养需求较其他果树突出"三早"，基肥应在果实采收前早秋施，速效氮肥在萌芽前和开花期早追施，氮、磷、钾复混肥在果实着色期早施。

二、山楂树测土施肥配方

一般情况下，山楂树需要的氮、磷、钾比例为1.5∶1∶2，养分需求量需要根据土壤肥力、树龄、树势、品种特点、产量高低、气候因素等灵活确定。

1. 依据土壤肥力　根据北方和云南两大山楂产区不同土壤肥力水平山楂生产试验与调查，建议不同肥力水平下，氮、磷、钾施用量可参考表2-14。

表 2-14　山楂树推荐施肥量

肥力等级	推荐施肥量（千克/亩）		
	纯氮	五氧化二磷	氧化钾
低肥力	11～13	6～7	8～9
中肥力	13～15	6～8	9～10
高肥力	15～17	7～9	10～12

2. 根据树势确定　主要根据树体的长势长相及枝条、叶片、果实、根系等特有的症状来判断某些矿质元素的盈亏，并以此来指导施肥。一般在山楂树盛花后 8～12 周，随机采取树冠外围中部新梢的中部叶片，每个样点采取包括叶柄在内的 100 片完整叶片进行营养分析，将分析结果与表 2-15 中的指标相比较，诊断山楂树体营养状况。

表 2-15　山楂树营养诊断表

元素	叶营养含量	缺素症状	补救办法
氮	2.69%～3.04%	根系不发达，树体衰弱，新梢生长不良；下位叶黄化，叶片自而上变黄绿色，叶片薄而小；花芽少，落花落果严重，果实小而少。对病虫害及不良环境的抵抗能力减弱，树体寿命缩短。土壤瘠薄且不施肥的果园常缺氮，管理粗放、杂草多的果园易缺氮	加强果园管理，增施速效氮肥；氨基酸复合微肥 600～1 000 倍中加入 1%尿素进行叶面喷施，每 7 天喷施一次，连续喷施 3～4 次
磷	0.23%～0.274%	根系和新梢生长减弱，叶片变小；果实发育不良，含糖量减少，产量降低；抗寒、抗旱能力降低，生理活动大为减弱	增施速效磷肥，氨基酸复合微肥 600～1 000 倍中加入 0.5%磷酸二氢钾进行喷施，每 7～8 天喷一次，连喷 3 次
钾	0.19%～0.20%	树体内碳水化合物合成减弱，养分消耗增多，新梢生长量和叶面积减小，影响根和枝加粗生长；抗寒、抗旱、抗低温或高温能力减低；果实含糖量减少，品质下降；严重缺钾时，叶片边缘出现褐色焦枯	增施速效钾肥，或氨基酸复合微肥 600～1 000 倍中加入 0.5%磷酸二氢钾叶面喷施，每 7～10 天喷施一次，连续喷 2～3 次
钙	—	树体缺钙时新生根短粗、弯曲，根尖易死亡。钙不易流动，果实易缺钙，有时叶片不缺钙而果实可能缺钙，果实贮藏性下降	氨基酸复合微肥 600～1 000 倍中加入 0.5%～1%硝酸钙液对叶面和果实喷施，每 7～8 天喷施一次，连续喷施 3～4 次

（续）

元素	叶营养含量	缺素症状	补救办法
镁	0.30%～0.31%	镁不足时，植株生长停滞，基部叶片叶缘间出现黄绿或黄白色斑点，以后变褐色斑块。严重缺镁时叶片从基部脱落	喷施0.5%～1%硫酸镁水溶液，每7～8天喷一次，连续喷施2～3次
铁	305.1～315.0毫克/千克	山楂缺铁症又称"黄叶病"，特点是新叶黄白化，多从新梢顶端的幼嫩叶片开始出现症状。初期叶脉间变成黄绿色或黄白色，叶片小而薄，叶脉两侧仍为绿色，叶呈绿色网纹状。严重时，全叶呈白色，叶缘枯焦，叶片上出现坏死斑。植株下部叶片仍为绿色。盐碱地和含钙质多的碱性土壤中，易表现缺铁黄叶症。干旱时，黄叶发生重。土壤黏重、排水差且常灌水的果园，黄叶较重。根部受损时，也易出现黄叶	加强果园管理，喷施EDTA螯合铁水溶液，每7～10天喷一次，连续喷施2～3次
锌	48.7～97.6毫克/千克	缺锌时易引起小叶病，萌芽晚。顶芽不萌发，下部腋芽先萌发；新生枝条上部叶片狭小，枝条纤细，节间缩短，呈丛生状。枝梢生长量小，叶向上卷，叶色呈黄绿色，树势衰退，影响产量和品质	喷施螯合锌肥1 000倍液，每7～8天喷施一次，连续喷2～3次
硼	—	缺硼时，会引起碳水化合物和蛋白质代谢的破坏，造成糖和铵态氮积累，呈现出各种病态	喷施硼钙宝2 000倍液，每7～8天喷一次，连续喷施2～3次

三、无公害山楂树营养套餐肥料组合

1. **基肥** 根据测土施肥配方，以氮肥、磷肥、钾肥为基础，添加腐殖酸、有机型螯合微量元素、增效剂、调理剂等，生产含锌、锰、硼、铁、铜等山楂树有机型专用肥，根据当地山楂树施肥现状，选取下列2个配方中一个作为基肥施用。综合各地山楂树配方肥配制资料，基础肥料选用及用量（1吨产品）如下。

配方1：综合各地山楂树配方肥配制资料，建议氮、磷、钾总养分量为35%，氮、磷、钾比例分别为1∶0.67∶1.25。硫酸铵100千克、尿素180千克、磷酸一铵 122 千克、钙镁磷肥 10 千克、过磷酸钙 100 千克、氯化钾 250千克、硼砂 15 千克、氨基酸螯合铁锰锌铜 20 千克、硝基腐殖酸 130 千克、氨基酸 23 千克、生物制剂 20 千克、增效剂 10 千克、土壤调理剂 20 千克。

配方 2：综合各地山楂树配方肥配制资料，建议氮、磷、钾总养分量为30%，氮、磷、钾比例分别为 1∶0.5∶1。硫酸铵 100 千克、尿素 127 千克、磷酸二铵 207 千克、过磷酸钙 150 千克、钙镁磷肥 15 千克、氯化钾 200 千克、硼砂 15 千克、氨基酸螯合铁锰锌铜 25 千克、硝基腐殖酸 100 千克、氨基酸14 千克、生物制剂 15 千克、增效剂 12 千克、土壤调理剂 20 千克。

也可选用腐殖酸涂层长效肥（18-8-4）、腐殖酸长效缓释复混肥（15-20-5）、腐殖酸含促生菌生物复混肥（20-0-10）等。

2. 生育期追肥　追肥可采用腐殖酸包裹尿素、增效尿素、腐殖酸型过磷酸钙、缓释磷酸二铵、腐殖酸涂层长效肥（18-8-4）、腐殖酸长效缓释复混肥（15-20-5）、生态有机肥、腐殖酸含促生菌生物复混肥（20-0-10）等。

3. 根外追肥　可根据山楂树生育情况，酌情选用含腐殖酸水溶肥、含氨基酸水溶肥、含海藻酸水溶肥、氨基酸螯合微量元素水溶肥、大量元素水溶肥、活力钙叶面肥、活力硼叶面肥、活力钾叶面肥等。

四、无公害山楂树营养套餐施肥技术规程

本规程以山楂树盛果期树为依据，各种肥料用量以高产、优质、无公害、环境友好为目标，选用有机无机复合肥料、长效缓释肥料、有机活性水溶肥料进行施用，各地在具体应用时，可根据当地梨树树龄及树势、测土配方推荐用量进行调整。

1. 秋施基肥　山楂树基肥最好在晚秋果实采摘后，开 20～40 厘米的条沟施入，注意不可离树太近，先将化学肥料与有机肥或土壤进行适度混合后再施入沟内，以免烧根，施入土壤后浇水基肥可选用下列基肥组合之一。

（1）株施生物有机肥 5～7 千克（无害化处理过的有机肥 30～50 千克）、山楂树有机型专用肥 1.5～2 千克或腐殖酸涂层长效肥（18-8-4）2～3 千克或腐殖酸长效缓释复混肥（15-20-5）1.0～1.5 千克。

（2）株施生物有机肥 5～7 千克（无害化处理过的有机肥 30～50 千克）、增效尿素 0.3～0.5 千克、缓释磷酸二铵 0.5～1.0 千克、大粒钾肥 1.5～2千克。

2. 根际追肥　山楂树追肥时期主要在发芽期和展叶期、果实膨大前期、果实膨大期等时期。

(1) 发芽期和展叶期追肥 以氮肥为主，结合灌溉开小沟施入，株施下列肥料组合之一：①山楂树有机型专用肥 1.5～2 千克；②腐殖酸包裹尿素 0.75～1.0 千克；③增效尿素 0.5～1.0 千克。

(2) 果实膨大前期追肥 一般根据土壤肥力状况与基肥、花期追肥的情况灵活掌握。土壤较肥沃，基肥、花期追肥较多的可不施或少施。土壤较贫瘠，基肥、花期追肥较少应适当追施。可根据树势或肥源，株施下列肥料组合之一：①腐殖酸涂层长效肥（18-8-4）1.0～1.5 千克；②腐殖酸长效缓释复混肥（15-20-5）0.75～1 千克；③增效磷酸铵 0.5～1 千克、增效尿素 0.5～1 千克。

(3) 果实膨大期追肥 在果实膨大期，可根据树势或肥源，株施下列肥料组合之一：①腐殖酸涂层长效肥（18-8-4）1.5～2 千克；②腐殖酸长效缓释复混肥（15-20-5）1.0～1.5 千克；③山楂树有机型专用肥 1.5～2 千克；④增效尿素 0.5～1 千克、增效磷酸铵 0.5～1 千克、大粒钾肥 0.5～1 千克。

3. **根外追肥** 山楂树根外追肥一般在根际追肥时期可同时进行，但在具体应用时应根据树体的营养需求确定。

(1) 发芽期和展叶期 叶面喷施 500～600 倍氨基酸水溶肥（500～600 倍腐殖酸水溶肥）、1 500 倍氨基酸螯合微肥（活力硼混合溶液）2 次，间隔期 15 天。

(2) 果实膨大前期 叶面喷施 500～1 000 倍腐殖酸水溶肥（500～1 000 倍氨基酸水溶肥）、1 500 倍氨基酸螯合铁锰锌溶液 2 次，间隔期 15 天。

(3) 果实膨大期 叶面喷施 0.3%～0.5%大量元素水溶肥、1 500 倍活力钙叶面肥 2 次，间隔期 15 天。

第三章

核果类落叶果树测土配方与营养套餐施肥技术

核果常见于蔷薇科、鼠李科等类群植物中。典型的核果,外果皮膜质称果皮;中果皮肉质称果肉;内果皮由石细胞组成,坚硬,称核,核内为种子。落叶果树中的核果类果树主要有桃树、李树、杏树、樱桃树等。

第一节　桃树测土配方与营养套餐施肥技术

桃原产于我国黄河上游海拔 1 200~1 300 米的高原地带,是我国栽培普遍的一种果树。我国规模化栽培的地区主要集中在华北、华东、华中、西北和东北的一些省份,其中,山东肥城、青州,河北抚宁、遵化、深县、临漳,甘肃宁县、张掖,江苏太仓、无锡、徐州,浙江奉化、宁波,天津蓟县,河南商水、开封,北京平谷,陕西宝鸡、西安,四川成都,辽宁大连等地都是我国著名产区。

一、桃树的营养需求特点

桃树的生长具有一定的积累作用,同时又具有周年变化的特点,因此在桃树整个生命周期中,不同时期需要的养分不同,一年内树体的养分需求也有差异。

1. **桃树各生长期对养分的需求特点**　桃树从幼树到死亡,一般经过幼树期、初果期、盛果期、更新期和衰落死亡期等过程。在不同时期,由于其生理功能的差异造成对养分需求的差异。

第一次开花结果以前的时期称为幼树期。幼树期桃树需肥量少,但对肥料特别敏感。对氮素的需求不是太多,若施用氮肥较多,易引起营养生长过旺,花芽分化困难;对磷素需要迫切,施用磷肥可促进根系生长。因此施肥以施足磷素,适量施用钾素,少施或不施氮素。

第一次开花结果到经济产量形成之前的时期称为初结果树期。此期是桃树

· 53 ·

由营养生长向生殖生长转化的关键时期，施肥上应针对树体状况区别对待。若营养生长较强，应以磷素为主，配合钾素，少施氮素；若营养生长未达到结果要求，培养健壮树势仍是重点，应以施磷素为主，配合氮素、钾素。

大量结果时期称为盛果期。此期以维持健壮树势，保证优质丰产为主要目的。进入结果盛期后，根系的吸收能力有所降低，而树体对养分的需求量又较多，此时如供氮不足，易引起树势衰弱，抗性差、产量低，结果寿命缩短。施肥上应以氮、磷、钾配合，并根据树势和结果多少有所侧重。

在更新衰老期，主要是维持结果时间，保证一定产量。因此施肥上应偏施氮素，以促进更新复壮，维持树势，延长结果年份。

2. 桃树周年生长对养分的需求特点 桃树年周期可分为四个时期：贮藏营养期、贮藏营养与当年生营养交替期、利用当年生营养期和营养转化积累贮藏期。

桃树早春利用贮藏营养期，进行萌芽、枝叶生长和根系生长，与开花坐果对养分的竞争激烈，开花坐果对养分竞争力最强，因此在协调矛盾上主要应采取疏花疏果措施，减少无效消耗，把尽可能多的养分节约下来，用于营养生长，为以后的生长发育打下坚实基础。在施肥上，应注意提高地温，促进根系活动，加强树体对养分的吸收，从萌芽前就开始进行根外追肥，缓和养分竞争，保证桃树正常生长发育。

桃树贮藏营养与当年生营养交替期，又称青黄不接期，是衡量树体养分状况的临界期，若养分贮藏不足或分配不合理，则会出现"断粮"现象，制约桃树的正常生长发育。加强秋季管理，提高树体营养贮藏水平；春季地温早回升、疏花疏果节约养分等措施均有利于延长春季养分贮藏供应期。提高当年生营养供应，缓解矛盾，是保证桃树连年生产稳产的基本措施。

利用当年生营养期，有节奏地进行养分积累、营养生长、生殖生长是养分合理运用的关键，此期养分利用中心主要是枝梢生长和果实发育，新梢持续旺长和坐果过多是造成营养失衡的主要原因。因此，调节枝类组成、合理负荷是保证桃树有节律生长发育的基础；此期是氮素的大量吸收期，并应注意根据树势调整氮、磷、钾的比例。

营养转化积累贮藏期是叶片中各种养分回流到枝干和根系中的时期。早熟、中熟品种从采果后开始积累，晚熟品种从采果前已经开始，二者持续到落叶前结束。适时采收、早施基肥和加强秋季根外追肥、防止秋梢生长过旺、保护秋叶等措施是保证养分及时、充分回流的有效手段。

3. 砧木类对养分吸收利用的影响 使用的砧木不同对桃树的生长发育和养分吸收也有明显的影响。如用毛桃类的砧木，嫁接的栽培表现为根系发达、对养分水分的吸收能力强，耐瘠薄和干旱，结果寿命较长。但土壤如果很肥沃，容易生长过旺；如排水不良或地势低湿，易生长不良，最终都使桃树的结果较差。山毛桃作砧木，表现为主根大而深、细根少，吸收养分的能力略差，早果性好，耐寒、耐盐碱的能力较强，缺点是在温暖地区不善结果。

二、桃树测土施肥配方

1. **氮肥总量控制、磷钾肥恒量监控技术** 陈清（2009）针对桃树主产区施肥现状，提出在保证有机肥施用的基础上，氮肥推荐采用总量控制分期调控技术，磷钾肥推荐采取恒量监控技术，中微量元素采用因缺补缺。

（1）有机肥推荐技术 考虑到果园有机肥水平、产量水平和有机肥种类，桃树有机肥推荐用量参考表 3-1。

表 3-1 桃树有机肥推荐用量（千克/亩）

产量水平（千克/亩）	土壤有机质				
	>25 克/千克	15～25 克/千克	10～15 克/千克	6～10 克/千克	<6 克/千克
1 500	500	1 000	1 500	2 000	2 000
2 000	1 000	1 500	2 000	2 500	3 000
2 500	1 500	2 000	2 500	3 000	4 000
3 500	2 000	2 500	3 500	4 000	—
4 000	2 500	3 000	4 000	5 000	—

（2）氮肥推荐技术 考虑到土壤供氮能力和苹果产量水平，桃树氮肥推荐用量参考表 3-2。

表 3-2 桃树氮肥推荐用量（N，千克/亩）

品种	产量水平（千克/亩）	土壤有机质				
		>25 克/千克	15～25 克/千克	10～15 克/千克	6～10 克/千克	<6 克/千克
早熟品种	1 500	2.5	3.0	4.5	6.5	8.5
	2 000	3.5	4.5	6.5	10.0	12.5
	2 500	4.5	5.5	9.0	13.5	17.0
中晚熟品种	1 500	2.5	3.0	4.5	7.0	9.0
	2 000	3.5	4.5	7.0	10.5	13.0
	2 500	4.5	6.0	9.5	14.0	17.5
	3 500	6.0	7.5	12.0	17.5	—
	4 000	7.0	9.0	14.0	21.0	—

（3）磷肥推荐技术 考虑到土壤供磷能力和苹果产量水平，桃树磷肥推荐用量参考表3-3。

表3-3 桃树磷肥推荐用量（P_2O_5，千克/亩）

品种	产量水平（千克/亩）	土壤速效磷				
		>60毫克/千克	60~40毫克/千克	40~20毫克/千克	20~10毫克/千克	<10毫克/千克
早熟品种	1 500	1.0	1.5	2.0	3.0	4.0
	2 000	1.5	2.5	3.0	4.5	6.0
	2 500	2.0	3.0	4.0	6.0	8.0
中晚熟品种	1 500	1.0	2.0	2.5	3.5	4.5
	2 000	1.5	2.5	3.5	5.0	7.0
	2 500	2.5	3.5	4.5	7.0	9.0
	3 500	3.0	4.5	5.5	8.5	—
	4 000	3.5	5.0	7.0	10.0	—

（4）钾肥推荐技术 考虑到土壤供钾能力和苹果产量水平，桃树钾肥推荐用量参考表3-4。

表3-4 桃树钾肥推荐用量（K_2O，千克/亩）

品种	产量水平（千克/亩）	土壤交换钾				
		>200毫克/千克	200~150毫克/千克	150~100毫克/千克	100~50毫克/千克	<50毫克/千克
早熟品种	1 500	3.0	4.0	6.0	9.0	11.5
	2 000	4.5	6.0	9.0	14.0	17.5
	2 500	6.0	7.5	12.5	18.5	23.0
中晚熟品种	1 500	4.0	4.5	7.5	11.0	13.5
	2 000	5.5	7.0	11.0	16.0	20.0
	2 500	7.5	9.0	14.5	21.5	27.0
	3 500	9.0	11.5	18.0	27.0	—
	4 000	11.0	13.5	21.5	32.0	—

2. 根据目标产量确定 根据桃树品种、树龄、土壤条件等差异，结合目标产量的不同，可确定推荐施肥量（表3-5）。桃树全部有机肥、40%的氮肥、50%的磷肥和50%的钾肥作基肥于秋季施用，其余的氮、磷、钾肥按

生育期养分需要分次追施。基肥一般在9～10月上中旬施用；根据桃树生长结实情况，追肥一般在桃树萌芽期（3月初）、硬核期（5月中旬）和果实膨大期。

表3-5　根据桃树目标产量推荐施肥量（千克/亩）

目标产量	有机肥	氮素（N）	磷素（P$_2$O$_5$）	钾素（K$_2$O）
1 500	1 000～2 000	10	5	12
2 000	1 000～2 000	15	7	15
3 000	2 000～3 000	20	10	20
3 500	2 000～3 000	23	12	25
4 000	3 000～4 000	25	14	25

3. 根据土壤肥力确定　根据桃园有机质、碱解氮、有效磷、速效钾含量确定土壤肥力分级，然后根据不同肥力水平确定施肥量。如表3-6为北京市桃园的土壤肥力分级，表3-7为北京市桃园不同肥力水平推荐施肥量。

表3-6　北京市桃园土壤肥力分级

肥力水平	有机质（%）	碱解氮 （毫克/千克）	有效磷 （毫克/千克）	速效钾 （毫克/千克）
低	<1.4	<90	<20	<120
中	1.4～1.8	90～115	20～50	120～160
高	>1.8	>115	>50	>160

表3-7　北京市桃园不同肥力水平推荐施肥量

肥力等级	推荐施肥量（千克/亩）		
	纯氮	五氧化二磷	氧化钾
低肥力	14～16	6～7	7～8
中肥力	15～17	6～8	8～9
高肥力	16～18	7～9	9～10

4. 根据目标产量和土壤养分含量确定　2003年农业部开展948项目"桃优质无公害生产关键技术引进及示范推广"经过研究，提出了不同目标产量和肥力水平情况下，桃园推荐施肥表3-8和表3-9。

表 3-8　根据目标产量和土壤养分含量推荐氮、磷、钾养分用量

土壤养分含量 （毫克/千克）		目标产量水平		
		＞2 000 千克/亩	1 300～2 000 千克/亩	＜1 300 千克/亩
碱解氮	＞115	8	6.5	5.3
	90～115	10	8	6.5
	＜90	15	10	8
有效磷	＞70	4	2	0
	40～70	6	4	2
	＜40	8	6	4
速效钾	＞150	6.5	5.3	4
	110～150	8	6.5	5.3
	＜110	9.3	8	6.5

表 3-9　根据目标产量和土壤养分含量推荐微量元素养分用量

土壤养分含量（毫克/千克）		肥料用量（千克/亩）
有效铁	5～10	2
	＜5	3
有效铜	0.1～0.2	1
	＜0.1	1.5
有效锌	0.5～1.0	2
	＜0.5	3
有效锰	5～9	2
	＜5	3

5. **叶片诊断**　对于不同的营养元素，进行植株叶片分析后，根据叶片分析指标系统发现相应的问题，采用有针对性的养分纠正施肥措施予以补救。一般在桃树盛花后8～12周，随机采取树冠外围中部新梢的中部叶片，每个样点采取包括叶柄在内的100片完整叶片进行营养分析，将分析结果与表3-10中的指标相比较，诊断桃树体营养状况。

表 3－10　桃树叶片诊断营养元素及矫正推荐技术

养分	水平	指标	解释	矫正推荐技术
N（%）	缺乏	<2	氮素很低	正常状态下增加50%氮素施用量，冬季修剪时增加20%施用量。为了避免施用过量，花期施用一半，花后30~45天施用一半。结果树枝条每年枝条生长应该是46~61厘米
	低	2~2.5	氮素低	增加25%氮素施用量，除非枝条旺长或者冬天进行了重修剪。为了避免施用过量，花期施用一半，花后30~45天施用一半。结果树枝条每年枝条生长应该是46~61厘米
	正常	2.5~3.41	氮素正常	如果末端的生长和果实着色正常，继续施用去年的施肥量。如果枝条末端旺长，果实着色不充分，或者进行了重修剪，第二年应该少施氮肥。为了避免施用过量，花期施用一半，花后30~45天施用一半。结果树枝条每年枝条生长应该是46~61厘米
	高	>3.41	氮素过量	减少氮素用量。枝条生长量足够，果实大小正常的成年果园，第二年不施氮肥，来年秋季继续测定叶片氮素含量。结果树枝条每年枝条生长应该是46~61厘米
P₂O₅（%）	缺乏	<0.10	磷素很低	及时施用11千克/亩五氧化二磷。翌年重新测试磷素。含量低表明可能存在严重问题
	低	0.10~0.15	磷素低	及时施用9千克/亩五氧化二磷。大于五年树龄的桃树对表面施用的磷肥反应不容易看出来
	正常	0.15~0.31	磷素正常	不需要进一步补充磷肥
	高	>0.31	磷素过量	停止施用磷肥。过量的磷素可能增加铜和锌的缺失
K₂O（%）	缺乏	<1.70	钾素很低	及时施用9千克/亩氧化钾
	低	1.70~2.10	钾素低	在干燥的夏季或者坐果量较多的年份，钾含量应该比正常低0.4%。及时施用8千克/亩氧化钾
	正常	2.10~3.01	钾素正常	不需要进一步补充钾肥
	高	>3.01	钾素过量	停止施用钾肥。过量的钾素可能妨碍钙、镁的吸收
Ca（%）	缺乏	<0.01	钙素很低	测试土壤pH是否过低，需要时施用大量的石灰。钾元素或者镁元素含量过高影响钙的吸收
	低	0.01~1.90	钙素低	测试土壤pH是否过低，需要时施用大量的石灰。钾元素或者镁元素含量过高影响钙的吸收
	正常	1.90~3.51	钙素正常	
	高	>3.51	钙素过量	施用硫酸铵、硫酸钾等生理酸性肥料

（续）

养分	水平	指标	解释	矫正推荐技术
Mg（％）	缺乏	<0.03	镁素很低	测试土壤 pH 是否过低，按照标准推荐施用镁肥。如果测试不能推荐出镁肥用量，秋季叶面喷施 0.3％硫酸镁溶液
	低	0.03～0.30	镁素低	测试土壤 pH 是否过低，按照标准推荐施用镁肥。如果测试不能推荐出镁肥用量，秋季叶面喷施 0.3％硫酸镁溶液
	正常	0.30～0.46	镁素正常	进行土壤测试，如果需要多施用石灰
	高	>0.46	镁素过量	过量的镁元素能引起钙和磷元素的竞争，因此避免施用白云石石灰
S（％）	缺乏	<0.10	硫素很低	可施用石膏和石硫合剂残渣，并结合叶面喷施硫酸盐溶液
	低	0.10～0.20	硫素低	叶面喷施硫酸盐溶液，对有机质缺乏、石灰性土或碱性盐渍土壤可结合有机肥施用硫黄粉
	正常	0.20～0.41	硫素正常	
	高	>0.41	硫素过量	可采取灌水淋洗，也可增施尿素和硝酸盐等氮肥，减轻危害
Mn（毫克/千克）	缺乏	<1	锰素很低	在休眠季节或者采果后的具有活力的绿叶上叶面喷施 0.3％硫酸锰溶液
	低	1～19	锰素低	在休眠季节或者采果后的具有活力的绿叶上叶面喷施 0.3％硫酸锰溶液
	正常	19～151	锰素正常	
	高	>151	锰素过量	可能是由于 pH 过低引起。进行土壤测试，同时施用石灰。如果磷素和钾素含量低，同时镁元素高于正常水平，说明土壤 pH 过低；如果磷素和钾素不低于正常量，也可能是由于药物残物导致锰浓度过高
Fe（毫克/千克）	缺乏	<40	铁素很低	主干注射含铁制剂，如柠檬酸铁或硫酸亚铁，也可将细根截断施铁肥溶液，同时注重有机肥的施用
	低	40～50	铁素低	可叶面喷施 0.5％～1％硫酸亚铁溶液
	正常	50～201	铁素正常	
	高	>201	铁素过量	可能由于药物残留导致铁浓度较高

（续）

养分	水平	指标	解释	矫正推荐技术
Cu （毫克/ 千克）	缺乏	<4	铜素很低	在休眠季节或者采果后的具有活力的绿叶上叶面喷施0.1%硫酸铜溶液
	低	4～6	铜素低	在休眠季节或者采果后的具有活力的绿叶上叶面喷施0.1%硫酸铜溶液
	正常	6～26	铜素正常	
	高	>26	铜素过量	可能由于药物残留导致铜铁浓度较高
B （毫克/ 千克）	缺乏	<11	硼素很低	花期和落花后叶面喷施0.1%～0.3%硼砂或硼酸溶液；采收后叶面喷施0.1%～0.3%硼砂或硼酸溶液。第二年对土壤重新测试
	低	11～25	硼素低	花期和落花后叶面喷施0.1%～0.3%硼砂或硼酸溶液；采收后叶面喷施0.1%～0.3%硼砂或硼酸溶液。第二年对土壤重新测试
	正常	25～51	硼素正常	
	高	>51	硼素过量	不施硼肥。同时注意硼中毒
Zn （毫克/ 千克）	缺乏	<6	锌素很低	采果后或开花前休眠期的具有活力的绿叶上叶面喷施0.5%硫酸锌溶液；土施硫酸锌0.5～1千克/亩
	低	6～20	锌素低	采果后或开花前休眠期的具有活力的绿叶上叶面喷施0.5%硫酸锌溶液；土施硫酸锌0.5～1千克/亩
	正常	20～200	锌素正常	
	高	>200	锌素过量	可能由于药物残留导致铁浓度较高

三、无公害桃树营养套餐肥料组合

1. **基肥** 根据测土施肥配方，以氮肥、磷肥、钾肥为基础，添加腐殖酸、有机型螯合微量元素、增效剂、土壤调理剂等，生产含锌、锰、硼、铁、铜等桃树有机型专用肥，根据当地桃树施肥现状，选取下列3个配方中一个作为基肥施用。综合各地桃树配方肥配制资料，基础肥料选用及用量（1吨产品）如下。

配方1：建议氮、磷、钾总养分量为30%，氮、磷、钾比例分别为1：0.64：1.09。硫酸铵100千克、尿素163千克、磷酸一铵102千克、钙镁磷肥

10 千克、过磷酸钙 100 千克、氯化钾 200 千克、氨基酸锌硼铁稀土 20 千克、硝基腐殖酸 200 千克、生物制剂 25 千克、氨基酸 38 千克、增效剂 12 千克、土壤调理剂 30 千克。

配方 2：建议氮、磷、钾总养分量为 35%，氮、磷、钾比例分别为 1：0.7：1。硫酸铵 100 千克、尿素 172 千克、磷酸二铵 160 千克、过磷酸钙 100 千克、钙镁磷肥 10 千克、氯化钾 217 千克、氨基酸锌硼铁稀土 20 千克、硝基腐殖酸 120 千克、生物制剂 30 千克、氨基酸 30 千克、增效剂 12 千克、土壤调理剂 29 千克。

配方 3：建议氮、磷、钾总养分量为 25%，氮、磷、钾比例分别为 1：0.67：1.1。硫酸铵 130 千克、尿素 113 千克、磷酸一铵 74 千克、过磷酸钙 120 千克、钙镁磷肥 10 千克、氯化钾 167 千克、硫酸亚铁 20 千克、硼砂 20 千克、氨基酸螯合稀土 1 千克、硝基腐殖酸 223 千克、生物制剂 30 千克、氨基酸 35 千克、增效剂 12 千克、土壤调理剂 25 千克。

也可选用腐殖酸涂层长效肥（18-10-17）、腐殖酸长效缓释复混肥（18-8-4、15-5-20）、腐殖酸含促生菌生物复混肥（20-0-10）、有机无机复混肥（14-6-10）、NAM 长效缓释 BB 肥（15-20-5）等。

2. 生育期追肥　追肥可采用腐殖酸包裹尿素、增效尿素、腐殖酸型过磷酸钙、缓释磷酸二铵、大粒钾肥、腐殖酸长效缓释复混肥（18-8-4）、腐殖酸高效缓释复混肥（15-5-20）、腐殖酸涂层 BB 肥（18-10-17）、腐殖酸含促生菌生物复混肥（20-0-10）、NAM 长效缓释 BB 肥（15-20-5）等。

3. 根外追肥　可根据桃树生育情况，酌情选用含腐殖酸水溶肥、含氨基酸水溶肥、含海藻酸水溶肥、氨基酸螯合微量元素水溶肥、大量元素水溶肥、活力钙叶面肥、活力硼叶面肥、活力钾叶面肥等。

四、无公害桃树营养套餐施肥技术规程

本规程以桃树结果期树为依据，各种肥料用量以高产、优质、无公害、环境友好为目标，选用有机无机复合肥料、长效缓释肥料、有机活性水溶肥料进行施用，各地在具体应用时，可根据当地桃树树龄及树势、测土配方推荐用量进行调整。

1. 秋施基肥　桃树可在采果后，最好在落叶前 1 个月施用基肥。幼树用全环沟，成年树用半环沟、辐射沟、扇形坑等均可。基肥可选用下列基肥组合之一。

（1）株施生物有机肥 8～10 千克（无害化处理过的有机肥 80～100 千克）、桃树有机型专用肥 2～3 千克或腐殖酸涂层长效肥（18-10-17）1.0～1.5 千克。

（2）株施生物有机肥 8～10 千克（无害化处理过的有机肥 80～100 千克）、腐殖酸含促生菌生物复混肥（20-0-10）1.5～2.5 千克、腐殖酸型过磷酸钙 2～2.5 千克。

（3）株施生物有机肥 8～10 千克（无害化处理过的有机肥 80～100 千克）、腐殖酸长效缓释复混肥（15-5-20）1.0～1.5 千克、腐殖酸型过磷酸钙 1～1.5 千克。

（4）株施生物有机肥 8～10 千克（无害化处理过的有机肥 80～100 千克）、NAM 长效缓释 BB 肥（15-20-5）1.0～1.5 千克、大粒钾肥 0.5 千克。

（5）株施生物有机肥 5～7 千克、有机无机复混肥（14-6-10）2～3 千克。

（6）株施生物有机肥 10～15 千克（无害化处理过的有机肥 100～150 千克）、缓释磷酸二铵 0.5～1.0 千克、大粒钾肥 1.0～1.5 千克。

2. 根际追肥　桃树追肥应根据桃树生长发育、土壤肥力等情况确定合理的追肥时期和次数。追肥的主要时期有早春萌芽前、开花之后、果实膨大期、果实成熟前 20 天、果实采收后等，常在上述时期中选择 2～3 次进行。目前主要以开花后、果实膨大期追肥为主，视基肥施用情况、树势等，酌情在其他时期追肥。

(1) 萌芽肥　一般在桃树萌芽前 14 天左右进行，主要是补充树体贮藏营养的不足，促进新根和新梢的生长，提高坐果率。一般以氮素营养为主，配合钾素和磷素营养。根据肥源，可选择株施下列肥料组合之一：①桃树有机型专用肥 1.0～1.5 千克；②腐殖酸包裹尿素 1～1.2 千克、腐殖酸过磷酸钙 0.75～1.0 千克、大粒钾肥 0.25 千克；③增效尿素 0.75～1.0 千克、腐殖酸过磷酸钙 0.75～1.0 千克、大粒钾肥 0.25 千克；④腐殖酸含促生菌生物复混肥（20-0-10）1.0～1.5 千克。

(2) 花后肥　一般在桃树开花后 7 天左右进行，促使开花整齐，提高坐果率。一般以氮素营养为主，配合磷、钾素营养。可根据树势或肥源，株施下列肥料组合之一：①桃树有机型专用肥 0.5～1.0 千克；②腐殖酸长效缓释复混肥（18-8-4）0.75～1.0 千克；③腐殖酸涂层长效肥（18-10-17）0.5～0.75 千克；④增效磷酸铵 0.5 千克、增效尿素 0.5～0.75 千克、硫酸钾 0.5～1.0 千克。

(3) 果实膨大肥　一般在桃核硬化始期进行，促进果实快速生长，促进花芽分化，提高树体贮藏营养。可根据树势或肥源，株施下列肥料组合之一：①桃树有机型专用肥 1.5～1.0 千克；②腐殖酸高效缓释复混肥（15-5-20）1.5～2.0 千克；③腐殖酸涂层 BB 肥（18-10-17）1.5～2.0 千克千克；④增效尿素 0.75 千克、大粒钾肥 0.75 千克。

(4) 催果肥 在果实成熟前 20 天左右追肥，主要是促进果实膨大、着色，提高果实品质。可根据树势或肥源，株施增效磷酸铵 0.5～0.75 千克、大粒钾肥 0.3～0.5 千克。

(5) 采后肥 一般在果实采收后立即进行，主要作用是增加树体贮藏营养。可根据树势或肥源，株施下列肥料组合之一：①株施生物有机肥 5～7 千克（无害化处理过的有机肥 50～60 千克）、桃树有机型专用肥或腐殖酸高效缓释复混肥（15 - 5 - 20）0.3～0.5 千克；②株施生物有机肥 5～7 千克（无害化处理过的有机肥 50～60 千克）、腐殖酸涂层 BB 肥（18 - 10 - 17）0.2～0.4 千克或腐殖酸长效缓释复混肥（18 - 8 - 4）0.5～0.7 千克；③株施生物有机肥 5～7 千克（无害化处理过的有机肥 50～60 千克）、增效磷酸铵 0.5～0.75 千克、大粒钾肥 0.5 千克。

3. **根外追肥** 桃树根外追肥一般在初花期、花后、果实膨大期及采果后进行，但在具体应用时应根据树体的营养需求确定。

(1) 萌芽前 叶面喷施 300～500 倍氨基酸螯合锌。

(2) 初花期 叶面喷施 500～1 000 倍腐殖酸水溶肥（500～1 000 倍氨基酸水溶肥）、喷施 1 500 倍活力硼 2 次，间隔期 20 天。此期如果缺锌，叶面喷施 300～500 倍氨基酸螯合锌；如果缺铁，叶面喷施 300～500 倍氨基酸螯合铁。

(3) 果实膨大期 叶面喷施 500～1 000 倍腐殖酸水溶肥（500～1 000 倍氨基酸水溶肥）、1 500 倍活力钾叶面肥、1 500 倍活力钙叶面肥 2 次，间隔期 20 天。

(4) 采果后 叶面喷施 500～1 000 倍腐殖酸水溶肥（500～1 000 倍氨基酸水溶肥）、500～1 000 倍大量元素水溶肥、1 500 倍活力钙叶面肥 2 次，间隔期 20 天。

第二节　李子树测土配方与营养套餐施肥技术

李子，蔷薇科李属植物，别名嘉庆子、布霖、李子、玉皇李、山李子。我国广东、广西、福建、四川、湖北、湖南、河南、辽宁、黑龙江、吉林、河北、山东、陕西、甘肃、内蒙古、新疆、江苏、浙江等地均有种植。

一、李子树的营养需求特点

1. **李子树营养特性** 一般丰产李子树的结果枝和营养枝氮、磷、钾含量的周期变化如下。

氮第一次高峰在 2～4 月，主要来自树体贮藏，4～6 月果实发育和新梢生长期含量低，6～8 月出现第二次高峰，主要来自当年吸收。

磷在果枝中含量最高在 3 月，营养枝在 5～6 月，之后降低，7 月开始缓慢上升，8～11 月是树体对磷的主要吸收期。李子树在主要生长期所需的磷是贮存磷，当年吸收的磷主要用于后期生长和休眠贮存。

钾在 3 月含量高，5 月以后营养枝中含量较稳定；结果枝中变化较大，6～8 月果实发育期低，8 月采收后上升很快。

生长旺的低产树与丰产树的主要差异是磷、钾低而氮高，以结果枝最明显，特别是休眠期。微量元素在年周期生长中含量变化也各不相同。

2. 李子树需肥规律 李子树栽培以土壤深厚的沙壤土至中壤土为好，对盐碱土的适应性也比较强。对土壤湿度要求较高，极不耐积水，果园排水不良常导致烂根、生长不良或易发生病害。

李子树对各种营养元素的需要量也不相同，从土壤中吸收的氮、磷、钾最多。据研究，每生产 1 000 千克李子鲜果，需氮（N）1.5～1.8 克、磷（P_2O_5）0.2～0.3 克、钾（K_2O）3.0～7.6 克，对氮、磷、钾吸收比例为 1：0.25：3.21，可见李子树需钾最多，氮次之，磷较少。

李子树对氮素敏感，缺氮时李子树生长量大大减少；氮量过多时，造成枝叶繁茂，果实着色推迟。钾素充足时果实个大，含糖量高，风味浓香，色泽鲜艳。

李子树生长前期需氮较多，开花坐果后适当施磷、钾肥，果实膨大期以钾、磷养分为主，特别是钾。果实采收后，新梢又一次生长，应适量施用氮肥，以延长叶片的功能期，增加树体养分的贮存和积累。

二、李子树测土施肥配方

1. 根据土壤肥力确定 根据李子园有机质、碱解氮、有效磷、速效钾含量确定土壤肥力分级，然后根据不同肥力水平确定施肥量。如表 3-11 为李子园的土壤肥力分级，表 3-12 为李子园不同肥力水平推荐施肥量。

表 3-11 李子园土壤肥力分级

肥力水平	有机质（克/千克）	碱解氮（毫克/千克）	有效磷（毫克/千克）	速效钾（毫克/千克）
低	<9	<80	<10	<80
中	9～15	80～120	10～20	80～120
高	>15	>120	>20	>120

表 3-12　李子园不同肥力水平推荐施肥量

肥力等级	推荐施肥量（千克/亩）		
	纯氮	五氧化二磷	氧化钾
低肥力	12～14	5～6	10～12
中肥力	13～15	6～7	11～13
高肥力	15～17	7～8	12～14

2. **叶片分析诊断**　主要根据树体的长势长相及枝条、叶片、果实、根系等特有的症状来判断某些矿质元素的盈亏，并以此来指导施肥。一般在李子树盛花后 8～12 周，随机采取树冠外围中部新梢的中部叶片，每个样点采取包括叶柄在内的 100 片完整叶片进行营养分析，将分析结果与表 3-13 中的指标相比较，诊断李子树体营养状况。

表 3-13　李子树营养诊断表

元素	成熟叶片含量		缺素症状	补救办法
	正常	缺乏		
氮	24～30 克/千克	<17 克/千克	叶素淡绿，老叶变橙红色或紫色，易早落；花芽、花及果实都少；果小但着色较好，口感较甜	叶面喷施 1%～2% 尿素溶液 2～3 次
磷	14～25 克/千克	<0.9 克/千克	叶片紫红色；易早期落叶，果实较小	叶面喷施 0.3% 磷酸二氢钾或 2.0% 过磷酸钙
钾	16～30 克/千克	<10 克/千克	叶蓝绿色，边缘焦枯并向上卷曲	叶面喷施 0.2%～0.3% 磷酸二氢钾 2～3 次
钙	15～31 克/千克	<10 克/千克	果实褐色软腐	喷施 0.3%～0.5% 的硝酸钙溶液 4～5 次
镁	3～8 克/千克	<2 克/千克	枝条上部较老叶从边缘开始，绿色逐渐减迟，叶脉间可能发生腐点	6～7 月叶面喷施 2%～3% 硫酸镁 3～4 次
铁	100～250 毫克/千克	<60 毫克/千克	上部叶片严重失绿，早期细小叶脉仍绿色；严重时可焦枯脱落	喷施 0.5% 硫酸亚铁，或树干注射 0.05%～0.1% 的酸化硫酸亚铁溶液
锌	20～50 毫克/千克	<15 毫克/千克	叶小而窄，簇状，叶呈淡黄绿色，细叶簇生成丝状，不易坐果	用 300 毫克/千克环烷酸锌乳剂或 0.2% 硫酸锌加 0.3% 尿素，再加 0.2% 石灰混喷

（续）

元素	成熟叶片含量		缺素症状	补救办法
	正常	缺乏		
锰	40～160 毫克/千克	<20 毫克/千克	叶片从边缘附近开始，叶脉间绿色逐渐减退发黄，然后逐渐向中脉扩展	喷施 0.2%硫酸锰溶液 2～3 次
硼	20～60 毫克/千克	<20 毫克/千克	果实出现充满胶质物的空穴	花前、花期或花后喷施 0.2%硼砂溶液后，并灌水
铜	6～16 毫克/千克	<4 毫克/千克	新梢在停止生长以前发生"枯梢"现象，顶端萌生很多芽，成丛生状，叶脉间淡绿色、亮黄色	喷施 0.2%硫酸铜溶液

三、无公害李子树营养套餐肥料组合

1. 基肥　根据测土施肥配方，以氮肥、磷肥、钾肥为基础，添加腐殖酸、有机型螯合微量元素、增效剂、调理剂等，生产含锌、锰、硼、铁、铜等李子树有机型专用肥，根据当地李子树施肥现状，综合各地李子树配方肥配制资料，建议氮、磷、钾总养分量为 30%，氮、磷、钾比例分别为 1：0.29：2.24。基础肥料选用及用量（1 吨产品）如下：硫酸铵 100 千克、尿素 134 千克、钙镁磷肥 15 千克、过磷酸钙 150 千克、氯化钾 316 千克、硼砂 15 千克、氨基酸螯合锌铁稀土 13 千克、硝基腐殖酸 158 千克、氨基酸 32 千克、生物制剂 25 千克、增效剂 12 千克、土壤调理剂 30 千克。

也可选用腐殖酸高效缓释复混肥（15-5-20）、腐殖酸含促生菌生物复混肥（20-0-10）、有机无机复混肥（14-6-10）等。

2. 生育期追肥　追肥可采用腐殖酸包裹尿素、增效尿素、腐殖酸型过磷酸钙、缓释磷酸二铵、大粒钾肥、腐殖酸高效缓释复混肥（15-5-20）、腐殖酸涂层 BB 肥（18-10-17）等。

3. 根外追肥　可根据李子树生育情况，酌情选用含腐殖酸水溶肥、含氨基酸水溶肥、含海藻酸水溶肥、氨基酸螯合微量元素水溶肥、活力钙叶面肥、活力钾叶面肥等。

四、无公害李子树营养套餐施肥技术规程

本规程以李子树结果期树为依据，各种肥料用量以高产、优质、无公害、环境友好为目标，选用有机无机复合肥料、长效缓释肥料、有机活性水溶肥料

进行施用，各地在具体应用时，可根据当地李子树树龄及树势、测土配方推荐用量进行调整。

1. 秋施基肥　李子树基肥最好在早秋施，一般在 8 月下旬至 9 月。施肥可采用环状沟、短条沟或放射状沟等方法，沟深 50 厘米，注意土肥混匀，施后覆土。基肥可选用下列基肥组合之一。

（1）株施生物有机肥 5～7 千克（无害化处理过的有机肥 50～70 千克）、李子树有机型专用肥 1.5～2 千克或腐殖酸高效缓释复混肥（15－5－20）0.5～1.0千克。

（2）株施生物有机肥 5～7 千克（无害化处理过的有机肥 50～70 千克）、腐殖酸含促生菌生物复混肥（20－0－10）0.5～1.0 千克、腐殖酸型过磷酸钙1～1.5 千克。

（3）株施生物有机肥 5～7 千克、有机无机复混肥（14－6－10）1～2 千克。

（4）株施生物有机肥 8～10 千克（无害化处理过的有机肥 60～80 千克）、缓释磷酸二铵 1～2 千克、大粒钾肥 0.5～1.0 千克。

2. 根际追肥　李子树追肥应根据树体生长发育状况、土壤肥力等情况确定合理的追肥时期和次数。追肥主要在花前、开花之后、果实膨大等时期进行追施。可采用环状沟、放射状沟等方法，沟深 15～20 厘米，注意土肥混匀，施后覆土。

（1）花前追肥　在李子树萌芽前 10 天左右，一般成年李子树根据肥源，可选施株下列肥料组合之一：①李子树有机型专用肥 0.5～1.0 千克；②腐殖酸包裹尿素 0.4～0.6 千克、大粒钾肥 0.5～1 千克；③增效尿素 0.3～0.5千克、大粒钾肥 0.5～1 千克；④腐殖酸含促生菌生物复混肥（20－0－10）0.5～1.05 千克。

（2）花后追肥　在开花后 10 天左右，一般成年李子树根据肥源，可选择株施下列肥料组合之一：①李子树有机型专用肥 1.0～1.5 千克；②腐殖酸高效缓释复混肥（15－5－20）0.75～1.0 千克；③增效磷酸铵 0.2～0.3 千克、增效尿素 0.3～0.5 千克、硫酸钾 0.5～1.0 千克。

（3）果实硬核期追肥　在果实硬核期，一般成年李子树根据肥源，可选择株施下列肥料组合之一：①李子树有机型专用肥 1.5～2.0 千克；②腐殖酸高效缓释复混肥（15－5－20）1.0～1.2 千克；③增效磷酸铵 0.3～0.5 千克、增效尿素 0.3～0.5 千克、硫酸钾 0.4～0.6 千克。

3. 根外追肥　李子树根外追肥一般在花后、果实硬核期及采果后进行，但在具体应用时应根据树体的营养需求确定。

（1）开花后 7～10 天　叶面喷施 500～1 000 倍腐殖酸水溶肥（500～1 000倍氨基酸水溶肥）、喷施 1 500 倍活力钙 2 次，间隔期 20 天。此期如果缺锌，叶面喷施 300～500 倍氨基酸螯合锌。

（2）果实硬核期 叶面喷施 1 500 倍活力钾叶面肥、1 500 倍活力钙叶面肥 2 次，间隔期 20 天。

（3）采果后至落叶前 叶面喷施 500～1 000 倍腐殖酸水溶肥（500～1 000 倍氨基酸水溶肥）、500～1 000 倍大量元素水溶肥、1 500 倍活力钙叶面肥 2 次，间隔期 20 天。

第三节 杏树测土配方与营养套餐施肥技术

杏树原产于我国新疆，是我国最古老的栽培果树之一，华北、西北、东北、华东等地均有栽培。杏树为阳性树种，适应性强，山地、丘陵、平原、沙荒地、盐碱地、旱地等都能生长结果。

一、杏树的营养需求特点

1. **杏树的营养吸收变化规律** 营养元素在杏树枝叶上的含量因生育期不同而有变化。在叶内，4 月中下旬叶片生长初期氮、磷最高，钙、钾、镁低；成叶期磷较低而稳定；氮 7 月最高，其他时期低；5 月钾稍高，7～9 月钾、钙高但波动大；镁在 5 月中旬到 6 月中旬、8～9 月有两次高峰，即春梢、秋梢生长期。

在新梢内，5 月上中旬嫩梢期氮、钾最高，磷、钙、镁较低，之后氮、钾低而较稳定，钙、磷 6～12 月均较高波动也大，镁在 5～7 月和 11 月至翌年 1 月有两个高峰期，主要营养元素都在 2～4 月的萌动期、开花期、展叶期和新梢生长初期的一年生枝内含量低。

不同树龄的杏树树体积累矿质元素的量也有差异。幼龄杏树与成龄杏树叶内营养元素含量是不同的，有的元素差别很大，如锰元素，大树含量为 43.36 毫克/千克，幼树含量为 14 毫克/千克，二者相差 29.36 毫克/千克；但锌元素确相反，大树含量为 12.95 毫克/千克，幼树含量为 35.27 毫克/千克，二者相差 22.32 毫克/千克。因此，杏树叶营养分析与施肥，对不同树龄杏树应区别对待，要有针对性地根据含量指标确定适宜施肥量。

2. **杏树对大量元素的吸收特点** 杏树对主要营养元素的吸收数量因树龄和树冠大小、产量高低及品种、土壤、气候条件不同而有很大差异。一般亩产 2 000 千克的杏园，每年吸收氮 10.6 千克、磷 4.5 千克、钾 8.1 千克，吸收比例为 1∶0.42∶0.76。

年周期内各物候期杏树各种营养元素的吸收是不均衡的，以结果树为例：

萌芽开花期，在开放的花朵、新梢和幼叶内，氮、磷、钾三要素含量都较高，尤其是氮的含量很高，说明萌芽开花期对养分的需求量很大，但此时主要是利用树体内上年贮藏的养分，而对土壤中主要养分吸收的数量并不多；在新梢旺长期，树体生长量大，是氮、磷、钾吸收最多的时期，其中以氮的吸收量最多，其次为钾，磷较少；在花芽分化和果实膨大期，花芽分化，果实膨大，需要的主要元素数量较多，且钾、磷的需求量高于其他时期；在果实采收期及采收后，由于大量结果，消耗营养物质较多，且果实采收后，新梢又有萌芽生长，主要元素需要量也很大。

3. 杏树的营养吸收特征 杏树和其他果树不同，果实生长发育期短，而且先花后叶，营养生长与生殖生长同步进行，再加上杏树生长是爆发式的，即在盛花6~8周达到最大生长量，所以杏树对秋季和早春施肥反应敏感，如果秋季和早春肥水供应充足，雌蕊败育率明显降低，树势健壮，产量和品质大幅度提高，并可延长树体寿命。杏树的需肥量在春季盛花后8周以前占总量的70%以上，只有满足杏树爆发式生长的养分需求，才能获得优质高产，因此，要在重施基肥的基础上，早春提前追施速效氮肥。

二、杏树测土施肥配方

1. 根据土壤肥力确定 根据杏园有机质、碱解氮、有效磷、速效钾含量确定土壤肥力分级，然后根据不同肥力水平确定施肥量。如表3-14为杏园的土壤肥力分级，表3-15为杏园不同肥力水平推荐施肥量。

表3-14 杏园土壤肥力分级

肥力水平	有机质（克/千克）	碱解氮（毫克/千克）	有效磷（毫克/千克）	速效钾（毫克/千克）
低	<9	<80	<10	<80
中	9~15	80~120	10~20	80~120
高	>15	>120	>20	>120

表3-15 杏园不同肥力水平推荐施肥量

肥力等级	推荐施肥量（千克/亩）		
	纯氮	五氧化二磷	氧化钾
低肥力	13~14	5~6	6~8
中肥力	14~15	6~7	7~9
高肥力	15~16	7~8	8~10

2. 叶片分析诊断　主要根据树体的长势长相及枝条、叶片、果实、根系等特有的症状来判断某些矿质元素的盈亏，并以此来指导施肥。一般在杏树盛花后 8～12 周，随机采取树冠外围中部新梢的中部叶片，每个样点采取包括叶柄在内的 100 片完整叶片进行营养分析，将分析结果与表 3-16 中的指标相比较，诊断杏树体营养状况。

表 3-16　杏树营养诊断表

元素	成熟叶片含量		缺素症状	补救办法
	正常	缺乏		
氮	24～30 克/千克	<17 克/千克	树体生长势弱，叶片小而薄，呈黄绿色，易早落；花芽少、果小；产量下降，品质变差	叶面喷施 1%～2%尿素溶液 2～3 次
磷	14～25 克/千克	<0.9 克/千克	易引起生长停止，新根少，枝条细弱，叶片小易脱落，花芽分化不良，果实小；叶片紫红色；生长中后期枝条顶端形成轮生叶	叶面喷施 0.3%磷酸二氢钾或 2.0%过磷酸钙
钾	20～35 克/千克	<10 克/千克	叶片小而薄，呈黄绿色，边缘焦枯并向上卷曲，焦梢以致越冬枯死；果实不耐贮藏；病症最初出现在新梢中部或稍下部位；花芽分化受到影响	叶面喷施 0.2%～0.3%磷酸二氢钾 2～3 次；或 1.5%硫酸钾溶液 2～3 次
钙	20～40 克/千克	<10 克/千克	幼根根尖停长，严重时死亡；幼叶开始变色形成淡绿色斑逐渐变为茶褐色并有坏死区	喷施 0.2%～0.3%的硝酸钙溶液 3～4 次
镁	3～8 克/千克	<2 克/千克	初期叶色浓绿，新梢顶端叶片褪绿，成熟叶叶脉间出现淡绿色斑，逐渐变成黄褐色或深褐色，病叶易倦缩脱落；果实变小，色泽不鲜亮	叶面喷施 2%硫酸镁 3～4 次
铁	100～250 毫克/千克	<60 毫克/千克	起初新梢顶端嫩叶叶肉变黄，叶脉仍保持绿色，叶片出现绿色网状，逐渐变白；叶片失绿部分出现褐色枯斑或叶缘焦枯，数斑相连，严重时可焦枯脱落	喷施 0.5%硫酸亚铁，或树干注射 0.2%～0.3%的硫酸亚铁溶液 3～4 次

（续）

元素	成熟叶片含量		缺素症状	补救办法
	正常	缺乏		
锌	20～60 毫克/千克	<15 毫克/千克	主要表现为小叶。主要发生在新梢和叶片上，以树冠外围的顶梢表现最为严重；病梢发芽较晚，仅枝梢顶部发芽萌发，下部芽多萌动露出绿色尖端或长出极小叶片即停止生长；顶部数芽叶色萎黄，叶脉间色淡，节间短，似轮坐；病枝花朵小而色淡，坐果率低；有烂根现象，树势弱，树冠稀疏不能扩展	用300毫克/千克环烷酸锌乳剂或0.3％～0.5％硫酸锌3～4次
锰	40～160 毫克/千克	<20 毫克/千克	叶绿素的合成及光合作用受阻；新梢基部和中部叶片从边缘到叶脉开始失绿，阻碍新梢生长	喷施0.2％硫酸锰溶液2～3次
硼	20～60 毫克/千克	<15 毫克/千克	主要表现在新梢和果实上。小枝顶端枯死，叶片小而窄、卷曲，尖端坏死，叶脉与叶脉间失绿；果肉中有褐色斑块，常引起落果，果实畸形，果肉松软呈海绵状，味淡，木栓化部分味枯	叶片喷施0.1％～0.3％硼砂或硼酸溶液2～3次
铜	5～16 毫克/千克	<3 毫克/千克	顶梢从尖端枯死，生长停止；顶梢上生成簇状叶，并有许多芽萌发生长	喷施0.04％～0.06％硫酸铜溶液2～34次

三、无公害杏树营养套餐肥料组合

1. **基肥** 根据测土施肥配方，以氮肥、磷肥、钾肥为基础，添加腐殖酸、有机型螯合微量元素、增效剂、土壤调理剂等，生产含锌、锰、硼、铁、铜等杏树有机型专用肥，根据当地杏树施肥现状，综合各地杏树配方肥配制资料，建议氮、磷、钾总养分量为35％，氮、磷、钾比例分别为1∶0.41∶0.78。基础肥料选用及用量（1吨产品）如下：硫酸铵100千克、尿素274千克、磷酸一铵92千克、钙镁磷肥10千克、过磷酸钙100千克、氯化钾208千克、硼砂15千克、氨基酸锌锰铜铁16千克、硝基腐殖酸100千克、氨基酸33千克、生物制剂20千克、增效剂12千克、土壤调理剂20千克。

也可选用腐殖酸高效缓释复混肥（15-5-20）、腐殖酸含促生菌生物复混肥（20 - 0 - 10）、有机无机复混肥（14 - 6 - 10）等。

2. 生育期追肥　追肥可采用腐殖酸包裹尿素、增效尿素、腐殖酸型过磷酸钙、缓释磷酸二铵、大粒钾肥、腐殖酸高效缓释复混肥（15 - 5 - 20）、腐殖酸涂层 BB 肥（18 - 10 - 17）、有机无机复混肥（14 - 6 - 10）等。

3. 根外追肥　可根据杏树生育情况，酌情选用含腐殖酸水溶肥、含氨基酸水溶肥、含海藻酸水溶肥、氨基酸螯合微量元素水溶肥、活力钙叶面肥、活力钾叶面肥等。

四、无公害杏树营养套餐施肥技术规程

本规程以杏树结果期树为依据，各种肥料用量以高产、优质、无公害、环境友好为目标，选用有机无机复合肥料、长效缓释肥料、有机活性水溶肥料进行施用，各地在具体应用时，可根据当地杏树树龄及树势、测土配方推荐用量进行调整。

1. 秋施基肥　杏树基肥最好在早秋施，一般在 8 月下旬至 9 月。施肥可采用环状沟、短条沟或放射状沟等方法，沟深 50 厘米，注意土肥混匀，施后覆土。基肥可选用下列基肥组合之一。

（1）株施生物有机肥 6～8 千克（无害化处理过的有机肥 60～80 千克）、杏树有机型专用肥 1.0～1.5 千克或腐殖酸高效缓释复混肥（15 - 5 - 20）0.7～1.0千克。

（2）株施生物有机肥 6～8 千克（无害化处理过的有机肥 60～80 千克）、腐殖酸含促生菌生物复混肥（20 - 0 - 10）1.0～1.2 千克、腐殖酸型过磷酸钙1～1.2 千克。

（3）株施生物有机肥 6～8 千克、有机无机复混肥（14 - 6 - 10）1～1.5 千克。

（4）株施生物有机肥 8～10 千克（无害化处理过的有机肥 70～100 千克）、缓释磷酸二铵 1～1.5 千克、大粒钾肥 0.5～1.0 千克。

2. 根际追肥　杏树追肥应根据树体生长发育状况、土壤肥力等情况确定合理的追肥时期和次数。追肥的主要时期有花前、花后、果实硬核、催果、采后等进行追施。可采用环状沟、放射状沟等方法，沟深 15～20 厘米，注意土肥混匀，施后覆土。

（1）花前肥　在杏树杏树开花前 7～15 天，一般成年杏树根据肥源，可选择株施下列肥料组合之一：①杏树有机型专用肥 0.7～1.0 千克；②腐殖酸涂层 BB 肥（18 - 10 - 17）0.5～1 千克；③增效尿素 0.5～0.7 千克、腐殖酸型过磷酸钙 0.3～0.5 千克、大粒钾肥 0.3～0.5 千克；④腐殖酸含促生菌生物复

混肥（20-0-10）0.5～1.0千克、腐殖酸型过磷酸钙0.3～0.5千克。

（2）花后肥　应在开花后7～10天进行，以氮素营养为主，一般成年杏树根据肥源，可选择株施下列肥料组合之一：①腐殖酸包裹尿素0.7～1.0千克、硼砂或硼酸0.3～0.5千克；②增效尿素0.6～0.8千克、硼砂或硼酸0.3～0.5千克。

（3）果实硬核期肥　在果实硬核期，应以钾肥为主，氮、磷肥为辅，一般成年杏树根据肥源，可选择株施下列肥料组合之一：①杏树有机型专用肥2.5～3.0千克；②腐殖酸高效缓释复混肥（15-5-20）2.0～2.5千克；③腐殖酸含促生菌生物复混肥（20-0-10）1.5～2.0千克、腐殖酸型过磷酸钙0.5～1千克；④增效磷酸铵1.0～1.5千克、增效尿素0.5～0.7千克、硫酸钾0.7～1.0千克。

（4）催果肥　采果前15～20天，果实膨大速度加快，采果后施肥以氮、磷肥为主，配施钾肥，同时适当浇水，以促进根系生长，增强杏树的越冬能力。一般成年杏树根据肥源，可选择株施下列肥料组合之一：①杏树有机型专用肥1.0～1.2千克；②腐殖酸涂层BB肥（18-10-17）0.8～1.0千克；③腐殖酸含促生菌生物复混肥（20-0-10）1.0～1.5千克、腐殖酸型过磷酸钙0.3～0.5千克；④增效磷酸铵0.5～1.0千克、增效尿素0.3～0.5千克、硫酸钾0.3～0.5千克。

（5）采收肥　果实采收后，以氮、磷肥为主，对补充树体营养，为翌年多结果奠定基础。一般成年杏树根据肥源，可选择株施下列肥料组合之一：①杏树有机型专用肥0.8～1.1千克；②腐殖酸涂层BB肥（18-10-17）0.6～0.8千克；③有机无机复混肥（14-6-10）1.0～1.2千克；④增效磷酸铵0.4～0.6千克、增效尿素0.2～0.4千克。

3. 穴贮肥水　在干旱少雨偏远的杏园，可采取施穴贮肥水法，即省肥又节水，简易而行，增产效果显著。

（1）一般以玉米秸秆或小麦秸秆为填塞物，穴周围用土和腐殖酸型过磷酸钙（3∶1）混合，并添加0.1～0.2千克复合生物菌剂再混合后填满。

（2）杏树萌芽前每穴灌注增效尿素100克。

（3）杏树果实速长期每穴灌注杏树有机型专用肥150克。

（4）杏树花芽分化期每穴灌注增效磷酸铵100克。

（5）杏树落叶期每穴灌注生物有机肥2～3千克。

上述每年灌注4次，贮肥贮水每年更换位置一次，连续实施3年。

4. 根外追肥　杏树根外追肥一般在花后、果实硬核期及采果后进行，但在具体应用时应根据树体的营养需求确定。

（1）开花后 7～10 天 叶面喷施 500～1 000 倍含腐殖酸水溶肥（500～1 000倍含氨基酸水溶肥）、喷施 1 500 倍活力钙 2 次，间隔期 20 天。此期如果缺锌，叶面喷施 500～800 倍氨基酸螯合锌水溶肥；如果缺铁，叶面喷施500～800 倍螯合铁溶液。

（2）花芽分化期 叶面喷施 1 500 倍活力硼叶面肥、1 500 倍活力钙叶面肥 2 次，间隔期 15 天。

（3）果实膨大期 叶面喷施 1 500 倍活力钾叶面肥、1 500 倍活力钙叶面肥。

（4）采果后至落叶前 叶面喷施 500～1 000 倍含腐殖酸水溶肥（500～1 000倍含氨基酸水溶肥）、500～1 000 倍大量元素水溶肥，间隔期 15 天。

第四节 樱桃树测土配方与营养套餐施肥技术

樱桃树为蔷薇科，李属，是落叶乔木或灌木丛生。樱桃又名莺桃、含桃、牛桃、朱樱、麦樱、蜡樱、崖蜜等。我国栽培以中国樱桃和甜樱桃为主。中国樱桃在我国分布很广，北起辽宁，南至云南、贵州、四川，西至甘肃、新疆均有种植，但以江苏、浙江、山东、北京、河北为多。东北、西北的寒冷地区种植的多为毛樱桃。中国樱桃约有 50 多个品种，主要优良品种有浙江诸暨的"短柄樱桃"、山东龙口的"黄玉樱桃"、安徽太和的"金红樱桃"、江苏南京的"垂丝樱桃"、四川的"汉源樱桃"等。此外，还有辽宁、烟台等地引进的个大而甜的欧洲樱桃，但历史比较短，只有一百多年。

一、樱桃树的营养需求特点

1. 樱桃树周年营养吸收特性 樱桃树在年周期发育过程中，叶片中氮、磷、钾的含量以展叶期中最多，此后逐渐减少。钾的含量在 10 月初回升，并达到最高值。

樱桃树从展叶至果实成熟前需肥量最大，采果后至花芽分化盛期需肥量次之，其余时间需肥量较少。

据研究，每生产 1 000 千克樱桃鲜果实，需氮 10.4 千克、五氧化二磷 1.4 千克、氧化钾 13.7 千克，樱桃树在年周期发育中需氮、磷、钾比例大致为 1：0.14：1.3，可见对钾、氮需要量大，对磷的需要量则少得多。

樱桃树对微量元素的需求，以硼为重要。硼对于樱桃树的花粉萌发、花粉管的伸长能起到明显作用，可以提高花粉粒的活力，参与开花和果实的发育。

我国樱桃的主产区缺硼土壤面积在 65%～87%。

2. 不同树龄的营养需求特性 不同树龄和不同时期的樱桃树对养分的需求是不同的。

(1) 3 年以下的幼树 树体处于扩冠期，营养生长旺盛，这个时期对氮需要量多，施肥上应以氮肥为主，辅助适量的磷肥。

(2) 3～6 年生和初果期幼树 要使树体由营养生长转入生殖生长，促进花芽分化，在施肥上要注意控氮、增磷、补钾。

(3) 7 年生以上的树进入盛果期 树体消耗营养较多，要满足树体对氮、磷、钾的需要，需要增施氮、磷、钾，为果实生长提供充足营养。樱桃果实生长对钾的需要量较多，在果实生长阶段补充钾肥，可提高果实的产量与品质。

二、樱桃树测土施肥配方

1. 根据土壤肥力确定 根据樱桃园有机质、碱解氮、有效磷、速效钾含量确定土壤肥力分级，然后根据不同肥力水平确定施肥量。如表 3-17 为樱桃园的土壤肥力分级，表 3-18 为樱桃园不同肥力水平推荐施肥量。

表 3-17　樱桃园土壤肥力分级

肥力水平	有机质（克/千克）	碱解氮（毫克/千克）	有效磷（毫克/千克）	速效钾（毫克/千克）
低	<6	<60	<20	<80
中	6～15	60～90	20～60	80～160
高	>15	>90	>60	>160

表 3-18　樱桃园不同肥力水平推荐施肥量

肥力等级	推荐施肥量（千克/亩）		
	纯氮	五氧化二磷	氧化钾
低肥力	12～14	5～7	8～10
中肥力	13～15	5～7	10～12
高肥力	14～16	6～8	12～14

2. 叶片分析诊断 主要根据树体的长势长相及枝条、叶片、果实、根系等特有的症状来判断某些矿质元素的盈亏，并以此来指导施肥。一般在樱桃盛

花后 8～12 周，随机采取树冠外围中部新梢的中部叶片，每个样点采取包括叶柄在内的 100 片完整叶片进行营养分析，将分析结果与表 3－19 中的指标相比较，诊断樱桃树体营养状况。

表 3－19　樱桃树营养诊断表

元素	成熟叶片含量		缺素症状	补救办法
	正常	缺乏		
氮	22～26 克/千克	<17 克/千克	叶片小淡绿，较老的叶呈橙色、红色甚至紫色，提前脱落；枝条短，树势弱，树冠扩大慢；坐果率低，花芽少、果小；产量下降，果实着色好，提前成熟	叶面喷施 1%～2%尿素溶液 2～3 次
磷	14～25 克/千克	<0.9 克/千克	叶色由暗绿色转为铜绿色，严重为紫色；新叶较老叶窄小，近叶缘处向外卷曲，叶片稀少，花少，坐果率低	叶面喷施 0.3%～0.5%磷酸二氢钾或 2.0%过磷酸钙
钾	16～30 克/千克	<10 克/千克	叶片初呈青绿色，叶片与主脉平行向上纵卷，严重时呈筒形或船型，叶背面赤褐色，叶缘呈黄褐色焦枯，叶面出现灼伤或坏死；新梢基部叶片发生卷叶和烧焦症状；枝条较短，叶片变小，易提前落叶	叶面喷施 1%磷酸二氢钾 2～3 次；或 1%～1.5%硫酸钾溶液 2～3 次
钙	14～40 克/千克	<8 克/千克	樱桃园缺钙较少见。先从幼叶出现，叶上有淡褐色和黄色斑点，叶尖及叶缘干枯，叶易变成带有很多洞的网架状叶，大量落叶；小枝顶芽枯死，枝条生长受阻；幼根根尖变褐死亡	喷施 0.2%～0.3%的硝酸钙溶液 3～4 次
镁	3～8 克/千克	<2 克/千克	樱桃园缺镁较少见。叶脉间褐化和坏死，叶色亮红色或黄色坏死，叶片提前脱落	叶面喷施 1%硫酸镁 3～4 次
铁	100～250 毫克/千克	<60 毫克/千克	初期幼叶失绿，叶肉呈黄绿色，叶脉绿色，整叶呈绿色网纹状，叶小而薄；严重时叶片出现棕褐色的枯斑或枯边，逐渐枯死脱落	喷施 0.5%硫酸亚铁，或树干注射 0.3%～0.5%的硫酸亚铁溶液 3～4 次

（续）

元素	成熟叶片含量		缺素症状	补救办法
	正常	缺乏		
锌	20～60 毫克/千克	<15 毫克/千克	主要表现为小叶。叶片出现不正常的斑驳和失绿，并提前落叶；枝条不能正常伸长，节间缩短，枝条上部呈莲座状	用 300 毫克/千克环烷酸锌乳剂或 0.2%～0.3%硫酸锌 3～4 次
锰	40～160 毫克/千克	<20 毫克/千克	叶片失绿，叶脉保持绿色；失绿叶缘开始到叶脉开始失绿；枝条生长受阻，叶片变小；果实小，汁液少，着色深，果肉变硬	喷施 0.1%硫酸锰溶液 2～3 次
硼	20～60 毫克/千克	<15 毫克/千克	春天芽不萌发，或萌发后萎缩死亡，叶片变形带有不正常的锯齿，叶下卷或呈杯状；小枝顶端枯死，生长量小；受精不良，大量落花落果，果实畸形，缩果和裂果，果实可产生数个硬斑，硬斑逐渐木质化	叶片喷施 0.2%～0.3%硼砂或硼酸溶液 2～3 次

三、无公害樱桃树营养套餐肥料组合

1. **基肥**　根据测土施肥配方，以氮肥、磷肥、钾肥为基础，添加腐殖酸、有机型螯合微量元素、增效剂、土壤调理剂等，生产含锌、锰、硼、铁、铜等樱桃树有机型专用肥，根据当地樱桃树施肥现状，综合各地樱桃树配方肥配制资料，建议氮、磷、钾总养分量为 35%，氮、磷、钾比例分别为 1：0.16：1.1。基础肥料选用及用量（1 吨产品）如下：硫酸铵 100 千克、尿素 290 千克、钙镁磷肥 15 千克、过磷酸钙 150 千克、硫酸钾 340 千克、硼砂 15 千克、氨基酸螯合锌锰铁 20 千克、氨基酸 20 千克、生物制剂 20 千克、增效剂 10 千克、调理剂 20 千克。

也可选用生态有机肥、腐殖酸硫酸钾型复混肥（18-8-4）、腐殖酸涂层长效肥（18-10-17）、有机无机复混肥（14-6-10）等。

2. **生育期追肥**　追肥可采用腐殖酸包裹尿素、增效尿素、腐殖酸型过磷酸钙、缓释磷酸二铵、大粒钾肥、腐殖酸硫酸钾型复混肥（18-8-4）、腐殖酸涂层长效肥（18-10-17）、有机无机复混肥（14-6-10）等。

3. **根外追肥**　可根据樱桃树生育情况，酌情选用含腐殖酸水溶肥、含氨基酸水溶肥、含海藻酸水溶肥、氨基酸螯合微量元素水溶肥、大量元素水溶肥、活力钙叶面肥、活力钾叶面肥等。

四、无公害樱桃树营养套餐施肥技术规程

本规程以樱桃树结果期树为依据，各种肥料用量以高产、优质、无公害、环境友好为目标，选用有机无机复合肥料、长效缓释肥料、有机活性水溶肥料进行施用，各地在具体应用时，可根据当地樱桃树树龄及树势、测土配方推荐用量进行调整。

1. 秋施基肥　樱桃树基肥一般在秋季尽早施用，即在樱桃树秋天停止生长后（8月下旬至9月上旬），施肥可采用环状沟、放射状沟等方法。基肥可选用下列基肥组合之一。

（1）株施生态有机肥2～4千克（无害化处理过的有机肥20～40千克）、樱桃树有机型专用肥0.8～1.0千克或腐殖酸硫酸钾型复混肥（18-8-4）1.0～1.2千克或腐殖酸涂层长效肥（18-10-17）0.5～0.7千克。

（2）株施生物有机肥2～4千克、有机无机复混肥（14-6-10）0.8～1.0克。

（3）株施生物有机肥3～5千克（无害化处理过的有机肥30～50千克）、增效尿素0.2～0.3千克、缓释磷酸二铵0.2～0.4千克、大粒钾肥0.3～0.5千克。

2. 根际追肥　樱桃树追肥应根据树体生长发育状况、土壤肥力等情况确定合理的追肥时期和次数。主要在开花结果期和采收后进行追肥，多采用放射状或环状沟施，沟深15～20厘米，注意土肥混匀，施后覆土。

（1）催花肥　樱桃树初花期追施氮肥对促进樱桃树开花坐果和枝叶生长都有显著的作用：①樱桃树有机型专用肥0.8～1.0千克；②腐殖酸硫酸钾型复混肥（18-8-4）0.8～1.2千克；③腐殖酸涂层长效肥（18-10-17）0.5～0.7千克；④增效尿素0.3～0.5千克、腐殖酸型过磷酸钙0.2～0.3千克、大粒钾肥0.3～0.5千克。

（2）采果后肥　樱桃采果后10天左右，即开始大量分化花芽，此时正是新稍接近停止生长的时期，这是一次非常关键的追肥，对增加营养积累，促进花芽分化，维持树势健壮都有重要作用：①株施生态有机肥2～4千克、樱桃树有机型专用肥0.5～0.7千克；②株施生态有机肥2～4千克、腐殖酸硫酸钾型复混肥（18-8-4）0.6～0.8千克；③株施生态有机肥2～4千克、有机无机复混肥（14-6-10）0.5～0.7千克；④株施生态有机肥3～5千克、增效磷铵0.3～0.5千克、大粒钾肥0.3～0.5千克。

3. 根外追肥　由于樱桃树果实生长期短，具有需肥迅速、集中的特点，

因此，施用根外追肥具有重要意义。一般在萌芽前、萌芽后至果实着色前、采果后等时期喷施较好。

（1）萌芽前　叶面喷施 500～1 000 倍含腐殖酸水溶肥或 500～1 000 倍含氨基酸水溶肥。

（2）盛花期　叶面喷施 500～1 000 倍含腐殖酸水溶肥、1 500 倍活力硼叶面肥、1 500 倍活力钙叶面肥。

（3）落花后 7～10 天　叶面喷施 500～1 000 倍含腐殖酸水溶肥（500～1 000倍含氨基酸水溶肥）、喷施 1 500 倍活力钾。

（4）幼果期　叶面喷施 500～1 000 倍含腐殖酸水溶肥（500～1 000 倍含氨基酸水溶肥）、喷施 1 500 倍活力钾。

（5）采果后　叶面喷施 500～1 000 倍含腐殖酸水溶肥（500～1 000 倍含氨基酸水溶肥）、500～1 000 倍大量元素水溶肥 2 次，间隔期 15 天。

第四章

浆果类落叶果树测土配方与营养套餐施肥技术

浆果是由子房或联合其他花器发育成柔软多汁的肉质果。浆果类果树种类很多，如葡萄、猕猴桃、树莓、果桑、无花果、石榴、杨桃、人心果、番木瓜、番石榴、蒲桃、西番莲等。其中属于落叶果树的主要有：葡萄、猕猴桃、果桑、无花果、石榴、树莓等。

第一节　葡萄树测土配方与营养套餐施肥技术

葡萄的种类繁多，全世界有 8 000 多种，中国有 500 种以上。我国各地基本都能种植，主要产区有新疆、黄土高原区、晋冀京、环渤海湾、黄河古道及南方欧美杂交种产区等，我国鲜食葡萄产量多年稳居世界首位，2013 年我国葡萄栽培面积已达 71.464 万公顷，葡萄产量达到 1 155 万吨。

一、葡萄树的营养需求特点

葡萄树生长量大，盛果期树的 80% 以上枝蔓、叶均在几个月中生长完成。成龄葡萄树根系发达，茎秆输送养分、水分能力强，枝蔓生长量大，产量又高，因此，葡萄是一个喜肥作物，需高水肥管理。

1. **葡萄树的需肥特点**　葡萄树体中约有 63.5% 的氮集中在枝干、叶，约 66.6% 的磷集中在枝干、根，约 48.4% 的钾集中于果实，约 56% 的钙集中在枝干中，50% 的镁集中在主干。在对树体各部位主要营养元素含量分析的基础上得出葡萄全树含氮、磷、钾、钙、镁的比例是 1：0.59：1.10：1.36：0.09。葡萄 5 种主要营养元素含量的顺序为钙、钾、氮、磷、镁，生产施肥中要注意其营养平衡。

（1）葡萄树需肥量大　葡萄树生长旺盛，结果量大，因此对养分的需求也明显增多。研究表明，在一个生长季节中，丰产葡萄园当每生产 1 000 千克葡萄鲜果，每年从土壤中吸收氮 7.5 千克、五氧化二磷 4.2 千克、氧化钾 8.3 千克；一般产量葡萄园，每亩每年从土壤中吸收氮 5～7 千克、五氧化二磷2.5～3.5 千克、氧化钾 6～8 千克、钙 4.64 千克、镁 0.026 千克。

(2) 葡萄树需钾量大　葡萄树也称钾质果树，整个生育期都需要大量的钾，其需要量居三要素首位。在其生长过程中对钾的需求和吸收显著超过其他各种果树，为梨树的 1.7 倍、苹果树的 2.25 倍。果实中含钾量为氮的 1.4 倍，约为磷的 4 倍多；叶片中的含钾量虽仅相当于含氮量的 75%，但却是含磷量的 4 倍多。因此，葡萄树施肥应特别注意钾肥的施用。在一般生产条件下，对氮、磷、钾需求的比例为 1：0.5：1.2，若进一步提高产量和改善品质，对钾的需求量会更大。

(3) 葡萄树需钙、镁、硼等元素多　除钾外，葡萄树对钙、镁、硼等元素的需求量也明显高于果树，特别是钙素在葡萄树吸收的营养中占有重要比例，葡萄树对钙的需求远高于苹果树、梨树、柑橘树等，且对产量和品质影响较大。葡萄树整个生育期直至果实成熟都不断吸收钙。

镁也是葡萄树不可缺少的营养元素之一，但其吸收量只为氮的 1/5 以下，大量施用钾肥容易导致镁缺乏。

葡萄是需硼较高的果树，对土壤中的硼含量极为敏感，如不足就会发生缺硼症。

2. 葡萄树年周期营养需求特性　葡萄树年生长周期经历萌芽、开花、坐果、果实发育、果实成熟等过程，在不同物候期因生育特性的不同，对养分种类及量的需求也表现不同。

葡萄树对营养元素的吸收自萌芽后不久就开始，吸收量逐渐增加，分别在末花期至转色期和采收后至休眠前有两个吸收高峰，高峰期的出现与葡萄树根系生长高峰正好吻合，说明葡萄树新根发生和生长与营养吸收密切相关。其中，末花期至转色期吸收的营养元素主要用于当年的枝叶生长、果实发育、形态建成等，采收后至休眠前吸收的营养元素主要用于贮藏营养的生成与积累。

一年之中，在葡萄树生长发育的不同阶段，对不同营养元素的需求种类和数量也有明显不同。一般从萌芽至开花前主要需要氮素和磷素，开花期需要硼素和锌素，幼果生长至成熟需要充足的磷素和钾素，到果实成熟前则主要需要钙素和钾素。

从萌动、开花至幼果初期，需氮最多，约占全年需氮量的 64.5%；磷的吸收则随枝叶生长、开花坐果和果实增大而逐步增多，至新梢生长最盛期和果粒增大期而达到高峰；钾的吸收虽从展叶抽梢开始，但以果实肥大至着色期需钾最多；开花期需要硼素较多，花芽分化、浆果发育、产量品质形成需要大量的磷、钾、锌等元素，果实成熟需要钙素，而采收后需要补充一定的氮素营养。葡萄树对铁的吸收和转运都很慢，叶面喷施硫酸亚铁类化合物效果不佳。

二、葡萄树测土施肥配方

葡萄施肥量的推荐有很多方法，目前常用的方法主要如下。

1. 根据目标产量、土壤肥力状况确定　张丽娟（2009）根据目标产量、土壤肥力状况等，提出葡萄树肥料推荐施用量。

（1）有机肥推荐量　根据各地经验，腐熟的鸡粪、纯羊粪可按葡萄产量与施有机肥量之比为1∶1的标准施用；厩肥（猪、牛圈肥）按1∶2～3标准施用；商品有机肥或生物有机肥可按1/2或1/3比例酌减。

（2）氮、磷、钾肥推荐量　氮肥根据土壤有机质含量和目标产量进行推荐（表4-1），磷肥根据土壤速效磷含量和目标产量进行推荐（表4-2），钾肥根据土壤交换钾含量进行推荐（表4-3）。

表4-1　根据土壤有机质和目标产量推荐葡萄树氮肥用量（千克/亩）

肥力等级	有机质（克/千克）	目标产量					
		660千克/亩	1 000千克/亩	1 660千克/亩	2 000千克/亩	2 330千克/亩	3 000千克/亩
极低	<6	10.0	14.7	24.0	30.0	34.7	44.7
低	6～10	7.5	11.0	18.0	22.5	26.0	33.5
中	10～15	5.0	7.3	12.0	15.0	17.3	22.3
高	15～20	2.5	3.7	6.0	7.5	8.7	11.2
极高	>20	0	0	0	0	0	0

表4-2　根据土壤速效磷和目标产量推荐葡萄树磷肥用量（千克/亩）

肥力等级	速效磷（毫克/千克）	目标产量					
		660千克/亩	1 000千克/亩	1 660千克/亩	2 000千克/亩	2 330千克/亩	3 000千克/亩
极低	<5	6.7	10.0	17.3	20.0	24.0	30.7
低	5～15	5.0	7.5	13.0	15.0	18.0	23.0
中	15～30	3.3	5.0	8.7	10.0	12.0	15.3
高	30～40	1.7	2.5	4.3	5.0	6.0	7.7
极高	>40	0	0	0	0	0	0

表4-3　根据土壤交换钾和目标产量推荐葡萄树钾肥用量（千克/亩）

肥力等级	交换钾（毫克/千克）	目标产量					
		660千克/亩	1 000千克/亩	1 660千克/亩	2 000千克/亩	2 330千克/亩	3 000千克/亩
极低	<60	14.0	21.3	34.7	41.3	49.3	63.3
低	60～100	10.5	16.0	26.0	31.0	37.0	47.5
中	100～150	7.0	10.7	17.3	20.7	24.7	31.7
高	150～200	3.5	5.3	8.7	10.3	12.3	15.9
极高	>200	2.3	3.5	5.8	6.9	8.2	10.5

(3) 中微量元素因缺补缺技术　中微量元素通过土壤测定，低于临界指标，采用因缺补缺进行施肥（表4-4）。

表4-4　北方地区葡萄树中微量元素丰缺指标及施肥量

元素	提取方法	临界指标（毫克/千克）	施用时期	施用量
钙	乙酸铵	800	果实采收前	1%～1.5%硝酸钙喷施
铁	DTPA	2.5	花期	0.3%硫酸亚铁喷施
锌	DTPA	0.5	采收后、花期	硫酸锌：1～2千克/亩
硼	沸水	0.5	花期	0.1%～0.3%硼砂喷施

2. 根据土壤肥力按单位面积计算施肥量　根据葡萄园土壤肥力状况（表4-5），然后根据不同肥力水平确定施肥量，参考表4-6。

表4-5　葡萄园土壤养分分级参考值

肥力水平	有机质（克/千克）	碱解氮（毫克/千克）	有效磷（毫克/千克）	速效钾（毫克/千克）
低	<10	<50	<15	<100
中	10～20	50～80	15～30	100～150
高	>20	>80	>30	>150

表 4-6 不同肥力水平葡萄园每亩推荐施肥量（千克/亩）

肥料成分	高肥力果园	中等肥力果园	瘠薄果园
N	5.3～6.7	7.3～9.3	10～13.3
P_2O_5	5.3～6.7	5.3～6.7	7.3～9.7
K_2O	5.3～6.7	6.7～7.3	7.3～10
CaO	23.3～36.7	23.3～36.7	23.3～36.7
Mg	15～20	15～20	15～20

3. 叶片分析诊断 主要根据树体的长势长相及枝条、叶片、果实、根系等特有的症状来判断某些矿质元素的盈亏，并以此来指导施肥。一般选取代表植株 5～10 株，再在每株上选外围新梢 10～20 个，在各新梢中部选 1 片叶，共 100 片完整叶片进行营养分析，将分析结果与表 4-7 中的指标相比较，诊断葡萄树体营养状况。

表 4-7 葡萄树营养诊断表

元素	成熟叶片含量 正常	成熟叶片含量 缺乏	缺素症状	补救办法
氮	21～39 克/千克	<18 克/千克	发芽早，叶片小而薄，呈黄绿色；枝叶量小，新梢生长弱，停止生长早；叶柄细，花序小，不整齐，落花落果严重；果穗果粒小，品质差	叶面喷施 0.3%～0.5%尿素溶液 2～3 次
磷	1.4～4.1 克/千克	<1.4 克/千克	新梢生长细弱，叶小、浆果小；叶色由暗绿色转为暗紫色，叶尖叶缘干枯叶片变厚变脆；果实发育不良，着色差，果穗变小，落花落果严重，果粒大小不匀	叶面喷施 0.3%～0.5% 磷酸二氢钾或 2.0%过磷酸钙
钾	4.5～13 克/千克	<2.5 克/千克	新梢纤细、节间长、叶片薄、叶色浅；基部叶片叶脉间叶肉变黄，叶缘出现黄色干枯坏死斑；叶缘出现干边，向上翻卷，叶面凹凸不平，叶脉间叶肉由黄褐色而干枯；果穗少而小，果粒小，着色不均匀，大小不整	叶面喷施1%磷酸二氢钾 2～3 次；或 1%～1.5%硫酸钾溶液 2～3 次
钙	12.7～139 克/千克	<4 克/千克	幼叶叶脉间和边缘失绿，叶脉间有褐色斑点，叶缘干枯；新梢顶端枯死	喷施 0.2%～0.3%的氯化钙溶液 3～4 次

（续）

元素	成熟叶片含量		缺素症状	补救办法
	正常	缺乏		
镁	2.3～10.8克/千克	<1.2克/千克	多在果实膨大期出现症状，基部老叶叶脉间褪绿，继而脉间发展成带状黄化斑点，最后叶肉组织变褐坏死，仅剩叶脉保持绿色；成熟期推迟，果实着色差，品质差	叶面喷施3%～4%硫酸镁3～4次
铁	30～100毫克/千克	<20毫克/千克	新梢顶端叶城鲜黄色，叶脉两侧呈绿色脉带，严重时叶变成淡黄色或黄白色，后期叶缘、叶尖发生不规则坏死斑，受害新梢生长量小，花穗变黄色，坐果率低，果粒小，有时花蕾全部落光	喷施0.5%硫酸亚铁，或树干注射1%～3%的硫酸亚铁溶液3～4次
锌	5～25毫克/千克	<3毫克/千克	夏初新梢旺盛生长时表现叶斑驳；新梢和副梢生长量小，叶片小，节间短，梢端弯曲，叶片基部裂片发育不良，叶柄洼浅，叶缘无锯齿或少锯齿；坐果率低，果粒大小不一，常出现保持坚硬、绿色、不发育、不成熟的"豆粒"果	用300毫克/千克环烷酸锌乳剂或0.2%～0.3%硫酸锌3～4次
锰	50～1 560毫克/千克	<50毫克/千克	夏初新梢基部叶片变浅绿，叶脉间组织出现较小的黄色斑点，斑点类似花叶病，黄斑逐渐增多，并为最小的绿色叶脉所限制；新梢、叶片生长缓慢，果实成熟晚	喷施0.3%硫酸锰溶液2～3次
硼	20～100毫克/千克	<6毫克/千克	症状最初出现在春天刚抽出的新梢。新梢生长缓慢，节间短、两节之间有一定角度，有时结节状肿胀，然后坏死；新梢上部叶片出现油渍状斑点，梢尖坏死，其附近的卷须成黑色，有时花序干枯；中后期老叶发黄，并向叶背翻卷，叶肉表现褪绿或坏死；坐果率低、果粒大小不均匀，豆粒现象严重	叶片喷施0.1%～0.2%硼砂或硼酸溶液2～3次

三、无公害葡萄树营养套餐肥料组合

1. **基肥**　根据测土施肥配方，以氮肥、磷肥、钾肥为基础，添加腐殖酸、有机型螯合微量元素、增效剂、土壤调理剂等，生产含锌、锰、硼、铁、铜等葡萄树有机型专用肥，根据当地葡萄树施肥现状，选用下列 3 个配方中 1 个。综合各地葡萄树配方肥配制资料，基础肥料选用及用量（1 吨产品）如下。

配方 1：建议氮、磷、钾总养分量为 30%，氮、磷、钾比例分别为1：0.8：1.2。硫酸铵 130 千克、尿素 132 千克、磷酸一铵 106 千克、钙镁磷肥 10 千克、过磷酸钙 150 千克、硫酸钾 240 千克、硼砂 20 千克、硫酸铜 10 千克、硫酸锌 10 千克、硫酸亚铁 10 千克、硝基腐殖酸 100 千克、生物制剂 20 千克、氨基酸 32 千克、增效剂 10 千克、土壤调理剂 20千克。

配方 2：建议氮、磷、钾总养分量为 25%，氮、磷、钾比例分别为 1：0.75：1.38。硫酸铵 150 千克、尿素 65 千克、磷酸二铵 94 千克、过磷酸钙100 千克、钙镁磷肥 10 千克、硫酸钾 220 千克、氨基酸螯合锌硼铜铁 20 千克、硝基腐殖酸 246 千克、生物制剂 30 千克、氨基酸 35 千克、增效剂 10 千克、土壤调理剂 20 千克。

配方 3：建议氮、磷、钾总养分量为 35%，氮、磷、钾比例分别为 1：0.6：1.2。硫酸铵 100 千克、尿素 173 千克、磷酸二铵 127 千克、过磷酸钙100 千克、钙镁磷肥 10 千克、硫酸钾 300 千克、氨基酸螯合锌硼铜铁 20 千克、硝基腐殖酸 100 千克、生物制剂 30 千克、增效剂 12 千克、土壤调理剂28 千克。

也可选用生态有机肥、含促生真菌生物复混肥（20-0-10）、腐殖酸高效复混肥（15-5-20）、硫基长效缓释 BB 肥（24-16-5）等。

2. **生育期追肥**　追肥可采用腐殖酸包裹尿素、增效尿素、腐殖酸型过磷酸钙、缓释磷酸二铵、大粒钾肥、腐殖酸高效复混肥（15-5-20）、硫基长效缓释 BB 肥（24-16-5）、长效缓释 BB 肥（15-20-10）、有机水溶肥（20-0-5）、硫基长效水溶滴灌肥（10-15-25）等。

3. **根外追肥**　可根据葡萄树生育情况，酌情选用含腐殖酸水溶肥、含氨基酸水溶肥、含海藻酸水溶肥、氨基酸螯合微量元素水溶肥、大量元素水溶肥、活力钙叶面肥、活力钾叶面肥、活力硼叶面肥等。

四、无公害葡萄树营养套餐施肥技术规程

本规程以葡萄树结果期树为依据，各种肥料用量以高产、优质、无公害、环境友好为目标，选用有机无机复合肥料、长效缓释肥料、有机活性水溶肥料进行施用，各地在具体应用时，可根据当地葡萄树树龄及树势、测土配方推荐用量进行调整。

1. 普通灌溉方式下无公害葡萄树营养套餐施肥技术规程

（1）秋施基肥　葡萄树基肥一般在葡萄采收后立即进行，施肥可采用环状沟、放射状沟等方法，沟深 20～30 厘米；或采用撒施，将肥料均匀撒于树冠下，并深翻 20 厘米，注意土肥混匀，施后覆土。基肥可选用下列基肥组合之一：①亩施生态有机肥 150～200 千克（无害化处理过的有机肥 1 500～2 000千克）、葡萄树有机型专用肥 80～120 千克；②亩施生态有机肥 150～200 千克（无害化处理过的有机肥 1 500～2 000 千克）、含促生真菌生物复混肥（20 - 0 - 10）70～80 千克、腐殖酸型过磷酸钙 30～40 千克；③亩施生态有机肥150～200 千克（无害化处理过的有机肥 1 500～2 000 千克）、腐殖酸高效复混肥（15 - 5 - 20）60～70 千克或硫基长效缓释 BB 肥（24 - 16 - 5）60～70 千克；④亩施生态有机肥 150～200 千克（无害化处理过的有机肥 1 500～2 000 千克）、增效尿素 13～15 千克、缓释磷酸二铵 8～10 千克、大粒钾肥 13～15千克。

（2）根际追肥　葡萄树追肥应根据树体生长发育状况、土壤肥力等情况确定合理的追肥时期和次数。主要在抽梢期、谢花期和浆果着色初期结合灌溉进行追肥。

①抽梢期。亩施生态有机肥 20～30 千克、葡萄树有机型专用肥 10～15千克；或生态有机肥 20～30 千克、腐殖酸高效复混肥（15 - 5 - 20）8～9 千克；或生态有机肥 20～30 千克、硫基长效缓释 BB 肥（24 - 16 - 5）7～8 千克；或生态有机肥 20～30 千克、长效缓释 BB 肥（15 - 20 - 10）7～8 千克；或生态有机肥 30～40 千克、增效尿素 10～12 千克。

②谢花期。亩施葡萄树有机型专用肥 18～20 千克；或腐殖酸高效复混肥（15 - 5 - 20）8～9 千克；或硫基长效缓释 BB 肥（24 - 16 - 5）16～18 千克；或长效缓释 BB 肥（15 - 20 - 10）15～17 千克；或增效尿素 12～15 千克、增效磷酸铵 5～7 千克、大粒钾肥 7～10 千克。

③浆果着色初期。亩施腐殖酸高效复混肥（15 - 5 - 20）7～9 千克；或硫基长效缓释 BB 肥（24 - 16 - 5）6～8 千克；或长效缓释 BB 肥（15 - 20 - 10）

7～8千克；或增效尿素4～5千克、大粒钾肥6～8千克。

（3）根外追肥　葡萄生长不同时期对营养需求的种类也有所不同，主要在开花前、生长期、坐果期、浆果膨大期、着色期、萌芽前等时期叶面喷施。

①抽梢期。叶面喷施500～1 000倍含腐殖酸水溶肥（500～1 000倍含氨基酸水溶肥）、1 500倍活力硼叶面肥2次，间隔期15天。

②幼果期。叶面喷施500～1 000倍氨基酸水溶肥、1 500倍活力钾叶面肥、1 500倍活力钙叶面肥2次，间隔期15天。

③浆果着色初期。叶面喷施500～1 000倍腐殖酸水溶肥、喷施1 500倍活力钾2次，间隔期15天。

④采果后。叶面喷施500～1 000倍腐殖酸水溶肥（500～1 000倍含氨基酸水溶肥）、500～1 000倍大量元素水溶肥2次，间隔期15天。

2．滴灌方式下无公害葡萄树营养套餐施肥技术规程

（1）秋施基肥　葡萄树基肥一般在葡萄采收后立即进行，施肥可采用环状沟、放射状沟等方法，沟深20～30厘米；或采用撒施，将肥料均匀撒于树冠下，并深翻20厘米，注意土肥混匀，施后覆土。基肥可选用下列基肥组合之一：①亩施生态有机肥150～200千克（无害化处理过的有机肥1 500～2 000千克）、葡萄树有机型专用肥80～120千克；②亩施生态有机肥150～200千克（无害化处理过的有机肥1 500～2 000千克）、含促生真菌生物复混肥（20-0-10）70～80千克、腐殖酸型过磷酸钙30～40千克；③亩施生态有机肥150～200千克（无害化处理过的有机肥1 500～2 000千克）、腐殖酸高效复混肥（15-5-20）或硫基长效缓释BB肥（24-16-5）60～70千克；④亩施生态有机肥150～200千克（无害化处理过的有机肥1 500～2 000千克）、增效尿素13～15千克、缓释磷酸二铵8～10千克、大粒钾肥13～15千克。

（2）滴灌追肥　葡萄树追肥应根据树体生长发育状况、土壤肥力等情况确定合理的追肥时期和次数。主要在抽梢期、谢花期和浆果着色初期进行滴灌追肥。

①抽梢期。亩施有机水溶肥（20-0-5）15～20千克、增效尿素8～9千克；或硫基长效水溶滴灌肥（10-15-25）9～10千克。

②开花前。亩施有机水溶肥（20-0-5）20～22千克；或硫基长效水溶滴灌肥（10-15-25）10～12千克。

③幼果期。结合滴灌施2次，每次亩施有机水溶肥（20-0-5）22～25千克；或硫基长效水溶滴灌肥（10-15-25）12～15千克。

④浆果着色初期。亩施有机水溶肥（20-0-5）20～22千克；或硫基长

效水溶滴灌肥（10 - 15 - 25）10～12 千克。

（3）根外追肥 葡萄生长不同时期对营养需求的种类也有所不同，主要在抽梢期、幼果期、浆果着色期、采收后等时期叶面喷施。

① 抽梢期。叶面喷施 500～1 000 倍腐殖酸水溶肥（500～1 000 倍氨基酸水溶肥）、1 500 倍活力硼叶面肥 2 次，间隔期 15 天。

② 幼果期。叶面喷施 500～1 000 倍氨基酸水溶肥、1 500 倍活力钾叶面肥、1 500 倍活力钙叶面肥 2 次，间隔期 15 天。

③ 浆果着色初期。叶面喷施 500～1 000 倍腐殖酸水溶肥、喷施 1 500 倍活力钾 2 次，间隔期 15 天。

④ 采果后。叶面喷施 500～1 000 倍腐殖酸水溶肥（500～1 000 倍氨基酸水溶肥）、500～1 000 倍大量元素水溶肥 2 次，间隔期 15 天。

第二节　猕猴桃树测土配方与营养套餐施肥技术

猕猴桃，也称狐狸桃、藤梨、羊桃、木子、毛木果、奇异果、麻藤果等。我国猕猴桃主要分布于陕西、四川、河南、湖南、贵州、浙江、江西等地。陕西省周至县和眉县、江西省奉新县、四川省苍溪县、河南省西峡县、浙江省江山市、湖南省凤凰县和永顺县、广东省和平县、贵州省修文县、湖北省红安县和开阳县等是我国著名的猕猴桃之乡。

一、猕猴桃树的营养需求特点

1. 猕猴桃树主要营养元素吸收特性 猕猴桃树属于贪肥果树，对营养元素的吸收比其他果树大的多。猕猴桃树当年植株生长和结果 70％以上取决于上年的树体营养贮存。猕猴桃树对铁需求量明显高于其他果树，猕猴桃树树体内氯含量较高，不忌氯，但忌钠。

氮素在猕猴桃树的根、茎、叶、果及皮层和木质部的分布为：根、叶、果实＞茎；皮层＞木质部；冬季氮的贮存部位是根和茎的皮层，并且主要贮存在茎的皮层。亩产量在 2 000 千克的猕猴桃园，年周期猕猴桃树体总吸氮量为 14.45 千克，进入果实收获期以后和结果前共吸收 2.25 千克，整个果实生长期吸收 12.2 千克，分别占总吸氮量的 15.57％、84.43％。5 月 18 日至 7 月 9 日和 7 月 9 日至 9 月 8 日两个阶段吸收的氮素量分别占总吸氮量的 53.13％、31.30％。缺氮多发生在管理粗放的果园中。因此，定植时结合定植穴，施足氮肥至关重要。

磷在猕猴桃树的根、茎、叶、果及皮层和木质部的分布表现为：根、叶、果实＞茎；根和茎的皮层＞木质部。萌芽期（3月28日）到果实生长始期（5月18日）猕猴桃叶生长所需的磷素78.89％来自于从外界的吸收，4.44％来自根的上年贮藏磷，16.67％来自茎的上年贮存磷。果实生长始期（5月18日）到果实迅速膨大末期（7月9日）猕猴桃树吸磷量为全年总吸磷的55.40％，是磷素营养最大效率期。年周期猕猴桃树体吸收磷素的总量为2.64千克（猕猴桃亩产量2 600千克）。进入果实收获期（9月8日）以后和结果（5月18日）前共吸收0.73千克，整个果实生长期吸收1.74千克，分别占总吸收量的29.55％、70.45％。

钾含量在猕猴桃树体各器官及部位近似表现为：果实＞叶＞一年枝皮层＞两年枝皮层＞多年枝皮层＞主干皮层、根皮层；皮层＞木质部；根木质部、一年枝木质部＞两年枝木质部、多年枝木质部、主干木质部；细根＞粗根。年周期猕猴桃树体吸收钾素的总量为11.19千克（猕猴桃亩产量2 600千克）。果实收获期（9月8日）以后和结果前的5月18日前共吸收2.88千克，整个果实生长期（5月18日到9月8日）吸收8.31千克，分别占总吸钾量的25.72％和74.28％。从萌芽期（3月28日）到果实生长始期（5月18日）猕猴桃叶累积钾素1.14千克，其中53.15％来自于从外界的吸收，22.84％来自根的上年贮存钾，24.01％来自茎的上年贮存钾。果实生长始期（5月18日）到果实迅速膨大末期（7月9日）是猕猴桃吸收钾素的高峰期，达到5.91千克，吸收钾素的97.71％供给了果实，此期从叶中转移出去了前期累积的31.03％。落叶期（11月6日）到休眠期（1月11日）猕猴桃树体将0.60千克钾素倒流回土壤中。

猕猴桃树对氯、锰、铁、硼、锌等微量元素比较敏感，适量的锰能保证猕猴桃各生理过程正常进行，可提高维生素C的含量；铁在蛋白质的合成、叶绿素的形成、光合作用等生理生化过程中起重要作用；硼能促进花芽分化和花粉管生长，对子房发育也有影响，适量的硼能提高维生素和糖的含量，增进品质，促进根系发育，增强吸收能力；锌是某些酶的组成成分，还与生长素的合成有关，也是果树的重要营养元素之一。

综上所述，猕猴桃树对各类矿质元素需要量大，同时，各种营养元素的吸收量在不同生育期差异很大。早春萌芽期至坐果期，氮、磷、钾、镁、锌、铜、铁、锰等在叶中积累量为全年总量的80％左右；果实膨大期，氮、磷、钾营养元素逐渐从枝叶转移到果实中。据叶分析，猕猴桃树对氯有特殊的喜好。一般作物为0.025％左右，而猕猴桃0.8％～3.0％，特别在钾缺乏时，对氯有更大的需求量。

2. 猕猴桃树的需肥规律 猕猴桃树挂果早，萌芽率高，成花量大，挂果率极高，年生长量较大，是一种贪肥、喜水性植物。猕猴桃树根为水平状肉质根、须根多、主根少，对各种营养元素反应敏感。猕猴桃树生长前期（3～5月）营养生长占优势，中期（6～8月）生殖生长占主导地位，后期（9～10月）是营养生长和生殖生长并进期，前期需氮多，中期需磷量大，后期钾元素吸收旺盛。前期钙、镁、硫、铁吸收多，花期需硼量大，后期氮的吸收有所增加。

猕猴桃树有 3 个需肥高峰：第一次吸收高峰在早春 2～3 月，到了萌芽和树叶生长时，根系生长又停止。第二次高峰在第一次新梢停止生长时，即 6 月初，由于新梢停止生长而叶片制造的养分又大量转移到地下根系。第三次高峰时采果后，即 10 月上旬至 12 月上旬，养分又向下运转，根系生长进入又一次高峰期。依据上述特点，猕猴桃树通常也分为 3 次，即秋季肥、春季肥和夏季肥。

猕猴桃树不同树龄对营养的需求差异很大。幼龄果园，即新栽植果园主要是促进枝蔓和根系生长，需肥量不大，但对肥料敏感，要求施足氮、磷肥；结果初期树在施用氮肥的基础上，加强磷、钾肥的施用；结果盛期树要注意氮、磷、钾肥的合理施用，并合理搭配其他微量元素；老龄树应多施氮肥。

综合各地试验资料，每生产 1 000 千克猕猴桃鲜果，需要吸收氮 13.1 千克、五氧化二磷 6.5 千克、氧化钾 15 千克，其吸收比例为 1：0.5：1.15，猕猴桃树对钾的需求量是磷的 2 倍，又超过氮，是典型的喜钾果树之一。

二、猕猴桃树测土施肥配方

1. 根据树龄和产量确定 根据猕猴桃树树龄大小、结果量大小及土壤条件，一般中等肥力下不同树龄的施肥量推荐见表 4-8。

表 4-8 不同树龄的猕猴桃园建议施肥量（千克/亩）

树龄	产量	有机肥	氮	五氧化二磷	氧化钾
1	—	1 500	4	3～4	3～5
2～3	—	2 000	8	5～7	6～8
4～5	1 000	3 000	12	8～10	9～11
6～7	1 500	4 000	16	11～13	13～15
成龄园	2 000	5 000	20	14～16	16～18

2. 根据土壤肥力确定　根据猕猴桃园有机质、碱解氮、有效磷、速效钾含量确定土壤肥力分级，然后根据不同肥力水平确定施肥量。如表 4-9 为猕猴桃园的土壤肥力分级，表 4-10 为猕猴桃园不同肥力水平推荐施肥量。

表 4-9　猕猴桃园土壤肥力分级

肥力水平	有机质 （克/千克）	碱解氮 （毫克/千克）	有效磷 （毫克/千克）	速效钾 （毫克/千克）
低	＜15	＜60	＜20	＜80
中	15～30	60～140	20～60	80～160
高	＞30	＞140	＞60	＞160

表 4-10　猕猴桃园不同肥力水平推荐施肥量

肥力等级	推荐施肥量（千克/亩）		
	纯氮	五氧化二磷	氧化钾
低肥力	13～15	9～11	12～14
中肥力	15～17	11～13	14～16
高肥力	17～20	13～15	16～18

3. 叶片分析诊断　主要根据树体的长势长相及枝条、叶片、果实、根系等特有的症状来判断某些矿质元素的盈亏，并以此来指导施肥。7 月下旬至 8 月中旬，随机从每株树的树冠外围中部四周采集结果枝上成熟健康叶片，每个果园采 80 片完整叶片进行营养分析，将分析结果与表 4-11 中的指标相比较，诊断猕猴桃树体营养状况。

表 4-11　猕猴桃树营养诊断表

元素	成熟叶片含量		缺素症状	补救办法
	正常	缺乏		
氮	2.0～2.8 克/千克	＜1.5 克/千克	一般先在老叶中出现，叶片变为淡绿色，甚至为黄色，叶脉仍保持绿色，老叶顶端叶缘为褐色日灼状，并沿叶脉向基部扩展，坏死组织向上卷曲；果实小，品质差	叶面喷施 0.3%～0.5%尿素溶液 2～3 次
磷	0.18～0.22 克/千克	＜0.12 克/千克	老叶从顶端向叶柄基部扩展叶脉间失绿，叶片上面逐渐呈红葡萄酒色，叶缘更为明显，背面主、侧脉红色，向基部逐渐变深	叶面喷施 0.3%～0.5% 磷酸二氢钾或 2.0%过磷酸钙

（续）

元素	成熟叶片含量		缺素症状	补救办法
	正常	缺乏		
钾	1.8~2.2 克/千克	<1.5 克/千克	缺钾症状是萌芽时长势差，叶片小，叶片边缘向上卷起，叶片从边缘开始褪绿，多数褪绿组织变褐坏死，叶片呈焦枯状	叶面喷施 1% 磷酸二氢钾 2~3 次；或 1%~1.5% 硫酸钾溶液 2~3 次
钙	3.0~3.5 克/千克	<0.2 克/千克	新成熟叶的基部叶脉颜色暗淡，坏死，逐渐形成坏死组织，然后干枯落叶，枝梢死亡，下面腋芽萌发后或成莲叶状，也会发展到老叶上；严重时根端死亡	喷施 0.3%~0.5% 的氯化钙溶液 3~4 次
镁	3.0~3.8 克/千克	<0.1 克/千克	在生长中、晚期发生。当成熟叶上出现叶脉间或叶缘淡黄绿色，但叶基部近叶柄处仍保持绿色，呈马蹄形	叶面喷施 2% 硫酸镁或 2% 硝酸镁 3~4 次
硫	0.25~0.45 克/千克	<0.18 克/千克	初期症状为幼叶边缘淡绿或黄色，逐渐扩大，仅在主、侧脉结合处保持一块楔形的绿色，最后嫩叶全部失绿	结合补铁、锌等，喷施硫酸亚铁、硫酸镁
铁	80~200 毫克/千克	<60 毫克/千克	外观症状先为幼叶脉间失绿，变成淡黄和黄白色，有的整个叶片、枝梢和老叶的叶脉失绿，叶片变薄，容易脱落	喷施 0.5% 硫酸亚铁，或树干注射 1%~3% 的硫酸亚铁溶液 3~4 次
锌	15~28 毫克/千克	<12 毫克/千克	出现小叶症状，老叶脉间失绿，开始从叶缘扩大到叶脉之间，叶片未见坏死组织，但侧根发育受到影响	用 300 毫克/千克环烷酸锌乳剂或 0.2%~0.3% 硫酸锌 3~4 次
锰	50~150 毫克/千克	<30 毫克/千克	新成熟叶叶缘失绿，主脉附近失绿，小叶脉间的组织向上隆起，并像蜡色有光泽，最后仅叶脉保持绿色	喷施 1% 硫酸锰溶液 2~3 次
硼	40~50 毫克/千克	<20 毫克/千克	幼叶中心出现不规则黄色，随后在主、侧脉两边连接大片黄色，未成熟叶变成扭曲、畸形，枝蔓生长受到严重影响	叶片喷施 0.5%~1% 硼砂或硼酸溶液 2~3 次
铜	6~10 毫克/千克	<3 毫克/千克	开始幼叶及未成熟叶失绿，随后发展为漂白色，结果枝生长点死亡，落叶	叶片喷施 0.1%~0.2% 硫酸铜溶液 2~3 次
氯	1~3 毫克/千克	<0.8 毫克/千克	先在老叶顶端主、侧脉间出现散状失绿，从叶缘向主、侧脉扩张，有时边缘连续状，老叶常反卷成杯状，幼叶叶面积减少，根生长减少，离根端 2~3 厘米的组织肿大	叶片喷施 0.1%~0.2% 氯化钾溶液 2~3 次

三、无公害猕猴桃树营养套餐肥料组合

1. 基肥 根据测土施肥配方，以氮、磷、钾为基础，添加腐殖酸、有机型螯合微量元素、增效剂、土壤调理剂等，生产含锌、锰、硼、铁、铜等猕猴桃树有机型专用肥，根据当地猕猴桃树施肥现状，综合各地猕猴桃树配方肥配制资料，建议氮、磷、钾总养分量为35%，氮、磷、钾比例分别为 1∶0.6∶0.77。基础肥料选用及用量（1吨产品）如下：硫酸铵100千克、尿素243千克、磷酸一铵132千克、钙镁磷肥10千克、过磷酸钙100千克、氯化钾192千克、硼砂15千克、氨基酸螯合锌锰铜铁20千克、硝基腐殖酸91千克、生物制剂25千克、氨基酸30千克、增效剂12千克、土壤调理剂30千克。

也可选用生态有机肥、含促生真菌生物复混肥（20-0-10）、腐殖酸高效复混肥（18-8-4）、腐殖酸长效缓释肥（15-20-10）等。

2. 生育期追肥 追肥可采用腐殖酸包裹尿素、增效尿素、腐殖酸型过磷酸钙、缓释磷酸二铵、大粒钾肥、含促生真菌生物复混肥（20-0-10）、腐殖酸高效复混肥（18-8-4）、腐殖酸长效缓释肥（15-20-10）、有机水溶肥（20-0-5）、硫基长效水溶滴灌肥（10-15-25）等。

3. 根外追肥 可根据猕猴桃树生育情况，酌情选用含腐殖酸水溶肥、含氨基酸水溶肥、含海藻酸水溶肥、氨基酸螯合微量元素水溶肥、大量元素水溶肥、活力钙叶面肥、活力钾叶面肥、活力硼叶面肥等。

四、无公害猕猴桃树营养套餐施肥技术规程

本规程以猕猴桃树结果期树为依据，各种肥料用量以高产、优质、无公害、环境友好为目标，选用有机无机复合肥料、长效缓释肥料、有机活性水溶肥料进行施用，各地在具体应用时，可根据当地猕猴桃树树龄及树势、测土配方推荐用量进行调整。

1. 普通灌溉方式下无公害猕猴桃树营养套餐施肥技术规程

（1）秋施基肥 猕猴桃树基肥一般在秋季，宜早施。施肥可采用环状沟、放射状沟等方法，沟深50～60厘米，够宽40厘米，注意土肥混匀，施后覆土。基肥可选用下列基肥组合之一：①株施生态有机肥5～10千克（无害化处理过的有机肥50～80千克）、猕猴桃树有机型专用肥1.5～2.0千克；②株施生态有机肥5～10千克（无害化处理过的有机肥50～80千克）、促生真菌生物复混肥（20-0-10）1.5～2.0千克、腐殖酸型过磷酸钙0.5～1.0千克；

③株施生态有机肥 5～10 千克（无害化处理过的有机肥 50～80 千克）、腐殖酸高效复混肥（18 - 8 - 4）1.5～2.0 千克或腐殖酸长效缓释肥（15 - 20 - 10）1.0～1.2 千克；④株施生态有机肥 5～10 千克（无害化处理过的有机肥 50～80 千克）、增效尿素 0.3～0.5 千克、缓释磷酸二铵 0.2～0.4 千克、大粒钾肥 0.4～0.6 千克。

（2）根际追肥 猕猴桃树主要在早春追萌芽肥，花后追促果肥，盛夏追壮果肥。

① 萌芽肥。一般在早春 2、3 月萌芽前后施入。一般成年树株施猕猴桃树有机型专用肥 1.0～1.5 千克；或腐殖酸高效复混肥（18 - 8 - 4）1.0～1.5 千克；或腐殖酸长效缓释肥（15 - 20 - 10）0.8～1.0 千克；或增效尿素 0.3～0.5 千克、腐殖酸过磷酸钙 0.5～0.7 千克、大粒钾肥 0.2～0.4 千克。

② 促果肥。一般在落花后 30～40 天是果实迅速膨大期，一般成年树株施猕猴桃树有机型专用肥 0.3～0.5 千克；或腐殖酸高效复混肥（18 - 8 - 4）0.3～0.5 千克；或腐殖酸长效缓释肥（15 - 20 - 10）0.2～0.4 千克。

③ 壮果促梢肥。一般在落花后的 6～8 月，可根据树势、结果量酌情追肥 1～2 次。一般成年树每亩冲施猕猴桃树有机型专用肥 30～40 千克；或腐殖酸高效复混肥（18 - 8 - 4）30～40 千克；或腐殖酸长效缓释肥（15 - 20 - 10）20～25 千克；或增效尿素 10～12 千克、腐殖酸过磷酸钙 22～24 千克、大粒钾肥 7～9 千克。

（3）根外追肥 猕猴桃树生长不同时期对营养需求的种类也有所不同，主要在开花后、果实膨大期、采收后等时期叶面喷施。

① 开花后。叶面喷施 500～1 000 倍含腐殖酸水溶肥（500～1 000 倍含氨基酸水溶肥）、1 500 倍活力硼叶面肥 2 次、800 倍螯合铁水溶肥，间隔期 15 天。

② 果实膨大期。叶面喷施 500～1 000 倍含氨基酸水溶肥、1 500 倍活力钾叶面肥、1 500 倍活力钙叶面肥 2 次，间隔期 15 天。

③ 采果后。叶面喷施 500～1 000 倍含腐殖酸水溶肥（500～1 000 倍氨基酸水溶肥）、500～1 000 倍大量元素水溶肥 2 次，间隔期 15 天。

2. 滴灌方式下无公害葡萄树营养套餐施肥技术规程

（1）秋施基肥 猕猴桃树基肥一般在秋季，宜早施。施肥可采用环状沟、放射状沟等方法，沟深 50～60 厘米，够宽 40 厘米，注意土肥混匀，施后覆土。基肥可选用下列基肥组合之一：①株施生态有机肥 5～10 千克（无害化处理过的有机肥 50～80 千克）、猕猴桃树有机型专用肥 1.5～2.0 千克；②株施生态有机肥 5～10 千克（无害化处理过的有机肥 50～80 千克）、含促生真菌生物复混肥（20 - 0 - 10）1.5～2.0 千克、腐殖酸型过磷酸钙 0.5～1.0 千克；③株施生态有机肥 5～10 千克（无害化处理过的有机肥 50～80 千克）、腐殖酸高效复混肥

（18-8-4）1.5～2.0千克或腐殖酸长效缓释肥（15-20-10）1.0～1.2千克；④株施生态有机肥5～10千克（无害化处理过的有机肥50～80千克）、增效尿素0.3～0.5千克、缓释磷酸二铵0.2～0.4千克、大粒钾肥0.4～0.6千克。

（2）滴灌追肥　猕猴桃树主要在早春追萌芽肥，花后追促果肥，盛夏追壮果肥，每次随滴灌灌水追施。

① 萌芽肥。一般在早春2、3月萌芽前后施入。一般成年树亩施有机水溶肥（20-0-5）17～20千克、增效尿素6～8千克；或硫基长效水溶滴灌肥（10-15-25）12～15千克。

② 促果肥。一般在落花后30～40天是果实迅速膨大期，一般成年树亩施有机水溶肥（20-0-5）12～15千克；或硫基长效水溶滴灌肥（10-15-25）8～10千克。

③ 壮果促梢肥。一般在落花后的6～8月，可根据树势、结果量酌情追肥1～2次。一般成年树每亩施有机水溶肥（20-0-5）20～25千克；或硫基长效水溶滴灌肥（10-15-25）16～18千克。

（3）根外追肥　猕猴桃树生长不同时期对营养需求的种类也有所不同，主要在开花后、果实膨大期、采收后等时期叶面喷施。

① 开花后。叶面喷施500～1 000倍含腐殖酸水溶肥（500～1 000倍氨基酸水溶肥）、800倍螯合铁水溶肥、1 500倍活力硼叶面肥2次，间隔期15天。

② 果实膨大期。叶面喷施500～1 000倍含氨基酸水溶肥、1 500倍活力钾叶面肥、1 500倍活力钙叶面肥2次，间隔期15天。

③ 采果后。叶面喷施500～1 000倍含腐殖酸水溶肥（500～1 000倍氨基酸水溶肥）、500～1 000倍大量元素水溶肥2次，间隔期15天。

第三节　石榴树测土配方与营养套餐施肥技术

石榴，别名安石榴、山力叶、丹若、若榴木、金罂、金庞、涂林、天浆。石榴是中国栽培历史悠久的果树，分布范围广泛，既宜于大田，也适于庭院栽培，还宜于盆栽；既能生产果实，又可供作观赏。石榴主要产地如陕西、江苏、安徽、河南、浙江、北京等，我国著名的品种有陕西临潼白皮甜石榴、云南蒙自青壳石榴、四川青皮石榴、山东枣庄软籽石榴、安徽白籽糖怀远石榴、广西胭脂红石榴、河南荥阳河阴石榴等。

一、石榴树的营养需求特点

1. 石榴树的根系营养特性　石榴树根系具有三种类型，即茎生根系、根蘖根系和实生根系。根系的类型主要由它的繁殖方式而定。用扦插、压条方法繁殖的苗木为茎生根系；用母树根际所发生的萌蘖与母树分离所得的苗木则为根蘖根系；由种子的胚根发育而成的根系为实生根系。茎生根系和根蘖根系的特点是没有主根，只有侧根，茎生根系是在自身生长过程中独立形成的，地上部分与地下部分器官的生长是成一定比例的，所以，根系发达，数量多而质量好，移栽后成活率高，生长势强；而根蘖根系是依赖母树营养发育而成，往往地上部分大于地下部分，根细小而少，质量差，直接用于生产，则建园后缓苗期长，成活率低，生长差。实生根系在苗木生长处期主根发达，纵深生长快，以后随着树冠横向生长的加快，侧根也相应地加速生长。了解它们各自的特性，在栽培中应采取相应的措施，扩大根系，提高吸收能力，促进树体健壮生长。

石榴树根系发达，须根较多，在水平方向上分布范围较小，主要分布在树冠滴水线以内的土壤中。在垂直方向上，石榴树的根量主要集中在0～80厘米土层内。在肥沃的果园中，石榴根系集中在20～70厘米土层中，占总根量的70%左右，并以30～60厘米土层最多，60厘米以下数量较少，但1～2米以下仍有少量根系分布，以水平、斜生根为主，垂直根少不发达。在山坡地条件下，根系集中分布在15～20厘米土层中，垂直根数量较多。

石榴树的根系着生大量不定芽，在主干基部萌生大量根蘖苗，根蘖苗具有强大的再生能力，刨出根蘖苗后，能多次萌发大量的根蘖苗。春、夏两季是萌发根蘖苗的高峰期，大量的根蘖苗会消耗很多水分和养分，应当去除。

2. 石榴树的营养吸收特性 石榴树开花量大、果实种子多，对肥料的需要量大于一般果树，每生产1 000千克鲜果需要吸收纯氮3～6千克、纯磷1～3千克、纯钾3～7千克，其吸收比例大致为1：(0.3～0.5)：(1～1.2)。石榴树还需要吸收一定量的钙、镁等。在年周期中，石榴树不同时期吸收的氮、磷、钾数量不同。

氮素在萌芽前、展叶、开花、新梢生长和果实膨大期吸收量逐渐增加，直到果实采收前还有上升，采果后吸收急剧下降，以新梢临近快速生长期和果实膨大期吸收最多。

石榴树对磷的吸收量小，而且吸收期比氮和钾都短。磷在开花前吸收很少，开花后到9月下旬采收期吸收比较多，采收后吸收又很少。

石榴树对钾的吸收，在开花期前吸收很少，开花后迅速增加，以果实膨大至采收期吸收量最多，采收后吸收量急剧下降。

二、石榴树测土施肥配方

1. 根据土壤肥力确定 根据石榴园有机质、碱解氮、有效磷、速效钾含量确定土壤肥力分级，然后根据不同肥力水平确定施肥量。如表 4 - 12 为石榴园的土壤肥力分级，表 4 - 13 为石榴园不同肥力水平推荐施肥量。

表 4 - 12　石榴园土壤肥力分级

肥力水平	有机质（克/千克）	碱解氮（毫克/千克）	有效磷（毫克/千克）	速效钾（毫克/千克）
低	<5	<50	<5	<50
中	5～20	50～110	5～15	50～150
高	>20	>110	>15	>150

表 4 - 13　石榴园不同肥力水平推荐施肥量

肥力等级	推荐施肥量（千克/亩）		
	纯氮	五氧化二磷	氧化钾
低肥力	15～17	7～9	16～17
中肥力	17～19	9～11	17～18
高肥力	19～21	11～13	18～20

2. **营养失调诊断**　主要根据树体的长势长相及枝条、叶片、果实、根系等特有的症状来判断某些矿质元素的盈亏，并以此来指导施肥（表 4 - 14）。

表 4 - 14　石榴树营养诊断表

元素	缺素症状	补救办法
氮	生长衰弱，叶小而薄，色浅，落花落果严重，果实小。严重时停止生长，叶片早落	叶面喷施 1%～2%尿素溶液 2～3 次
磷	延迟萌芽开花，新梢和幼根生长减弱；叶片小而薄，呈暗绿色，基部叶片早落；花芽分化不良；品质差，抗旱、抗寒能力弱	叶面喷施 0.3%～0.5%磷酸二氢钾或 1%～1.5%过磷酸钙澄清液
钾	新梢基部叶片青绿色，叶缘焦枯，向上卷曲；果实变小，品质差，落叶延迟，抗病力和抗逆性减弱；严重时老龄叶片边缘上卷，出现枯斑	叶面喷施 1%磷酸二氢钾 2～3 次；或 1%～1.5%硫酸钾溶液 2～3 次
钙	根系受害突出，新根粗短弯曲，根尖易枯死；果实耐贮性差，采前易发生裂果；严重时枝条枯死，花果萎缩	喷施 0.3%～0.5%的硝酸钙溶液 3～4 次
镁	当年生基部叶片叶脉出现黄绿、黄白色斑点，严重时叶片从新梢基部开始脱落	叶面喷施 1%～2%硫酸镁 3～4 次
硫	叶色变浅变黄，节间短缩，茎尖出现坏死现象	结合补铁、锌等，喷施硫酸亚铁、硫酸镁
铁	叶小而薄，幼叶黄化，严重时叶肉全白色，叶脉也失绿呈黄色，叶片出现棕褐色枯斑或枯边，逐渐枯死脱落；花芽分化不良，落花落果严重	喷施 0.5%硫酸亚铁，或树干注射 1%～3%的硫酸亚铁溶液 3～4 次

（续）

元素	缺素症状	补救办法
锌	出现小叶症状，老叶脉间失绿，开始从叶缘扩大到叶脉之间，叶片未见坏死组织，但侧根发育受到影响	用300毫克/千克环烷酸锌乳剂或0.2%～0.3%硫酸锌3～4次
锰	叶脉间失绿，叶上有斑点，但幼叶可保持绿色，严重时影响生长和结果	喷施0.2%～0.3%硫酸锰溶液2～3次
硼	根、茎生长点枯萎，叶片变色或畸形，叶柄、叶脉质脆易断；根系生长变弱，枝条生长受阻，严重时顶端干枯；花芽分化不良，结果少，果实畸形	叶片喷施0.2%～0.3%硼砂或硼酸溶液2～3次
铜	叶片失绿，严重时枝条顶部受害弯曲，枝条上形成斑块和瘤状物	叶片喷施0.2%～0.5%硫酸铜溶液2～3次
钼	首先在老叶叶脉间出现黄绿色或橙黄色斑点，然后分布在全部叶片上，继而叶边卷曲、枯萎，最后坏死	叶片喷施0.1%～0.2%钼酸铵溶液2～3次

三、无公害石榴树营养套餐肥料组合

1. 基肥 根据测土施肥配方，以氮、磷、钾为基础，添加腐殖酸、有机型螯合微量元素、增效剂、土壤调理剂等，生产含锌、锰、硼、铁、铜等石榴树有机型专用肥，根据当地石榴施肥现状，综合各地石榴树配方肥配制资料，建议氮、磷、钾总养分量为30%，氮、磷、钾比例分别为1∶0.21∶0.93。基础肥料选用及用量（1吨产品）如下：硫酸铵100千克、尿素253千克、钙镁磷肥18千克、过磷酸钙180千克、氯化钾216千克、硼砂15千克、氨基酸螯合锌锰铁20千克、硝基腐殖酸108千克、氨基酸35千克、生物制剂20千克、增效剂10千克、土壤调理剂25千克。

也可选用生态有机肥、含促生真菌生物复混肥（20-0-10）、腐殖酸高效复混肥（15-5-20）、腐殖酸长效缓释肥（15-20-10）等。

2. 生育期追肥 追肥可采用腐殖酸包裹尿素、增效尿素、腐殖酸型过磷酸钙、缓释磷酸二铵、大粒钾肥、腐殖酸高效复混肥（15-5-20）、腐殖酸长效缓释肥（15-20-10）等。

3. 根外追肥 可根据石榴树生育情况，酌情选用含腐殖酸水溶肥、含氨基酸水溶肥、含海藻酸水溶肥、氨基酸螯合微量元素水溶肥、大量元素水溶肥、活力钙叶面肥、活力钾叶面肥、活力硼叶面肥等。

四、无公害石榴树营养套餐施肥技术规程

本规程以石榴树结果期树为依据，各种肥料用量以高产、优质、无公害、环境友好为目标，选用有机无机复合肥料、长效缓释肥料、有机活性水溶肥料进行施用，各地在具体应用时，可根据当地石榴树树龄及树势、测土配方推荐用量进行调整。

1. 灌溉条件下无公害石榴树营养套餐施肥技术规程

(1) 秋施基肥　石榴树基肥一般在秋季果实采收后立即进行。施肥可采用环状沟、放射状沟等方法，沟深 50 厘米、宽 40 厘米，注意土肥混匀，施后覆土。基肥可选用下列基肥组合之一：①株施生态有机肥 8～10 千克（无害化处理过的有机肥 50～80 千克）、石榴树有机型专用肥 2.0～2.5 千克；②株施生态有机肥 8～10 千克（无害化处理过的有机肥 50～80 千克）、含促生真菌生物复混肥（20-0-10）1.8～2.0 千克、腐殖酸型过磷酸钙 0.5～1.0 千克；③株施生态有机肥 8～10 千克（无害化处理过的有机肥 50～80 千克）、腐殖酸高效复混肥（15-5-20）1.5～2.0 千克或腐殖酸长效缓释肥（15-20-10）1.0～1.2 千克；④株施生态有机肥 8～10 千克（无害化处理过的有机肥 50～80 千克）、增效尿素 0.3～0.6 千克、腐殖酸型过磷酸钙 2～4 千克、大粒钾肥 0.3～0.5 千克。

(2) 根际追肥　石榴树主要追施催芽肥、花后肥、果实膨大肥和采果肥。

① 催芽肥。一般在石榴树发芽前施用，以速效氮肥为主，适当配以磷肥。一般成年树株施石榴树有机型专用肥 0.5～0.6 千克；或腐殖酸长效缓释肥（15-20-10）0.3～0.5 千克；或增效尿素 0.4～0.6 千克、腐殖酸过磷酸钙 0.5～0.7 千克。

② 花后肥。一般在落花后坐果期施用，一般成年树株施石榴树有机型专用肥 0.8～1.2 千克；或腐殖酸高效复混肥（15-5-20）0.6～0.8 千克；或腐殖酸长效缓释肥（15-20-10）0.5～0.7 千克。如果催芽肥追肥量大，花后肥也可不施。

③ 果实膨大肥。此期追肥要注意氮、磷、钾肥配合施用。一般成年树株施石榴树有机型专用肥 2.0～2.5 千克；或腐殖酸高效复混肥（15-5-20）1.8～2.0 千克；或腐殖酸长效缓释肥（15-20-10）1.6～1.8 千克；或增效尿素 0.5～0.8 千克、增效磷酸铵 1.0～1.2 千克、大粒钾肥 0.5～0.7 千克。

④ 采果肥。早熟品种采后施，中晚熟品种可采前施，以氮、磷配合施用为宜。一般成年树株施石榴树有机型专用肥 0.6～0.8 千克；或腐殖酸长效缓释肥（15-20-10）0.4～0.6 千克；或增效尿素 0.3～0.5 千克、增效磷酸铵 0.5～0.7 千克。

（3）根外追肥 石榴树生长不同时期对营养需求的种类也有所不同，主要在春季萌发后至开花期、落花后、果实膨大期、采收后等时期叶面喷施。

① 春季萌发后至开花期。叶面喷施 500～1 000 倍腐殖酸水溶肥（500～1 000倍氨基酸水溶肥）、800 倍氨基酸螯合锌水溶肥 2 次，间隔期 20 天。

② 落花后。叶面喷施 500～1 000 倍腐殖酸水溶肥（500～1 000 倍氨基酸水溶肥）、1 500 倍活力硼叶面肥 2 次，间隔期 20 天。

③ 果实膨大期。叶面喷施 500～1 000 倍氨基酸水溶肥、1 500 倍活力钾叶面肥、1 500 倍活力钙叶面肥 2 次，间隔期 14 天。

④ 采果后。叶面喷施 500～1 000 倍腐殖酸水溶肥（500～1 000 倍氨基酸水溶肥）、500～1 000 倍大量元素水溶肥 2 次，间隔期 14 天。

2. 丘陵旱地无公害石榴树营养套餐施肥技术规程

（1）秋施基肥 石榴树基肥一般在秋季果实采收后结合土壤墒情立即进行。施肥可采用环状沟、放射状沟等方法，沟深 50 厘米、宽 40 厘米，注意土肥混匀，施后覆土。基肥可选用下列基肥组合之一：①株施生态有机肥 8～10 千克（无害化处理过的有机肥 50～80 千克）、石榴树有机型专用肥 2.0～2.5 千克；②株施生态有机肥 8～10 千克（无害化处理过的有机肥 50～80 千克）、含促生真菌生物复混肥（20 - 0 - 10）1.8～2.0 千克、腐殖酸型过磷酸钙0.5～1.0 千克；③株施生态有机肥 8～10 千克（无害化处理过的有机肥 50～80 千克）、腐殖酸高效复混肥（15 - 5 - 20）1.5～2.0 千克或腐殖酸长效缓释肥（15 - 20 - 10）1.0～1.2千克；④株施生态有机肥 8～10 千克（无害化处理过的有机肥 50～80 千克）、增效尿素 0.3～0.6 千克、腐殖酸型过磷酸钙2～4 千克、大粒钾肥 0.3～0.5 千克。

（2）根际追肥 主要结合雨前或雨后土壤墒情适宜时，结合石榴树生育时期长势，酌情追施 2～3 次肥料。

① 催芽肥。一般在石榴树发芽前施用，以速效氮肥为主，适当配以磷肥。一般成年树株施石榴树有机型专用肥 0.3～0.5 千克；或腐殖酸长效缓释肥（15 - 20 - 10）0.3～0.4 千克；或增效尿素 0.3～0.5 千克、腐殖酸过磷酸钙 0.5～0.7 千克。

② 花后肥。一般在落花后坐果期施用，一般成年树株施石榴树有机型专用肥 0.8～1.0 千克；或腐殖酸高效复混肥（15 - 5 - 20）0.5～0.7 千克；或腐殖酸长效缓释肥（15 - 20 - 10）0.4～0.6 千克。如果催芽肥及时追施，花后肥也可不施。

③ 果实膨大肥。此期追肥要注意氮、磷、钾肥配合施用。一般成年树株施石榴树有机型专用肥 1.8～2.0 千克；或腐殖酸高效复混肥（15 - 5 - 20）1.5～1.7 千克；或腐殖酸长效缓释肥（15 - 20 - 10）1.3～1.5 千克；或增效尿素 0.4～0.6 千克、增效磷酸铵 0.8～1.0 千克、大粒钾肥 0.3～0.5 千克。

(3) 穴贮肥水　在干旱少雨偏远的石榴园,可采取施穴贮肥水法,即省肥又节水,简易而行,增产效果显著:①一般以玉米秸秆或小麦秸秆为填塞物,穴周围用土和腐殖酸型过磷酸钙(3:1)混合,并添加0.1~0.2千克复合生物菌剂再混合后填满;②萌芽前每穴灌注增效尿素100克;③落花后每穴灌注石榴树有机型专用肥150克;④果实膨大期每穴灌注增效磷酸铵100克;⑤采果后每穴灌注生物有机肥2~3千克。

上述每年灌注4次,贮肥贮水每年更换位置一次,连续实施3年。

(4) 根外追肥　旱地石榴园根外追肥极为重要,如果追肥不足可通过根外追肥及时补充养分。石榴树生长不同时期对营养需求的种类也有所不同,主要在春季萌发后至开花期、落花后、果实膨大期、采收后等时期叶面喷施。

① 春季萌发后至开花期。叶面喷施500~1 000倍含腐殖酸水溶肥(500~1 000倍氨基酸水溶肥)、800倍氨基酸螯合锌水溶肥2次,间隔期20天。

② 落花后。叶面喷施500~1 000倍含腐殖酸水溶肥(500~1 000倍氨基酸水溶肥)、1 500倍活力硼叶面肥2次,间隔期20天。

③ 果实膨大期。叶面喷施500~1 000倍氨基酸水溶肥、1 500倍活力钾叶面肥、1 500倍活力钙叶面肥2次,间隔期14天。

④ 采果后。叶面喷施500~1 000倍腐殖酸水溶肥(500~1 000倍含氨基酸水溶肥)、500~1 000倍大量元素水溶肥2次,间隔期14天。

第四节　无花果测土配方与营养套餐施肥技术

无花果属于桑科榕属,别名映日果、奶浆果、蜜果、树地瓜、文先果、明目果。原产地中海沿岸,分布于土耳其至阿富汗。我国唐代即从波斯传入,以长江流域和华北沿海地带栽植较多,北京以南的内陆地区仅见有零星栽培。喜温暖湿润气候,耐瘠,抗旱,不耐寒,不耐涝。以向阳、土层深厚、疏松肥沃。排水良好的沙质壤上或黏质壤土栽培为宜。

一、无花果的营养需求特点

1. 无花果对各种肥料成分的吸收量　无花果植株以钙的吸收量为最多,对氮、钾肥的要求也较高,对磷的需要量不高。假如以吸氮量为1的话,则吸钙量为1.43,吸钾量为0.9,而吸磷量和吸镁量仅为0.3。各种肥料成分被吸收利用后,氮和钾素成分主要分布于果实与叶片。磷素在叶片中分布比例较氮少,在根系中较氮多。钙和镁大都分布于叶片,占80%和60%。

2. 无花果养分吸收的季节性变化 无花果对氮、钾、钙的吸收量随着发芽、发根后气温上升，树体生长量的增大而不断增大。至 7 月为吸氮高峰，新梢缓慢生长后，氮素养分的吸收量便逐渐下降，直至落叶期。钾与钙则从果实开始采收至采收结束，基本维持在高峰期吸收量的 30%～50% 水平。进入 10 月以后随着气温下降而迅速减少。对磷的吸收自早春至 8 月一直比较平稳，进入 8 月以后便逐渐减少。果实内氮与钾的含量随果实的发育逐渐增加，到进入成熟期的 8 月中旬以后，增加速度明显加快。特别是钾的含量，从 8 月中旬至 10 月中旬能增加 1.5 倍。果实磷、钙、美含量含量也都从 8 月中旬开始显著增加。枝条的叶片内各种成分随着新梢生长不断增加。但除钙以外，进入果实成熟期后其他养分便逐步稍有下降。结果的枝条各种营养成分含量都较不结果枝条为低。

无花果的结果习性与其他果树不一样。果实随着新梢伸长，在各节叶腋不断长粗，只要不出现徒长现象，新梢长得愈长，节间愈多，着生叶片愈多，结果就愈多，产量就愈高。

二、无花果测土施肥配方

1. 根据树龄确定 根据江苏省丘陵地区农业研究所研究表明，无花果一年生定植苗对氮、磷、钾的需求量较少，而二年生结果树对氮、磷、钾的需求量要高 1～2 倍，三年以上成龄树对氮、磷、钾的需求量就相对稳定（表 4-15）。

表 4-15　不同树龄的无花果推荐施肥量（千克/亩）

树龄	推荐施肥量			比值
	N	P_2O_5	K_2O	(N：P_2O_5：K_2O)
一年生	6～8	3～4	5～6	1：0.5：0.75
二年生	12～14	7～9	11～13	1：0.59：0.92
成龄树	16～18	12～14	16～18	1：0.75：1

2. 根据土壤肥力和目标产量确定 根据无花果园土壤有机质、碱解氮、有效磷、速效钾含量确定土壤肥力分级，然后根据不同肥力水平确定施肥量。如表 4-16 为无花果园的土壤肥力分级，表 4-17 为无花果园不同肥力水平推荐施肥量。

表 4-16　无花果园土壤肥力分级

肥力水平	有机质 （克/千克）	碱解氮 （毫克/千克）	有效磷 （毫克/千克）	速效钾 （毫克/千克）
低	<5	<50	<5	<50
中	5～20	50～80	5～15	50～120
高	>20	>80	>15	>120

表 4-17 无花果不同肥力水平推荐施肥量

肥力等级	目标产量（千克/亩）	推荐施肥量（千克/亩）		
		纯氮	五氧化二磷	氧化钾
低肥力	1 000	7～9	4～6	4～6
中肥力	1 300	8～10	7～9	8～9
高肥力	1 600	16～18	11～13	15～17

3. 叶片分析诊断 主要根据树体的长势长相及枝条、叶片、果实、根系等特有的症状来判断某些矿质元素的盈亏，并以此来指导施肥。7月下旬至8月中旬，随机从每株树的树冠外围中部四周采集结果枝上成熟健康叶片，每个果园采80片完整叶片进行营养分析，将分析结果与表4-18中的指标相比较，诊断无花果树体营养状况。

表 4-18 无花果树营养诊断表

元素	成熟叶片含量		缺素症状	补救办法
	正常	缺乏		
氮	2.0～2.5 克/千克	<1.7 克/千克	缺氮时从总体看树势生长不良，叶色变淡，叶片的裂刻变浅趋于全缘叶形，叶缘向上方卷曲，手摸叶片有粗脆的感觉。缺淡初期对发根伸长影响不大。但随缺氮程度加剧，发根受抑制。根系容易或受根蚜虫危害，枝条较早停止生长并老化。缺氮花序分化数量会减少，前期果实形尚正常，但果实横径变小，成熟时间会提早而且品质良好。但是由于缺氮叶片中许多养分向果实转移，叶片褪色明显，结果枝上位果实落果严重，收获量减少。出现严重缺氮状况后追肥时，枝条生长会恢复，但果实容易褐变并落果	叶面喷施 1%～2% 尿素溶液 2～3 次
磷	0.15～0.30 克/千克	<0.10 克/千克	首先从叶色加深开始，接着下部叶片的叶色变淡，新生叶片在未展开时即会凋萎脱落，使叶片数不再增加，出现结果枝先端果实聚生现象。果实变形，横断面呈不规则的圆形。未熟果的向阳面花青素多呈现微赤紫色。追施磷肥后枝梢生长能恢复转旺，果实成熟加快而且不易落果，与缺氮后追氮的反应完全不同。缺磷的根系明显细长，侧根的发生受到抑制	叶面喷施 0.5%～1% 磷酸二氢钾或 2.0% 过磷酸钙

（续）

元素	成熟叶片含量		缺素症状	补救办法
	正常	缺乏		
钾	1.0～3.0 克/千克	<0.7 克/千克	缺钾初期能促进枝叶生长，表现与过多施用氮肥后的状况相似，接着下部叶片的背面会出现不规则褐色浸润斑点，但叶片表面看不到。缺钾情况再发展下去时叶片出现烧现象，很快脱落，枝梢伸长停止，成为典型的缺钾症状。缺钾症枝梢并不老化，但很易受冻害，并常见瓢形果实发生。根系生长不良，出现发黑脱皮腐烂现象	叶面喷施1%磷酸二氢钾2～3次；或1%～1.5%硫酸钾溶液2～3次
钙	3.0～5.0 克/千克	<0.5 克/千克	缺钙症状不容易发现，最上展叶片突然白化并出现褐色斑点，导致落叶。下部叶片生长正常，枝干则成黑褐色并萎缩。果实变黑脱落，根系伸长明显受阻，容易并有特殊强烈有机酸臭味	喷施0.3%～0.5%的硝酸钙溶液3～4次
镁	0.8～2.8 克/千克	<0.1 克/千克	缺镁症状比较容易发觉，首先在生长旺盛的叶片出现萎黄症状。往往发生在枝梢的中部叶片，而上、下部叶片出现较少，随着症状的加重，叶片除叶柄部位外均呈黄白化，出现褐色大形斑点，果实提早落果，成熟果数量减少。缺镁对根部生长前没什么影响，但随着缺镁症状加剧根系生长受抑	叶面喷施1%～2%硫酸镁3～4次
锰	50～200 毫克/千克	<30 毫克/千克	锰和铁相互制约，锰过多引起缺铁，铁过多也会引起缺锰。缺锰主要是新成熟叶叶缘失绿，主脉附近失绿，小叶脉间的组织向上隆起，仅叶脉保持绿色	喷施0.2%硫酸锰溶液2～3次
硼	30～50 毫克/千克	<20 毫克/千克	缺硼常引起叶片黄花等生理病害，加重生理落果	叶片喷施0.2%～0.3%硼砂或硼酸溶液2～3次
铁	30～100 毫克/千克	<20 毫克/千克	与缺钙一样先在新叶上表现，但症状与缺镁难以区别，常以发生叶片所处部位的差异来判断。发生时新梢伸长缓慢，新芽白化枯死。在生育前期发生，幼果全部白化脱落，如症状在发育后期发生，前中期果仍能正常成熟	叶片喷施0.3%～0.5%硫酸亚铁溶液2～3次

三、无公害无花果营养套餐肥料组合

1. 基肥　根据测土施肥配方，以氮、磷、钾为基础，添加腐殖酸、有机型螯合微量元素、增效剂、土壤调理剂等，生产含锌、锰、硼、铁、铜等无花果树有机型专用肥，根据当地无花果施肥现状，综合各地无花果树配方肥配制资料，建议氮、磷、钾总养分量为 30%，氮、磷、钾比例分别为 1：0.7：0.9。基础肥料选用及用量（1 吨产品）如下：硫酸铵 100 千克、尿素 183 千克、磷酸二氢钾 68 千克、钙镁磷肥 25 千克、过磷酸钙 250 千克、氯化钾 175 千克、硼砂 10 千克、氨基酸螯合锌锰铁 15 千克、硝基腐殖酸 92 千克、硅酸盐细菌肥料 30 千克、生物制剂 15 千克、增效剂 12 千克、土壤调理剂 25 千克。

也可选用生态有机肥、含促生真菌生物复混肥（20-0-10）、腐殖酸高效复混肥（15-5-20）、腐殖酸涂层长效肥（18-10-17）等。

2. 生育期追肥　追肥可采用腐殖酸包裹尿素、增效尿素、腐殖酸型过磷酸钙、缓释磷酸二铵、大粒钾肥、腐殖酸高效复混肥（15-5-20）、腐殖酸涂层长效肥（18-10-17）等。

3. 根外追肥　可根据无花果树生育情况，酌情选用含腐殖酸水溶肥、含氨基酸水溶肥、含海藻酸水溶肥、氨基酸螯合微量元素水溶肥、大量元素水溶肥、活力钙叶面肥、活力钾叶面肥、活力硼叶面肥等。

四、无公害无花果营养套餐施肥技术规程

本规程以无花果树结果期树为依据，各种肥料用量以高产、优质、无公害、环境友好为目标，选用有机无机复合肥料、长效缓释肥料、有机活性水溶肥料进行施用，各地在具体应用时，可根据当地无花果树树龄及树势、测土配方推荐用量进行调整。

1. 秋施基肥　无花果无花果的基肥施用时期，可在 11～12 月修剪结束后进行，但以 2 月下旬至 3 月上旬施用为宜。施肥可在株间先挖浅沟深 20～30 厘米，将肥料拌匀施入沟内再覆土；或者在清园后将肥料拌均撒于表层，及时进行浅翻 15 厘米土层，再结合清沟覆盖一层碎土。浅翻时距主干 50 厘米，防止根系伤断。根据肥源，可选用下列基肥组合之一。

（1）亩施生态有机肥 200～300 千克（无害化处理过的有机肥 2 000～4 000 千克）、无花果树有机型专用肥 60～80 千克。

（2）亩施生态有机肥 200～300 千克（无害化处理过的有机肥 2 000～

4 000千克）、含促生真菌生物复混肥（20 - 0 - 10）60～80 千克、腐殖酸型过磷酸钙40～50 千克。

（3）亩施生态有机肥 200～300 千克（无害化处理过的有机肥 2 000～4 000千克）、腐殖酸涂层长效肥（18 - 10 - 17）或腐殖酸高效复混肥（15 - 5 - 20）50～60 千克。

（4）亩施生态有机肥 200～300 千克（无害化处理过的有机肥 2 000～4 000千克）、增效尿素 15～20 千克、缓释磷酸二铵 10～15 千克、大粒钾肥 15～20 千克。

2. 根际追肥　无花果追肥在施基肥的基础上根基各个时期的需肥特点进行补给肥料，追肥一般分 3～6 次进行。追肥以距主干 50 厘米开沟施肥，或以畦面撒施法为好。

（1）6 月上旬追肥　此期追肥主要是解决新梢伸长、果实发育与树体贮藏养分转换期间的养分供求矛盾。根据肥源，可选用下列组合之一：①亩追施无花果树有机型专用 25～30 千克；②亩追施腐殖酸涂层长效肥（18 - 10 - 17）20～25 千克；③亩追施增效尿素 10～15 千克、腐殖酸型过磷酸钙 30～40 千克、大粒钾肥 10～12 千克。

（2）7 月中旬追肥　此期适时适量追肥，既能促进果实膨大，增加后期产量，提高品质。根据肥源，可选用下列组合之一：①亩追施腐殖酸高效复混肥（15 - 5 - 20）10～12 千克；②亩追施大粒钾肥 8～10 千克。

（3）8 月中旬追肥　此期追肥有利于新梢生长充实和树体积累养分。根据肥源，可选用下列组合之一：①亩追施无花果树有机型专用肥 15～20 千克；②亩追施腐殖酸涂层长效肥（18 - 10 - 17）10～15 千克；③亩追施增效尿素 8～10 千克、腐殖酸型过磷酸钙 20～25 千克、大粒钾肥 8～10 千克。

（4）9 月中旬追肥　此时为秋根生长发育旺盛时期，追肥有利于恢复树势，提高叶片同化作用的功能，增加贮藏养分。根据肥源，可选用下列组合之一：①亩追施无花果树有机型专用肥 10～12 千克；②亩追施腐殖酸涂层长效肥（18 - 10 - 17）8～10 千克；③亩追施增效尿素 5～6 千克、腐殖酸型过磷酸钙 10～15 千克、大粒钾肥 5～7 千克。

（5）10 月下旬追肥　此期进入贮藏养分积累期，适时追肥可增加贮藏养分。根据肥源，可选用下列组合之一：①亩追施无花果树有机型专用肥 10～12 千克；②亩追施腐殖酸涂层长效肥（18 - 10 - 17）8～10 千克；③亩追施增效尿素 5～6 千克、腐殖酸型过磷酸钙 10～15 千克、大粒钾肥 5～7 千克。

3. 根外追肥　无花果生长期均可进行根外追肥，一般以促进无花果树生长为主的叶面肥均可使用。

(1) 4～5月　叶面喷施 500～1 000 倍腐殖酸水溶肥或 500～1 000 倍氨基酸水溶肥 2 次，间隔期 20 天。

(2) 6月中旬　叶面喷施 500～1 000 倍腐殖酸水溶肥、1 500 倍活力硼叶面肥、1 500 倍活力钙叶面肥。

(3) 7～8月　叶面喷施 500～1 000 倍腐殖酸水溶肥或 500～1 000 倍氨基酸水溶肥 2 次，间隔期 20 天。

(4) 10月下旬　叶面喷施 500～1 000 倍含腐殖酸水溶肥（500～1 000 倍氨基酸水溶肥）、500～1 000 倍大量元素水溶肥 2 次，间隔期 15 天。

第五章

坚果类落叶果树测土配方与营养套餐施肥技术

坚果类果树包括核桃、板栗、榛子等。其特点是果实外面多具有坚硬的外壳，壳内有种子。食用部分多为种子，含水分少，耐贮运，俗称干果。

第一节　核桃树测土配方与营养套餐施肥技术

核桃，又称胡桃，羌桃，为胡桃科植物。产于华北、西北、西南、华中、华南和华东，新疆南部。生于海拔 400～1 800 米的山坡及丘陵地带，我国平原及丘陵地区常见栽培。我国核桃的分布很广，黑龙江、辽宁、天津、北京、河北、山东、山西、陕西、宁夏、青海、甘肃、新疆、河南、安徽、江苏、湖北、湖南、广西、四川、贵州、云南及西藏 22 个省（自治区、直辖市）都有分布。主要产区在云南、陕西、山西、四川、河北、甘肃、新疆、安徽等省（自治区）。其中安徽省亳州市三官林区被誉为亚洲最大核桃林场。

一、核桃树的营养需求特点

1. **核桃树器官中养分变化特点**　核桃树叶片整个生育期氮含量呈下降趋势，春季展叶期最高，此后含量急剧下降，5 月下旬达到一个较低点，到盛花期后随着当年施入氮肥的吸收，叶片中含氮量逐渐升高，到幼果速长期达到最高，此后随着果实的迅速长大，大量的氮素优先分配到果实中，叶片含氮量逐渐下降，到 7～8 月果实成熟期降到最低，果实采收后经过一段时间调整，到树体恢复期叶片含氮量又有所回升。

在整个生育期内，核桃叶片中磷的含量以春季展叶期为最高，4 月末至 5 月中旬为叶片速长期，随着新梢生长，雄花开放，幼果生长发育需要消耗大量的磷素，叶片中磷含量下降比较剧烈，此后 6 月上旬磷含量下降趋势变缓；从

5月末至7月，叶片中磷含量基本处于平稳态势。7月中下旬之后，由于叶片中的磷流向营养器官，因此磷含量开始缓慢下降，并于9月上旬达到最低点。整个生育期，叶片中磷的含量呈下降趋势。

整个生育期，叶片中钾的含量呈下降趋势。在4月末，核桃树叶片中钾含量最高，然后开始下降，6~7月叶片中钾含量变化不大。其中，4月下旬至5月初正是核桃树展叶及开花期，是核桃需钾最大的时期。随着叶龄增大，特别是在坚壳开始硬化时，较多的钾转移到果实中，叶片中钾的含量随之下降。

核桃树在整个生育期中氮、磷、钾三种元素以树体展叶期的叶片含量最高，而钙、镁则以9月的叶片含量较高。叶片中磷和镁、钾和钙的含量变化表现出明显的负相关关系。叶片中氮的含量所占的比例一直最高，钾与钙含量所占比例次之，磷和镁含量所占比例最低。

养分在树体中的分配，首先满足生命活动最旺盛的器官，展叶期新梢生长点中较多，花器官中次之；开花期中花中最多，坐果期中果实中较多，新梢生长点次之。

2. 核桃树养分吸收特点　核桃树结果年限长，树体高大，根系发达，产量高，需肥量比其他果树大1~2倍。核桃树对氮、钾养分的需要较高，其次是钙、镁、磷。每生产1 000千克坚果，核桃树需要从土壤中吸收氮14.65千克、磷1.87千克、钾4.7千克、钙1.55千克、镁0.093千克。如果在加上根、干、枝叶的生长、花芽分化、淋洗流失和土壤固定等，核桃树每年应补充的各种元素应该比吸收量大2倍以上。

薄皮核桃需肥期与物候期有关。幼树阶段营养生长旺盛且生长量大，必须保证足够的养分供应。幼树发育的好坏直接影响盛果期的产量。萌芽期新梢生长点较多，对氮的需求量较大；开花期生殖器官生长对磷的需求较多；坐果期养分运输量大，需要钾较多；需要氮、磷、钾养分比较迫切的时期是新梢萌动期、谢花期和硬核期。在整个年周期中，开花坐果期需要的养分量最大。

早实核桃进入结果期早，发枝量大，早期产量高，对于土壤和肥水要求较高。早实核桃对氮、磷的需求要比晚实核桃多，并且为极显著差异，而对钾素的需求无明显差异。

二、核桃树测土施肥配方

1. 根据树冠半径、土壤养分测试值确定　新疆农业科学院付彦博等（2014）提出根据核桃树树冠半径大小和土壤养分测试值大小推荐核桃树氮、磷、钾施肥量（表5-1、表5-2）。

如果土壤养分测试值超过推荐范围表，按土壤实际养分，在推荐量的基础上予以增减。

（1）土壤碱解氮＜30 毫克/千克时　以土壤碱解氮 30～50 毫克/千克的推荐量增加 50％执行；土壤碱解氮＞90 毫克/千克时，不施氮肥。

（2）土壤有效磷＜10 毫克/千克时　以土壤速效磷 10～20 毫克/千克的推荐量增加 50％执行；土壤速效磷＞40 毫克/千克时，以土壤速效磷 30～40 毫克/千克的推荐量减少 50％执行。

（3）土壤速效钾＜100 毫克/千克时　以土壤速效钾 100～150 毫克/千克的推荐量增加 50％执行；土壤速效钾＞250 毫克/千克时，以土壤速效磷210～250 毫克/千克的推荐量减少 50％执行。

表 5-1　树冠半径 0.5～1.5 米的核桃树施肥推荐量

树冠半径（米）	0.5			1.0			1.5		
碱解氮（毫克/千克）	30～50	50～70	70～90	30～50	50～70	70～90	30～50	50～70	70～90
N（克/株）	35～50	15～30	0～10	120～200	40～120	10～60	300～450	140～300	40～140
有效磷（毫克/千克）	10～20	20～30	30～40	10～20	20～30	30～40	10～20	20～30	30～40
P_2O_5（克/株）	20～40	10～20	0～10	100～160	40～100	20～40	200～360	80～200	40～80
速效钾（毫克/千克）	100～150	150～210	210～250	100～150	150～210	210～250	100～150	150～210	210～250
K_2O（克/株）	20～30	10～20	0～10	80～120	40～80	10～40	160～280	60～160	20～60

表 5-2　树冠半径 2～3 米的核桃树施肥推荐量

树冠半径（米）	2.0			2.5			3.0		
碱解氮（毫克/千克）	30～50	50～70	70～90	30～50	50～70	70～90	30～50	50～70	70～90
N（千克/株）	0.5～0.8	0.2～0.5	0.08～0.2	0.8～1.3	0.3～0.8	0.12～0.3	1～1.6	0.5～1	0.2～0.5
有效磷（毫克/千克）	10～20	20～30	30～40	10～20	20～30	30～40	10～20	20～30	30～40
P_2O_5（千克/株）	0.4～0.6	0.2～0.4	0.1～0.2	0.8～1.3	0.4～0.8	0.2～0.4	1.2～1.8	0.6～1.1	0.3～0.6
速效钾（毫克/千克）	100～150	150～210	210～250	100～150	150～210	210～250	100～150	150～210	210～250
K_2O（千克/株）	0.5～0.6	0.2～0.5	0.06～0.2	0.6～1.1	0.4～0.6	0.08～0.4	0.8～1.3	0.4～0.8	0.12～0.4

2. 根据树龄确定　王根宪（2011）提出根据核桃树树龄确定各种肥料推荐量（表 5 - 3）。

表 5 - 3　不同树龄核桃树施肥推荐量（克/株）

树龄（年）	化肥用量			有机肥	腐殖质	微量元素			
	N	P₂O₅	K₂O			B	Zn	Mn	Fe
2~5	150	70	30	200	250	6	6	3	5
5~10	250	200	100	400	500	10	12	6	12
>10	350	300	150	600	800	15	15	10	15

3. 叶片分析诊断　主要根据树体的长势长相及枝条、叶片、果实、根系等特有的症状来判断某些矿质元素的盈亏，并以此来指导施肥。核桃树盛花后6~8 周，随机从每株树新梢具有 5~7 个复叶枝条中部复叶的一对小叶，取样要照顾到树冠四周方位，每个果园采 100 片完整叶片进行营养分析，将分析结果与表 5 - 4 中的指标相比较，诊断核桃树体营养状况。

表 5 - 4　核桃树营养诊断表

元素	成熟叶片含量		缺素症状	补救办法
	正常	缺乏		
氮	2.2~3.2 克/千克	<2.1 克/千克	轻度缺氮叶黄绿色，严重缺氮时为黄色，叶片较早停止生长，叶片显著变小；严重缺氮，新梢基部老叶逐渐失绿变黄，并不断向新梢顶端发展，使新梢嫩叶也变黄，同时新生叶变小，叶柄与枝条呈钝角，枝条细长而硬，皮色呈淡红褐色，枝叶量小，新梢生长弱，萌芽、开花不整齐，落花落果严重	叶面喷施 1%~2% 尿素溶液 2~3 次
磷	0.1~0.3 克/千克	<0.09 克/千克	叶色呈暗绿色，新梢生长很慢，新生叶片较小，枝条明显变细，而且分枝少；叶柄及叶背的叶脉呈紫红色，叶柄与枝条呈钝角。严重缺磷，叶色转为青铜色，叶缘出现不规则坏死斑，叶片早期脱落；花芽分化不良，延迟萌芽期，根系发育不良，树体矮化	叶面喷施 0.5%~1% 磷酸二氢钾或 2.0% 过磷酸钙

（续）

元素	成熟叶片含量		缺素症状	补救办法
	正常	缺乏		
钾	1.2~3.0 克/千克	<0.9 克/千克	轻度缺钾叶片黄绿色，枝条细长呈深黄色或红黄色。严重缺钾，新梢中部或下部老叶叶片边缘出现暗紫色病变，有焦边现象，然后病变为茶褐色，叶片皱缩卷曲；叶片在初夏和仲夏表现为颜色变灰发白，叶缘向上卷曲；落叶延迟，枝条不充实，耐寒性降低	叶面喷施 0.5%~1% 磷酸二氢钾 2~3 次；或 1%~1.5% 硫酸钾溶液 2~3 次
钙	1.25~2.5 克/千克	—	长期施用化肥，特别是过量氮肥，导致局部土壤酸化，破坏核桃树微生态环境，导致缺钙，出现零星树体死亡现象	喷施 0.3%~0.5% 的硝酸钙溶液 3~4 次
镁	0.3~1.0 克/千克	<0.22 克/千克	夏季枝条基部叶片尤其是旺枝上的叶片，叶尖和两侧叶缘黄化，逐渐向叶柄基部扩展，呈 V 字形绿色区；黄化部分逐渐枯死显深棕色	叶面喷施 1%~2% 硫酸镁 3~4 次
锰	30~350 毫克/千克	<20 毫克/千克	叶片失绿，叶脉间变为浅绿色，叶肉和叶缘发生枯斑点，叶片早期脱落	叶面喷施 0.2% 硫酸锰溶液 2~3 次
硼	35~300 毫克/千克	<20 毫克/千克	树体生长迟缓，枝条纤弱，节间变短，枯梢，小叶叶脉间出现棕色小点，小枝上出现变形叶；花芽分化不良，受精不正常，落花落果严重，尤其是幼果脱落	叶面喷施 0.1%~0.2% 硼砂或硼酸溶液 2~3 次
铁	—	—	先从新梢顶端幼嫩叶片开始出现黄叶症状，初期叶肉先为黄色，叶脉呈绿色，严重时全叶变为黄白色，叶片出现棕褐色枯斑或枯边，叶缘呈焦枯状，有时叶片脱落；易出现整株黄化	叶面喷施 0.3%~0.5% 硫酸亚铁溶液 2~3 次
锌	20~200 毫克/千克	<15 毫克/千克	新生枝条上部的叶片狭小、枝条纤细、节间缩短，形成簇生小叶；严重时，叶片从新梢基部逐渐向上脱落，只留顶端上部及簇小叶，形成光枝；叶小而黄，卷曲，严重时全树叶子小而卷曲，枝条顶端枯死；果实小，易萎缩	叶面喷施 0.3%~0.5% 硫酸锌溶液 2~3 次

（续）

元素	成熟叶片含量		缺素症状	补救办法
	正常	缺乏		
铜	4～20 毫克/千克	<3 毫克/千克	初期叶片呈暗绿色，后期发生斑点状失绿，叶边缘焦枯。好像被烧伤，有时出现与叶边平行的橙褐色条纹；严重缺铜时枝条出现弯曲	叶面喷施 0.3%～0.5% 硫酸铜溶液 2～3 次
钼	—	—	症状首先在老叶上，最初在叶脉间出现黄绿色或橙色斑点，然后分布在全部叶片上；与缺氮不同的是只在叶脉间失绿，而不是全叶变黄，以后叶边缘卷曲、干枯，最后坏死	叶面喷施 0.1%～0.2% 钼酸铵溶液 2～3 次

三、无公害核桃树营养套餐肥料组合

1. **基肥**　根据测土施肥配方，以氮肥、磷肥、钾肥为基础，添加腐殖酸、有机型螯合微量元素、增效剂、土壤调理剂等，生产含锌、锰、硼、铁、铜等核桃树有机型专用肥，根据当地核桃施肥现状，综合各地核桃树配方肥配制资料，建议氮、磷、钾总养分量为 30%，氮、磷、钾比例分别为 1：0.65：0.65。基础肥料选用及用量（1 吨产品）如下：硫酸铵 100 千克、尿素 195 千克、磷酸二铵 97.78 千克、钙镁磷肥 50 千克、过磷酸钙 200 千克、氯化钾 141.67 千克、硼砂 10 千克、七水硫酸锌 20 千克、硝基腐殖酸 100 千克、氨基酸 23.55 千克、生物制剂 20 千克、增效剂 12 千克、土壤调理剂 30 千克。

也可选用生态有机肥、腐殖酸含硼锰锌铁高效复混肥（15-8-5）、腐殖酸含硼锰锌铁高效复混肥（13-10-6）、腐殖酸含硼锰锌铁高效复混肥（12-11-7）、腐殖酸涂层长效肥（24-16-5）等。

2. **生育期追肥**　追肥可采用腐殖酸包裹尿素、增效尿素、腐殖酸型过磷酸钙、缓释磷酸二铵、大粒钾肥、腐殖酸含硼锰锌铁高效复混肥（15-8-5）、腐殖酸含硼锰锌铁高效复混肥（13-10-6）、腐殖酸含硼锰锌铁高效复混肥（12-11-7）、腐殖酸涂层长效肥（24-16-5）等。

3. **根外追肥**　可根据核桃树生育情况，酌情选用含腐殖酸水溶肥、含氨基酸水溶肥、含海藻酸水溶肥、氨基酸螯合微量元素水溶肥、大量元素水溶肥、活力钙叶面肥、活力钾叶面肥、活力硼叶面肥等。

四、无公害核桃树营养套餐施肥技术规程

本规程以高产、优质、无公害、环境友好为目标，选用有机无机复合肥料、长效缓释肥料、有机活性水溶肥料进行施用，各地在具体应用时，可根据当地核桃树树龄及树势、测土配方推荐用量进行调整。

1. 1～3 年生初植核桃树营养套餐施肥技术规程

(1) 基肥 基肥一般在每年 9 月中下旬施用，不宜过晚。根据肥源，可选用下列基肥组合之一：①株施生物有机肥 1～3 千克（无害化处理过的有机肥料 5～15 千克）、核桃树有机型专用肥 0.5～1.0 千克；②株施生物有机肥 1～3 千克（无害化处理过有机肥料 5～15 千克）、增效尿素 0.3～0.5 千克、增效磷酸铵 0.2～0.4 千克。

采用全环状沟施方法，沟深 30～40 厘米、沟宽 40 厘米，将肥料均匀施入施肥沟并埋好。

(2) 根际追肥 初植核桃树一般不结果，对肥料的需求中等，追肥量不宜过大。一般追 3 次。

① 3 月下旬。每株追施核桃树有机型专用肥 0.2～0.4 千克；或增效尿素 0.2～0.4 千克、增效磷酸铵 0.1～0.2 千克。

② 5 月底至 6 月初。每株追施核桃树有机型专用肥 0.2～0.3 千克；或增效尿素 0.1～0.2 千克、增效磷酸铵 0.2～0.3 千克、大粒钾肥 0.2～0.3 千克。

③ 7 月中下旬。每株追施增效尿素 0.1～0.2 千克、增效磷酸铵 0.1～0.15 千克、大粒钾肥 0.2～0.3 千克。

初植核桃树追肥可采用全环状沟施，沟深、宽比基肥浅一些即可；也可采用条沟施肥。

(3) 根外追肥 核桃幼树可在萌芽前和秋季落叶前叶面喷施肥料，强者树体和增加贮藏营养。

① 萌芽前。叶面喷施 500～1 000 倍腐殖酸水溶肥（500～1 000 倍氨基酸水溶肥）、0.5%～1%增效尿素 2 次，间隔期 20 天。

② 8 月。叶面喷施 500～1 000 倍腐殖酸水溶肥（500～1 000 倍氨基酸水溶肥）、0.5%～1%磷酸二氢钾 2 次，间隔期 20 天。

2. 4～6 年生核桃树营养套餐施肥技术规程

4～6 年生核桃树已开始结果，但结果量少。因此施肥上应注意以健壮树体为主，促进结果为辅。

(1) 基肥 基肥应每年施一次基肥，一般在每年 9 月中下旬至 10 月上旬施用。根据肥源，可选用下列基肥组合之一：①株施生物有机肥 3～5 千克

（无害化处理过的有机肥料 30～50 千克）、核桃树有机型专用肥 1.5～2.0 千克或腐殖酸涂层长效肥（24‐16‐5）1.0～1.2 千克；②株施生物有机肥 3～5 千克（无害化处理过的有机肥料 30～50 千克）、腐殖酸含硼锰锌铁高效复混肥（15‐8‐5）1.5～2.0 千克；③株施生物有机肥 3～5 千克（无害化处理过的株施有机肥料 30～50 千克）、增效尿素 0.5～0.8 千克、腐殖酸型过磷酸钙 2～3 千克、大粒钾肥 0.3～0.5 千克。肥料用量随树龄逐年增加。

采用放射状沟施方法，一般不少与 4 条，不多于 8 条，沟长 50 厘米、沟宽 40～50 厘米、沟深 40 厘米，将肥料均匀施入施肥沟并埋好。

（2）根际追肥　初结果核桃树一般追 3 次。

① 花前肥（3 月下旬）。每株追施核桃树有机型专用肥 1～1.2 千克；或腐殖酸含硼锰锌铁高效复混肥（15‐8‐5）1.2～1.5 千克；或增效尿素 0.3～0.5 千克、腐殖酸型过磷酸钙 1～2 千克。

② 促果肥（5 月底至 6 月初）。每株追施核桃树有机型专用肥 1.2～1.5 千克；或腐殖酸含硼锰锌铁高效复混肥（15‐8‐5）1.5～2.0 千克；或增效尿素 0.4～0.6 千克、腐殖酸型过磷酸钙 2～2.5 千克、大粒钾肥 0.3～0.5 千克。

③ 壮树肥（7 月中下旬）。每株追施核桃树有机型专用肥 1.0～1.2 千克；或腐殖酸含硼锰锌铁高效复混肥（15‐8‐5）1.2～1.5 千克；或增效尿素 0.2～0.4 千克、腐殖酸型过磷酸钙 1～2 千克、大粒钾肥 0.2～0.4 千克。

初结果树追肥可采用放射状沟施、条状沟施或穴状沟施等方法。穴状沟施以树干为中心，从树冠半径的 1/2 处开始，挖成分布均匀的若干小穴，将肥料施入穴内埋好即可。

（3）根外追肥　可在萌芽前、谢花后、幼果膨大期、果实硬核期进行根外追肥。

① 萌芽前。叶面喷施 500～1 000 倍腐殖酸水溶肥（500～1 000 倍氨基酸水溶肥）、0.5%～1% 增效尿素 1 次。

② 谢花后 5～7 天。叶面喷施 500～1 000 倍腐殖酸水溶肥（500～1 000 倍氨基酸水溶肥）、1 500 倍活力硼叶面肥 1 次。

③ 幼果膨大期。连续喷施 2 次 1 500 倍活力钙叶面肥、喷施 500～1 000 倍含腐殖酸水溶肥，间隔期 10 天。

④ 果实硬核期。连续喷施 2 次 500～1 000 倍含氨基酸水溶肥、600～800 倍大量元素水溶肥料，间隔期 10 天。

3. 7～10 年生核桃树营养套餐施肥技术规程　7～10 年生核桃树开始大量结果，对养分的需求量逐渐增加，尤其是对氮、磷、钾的需求量更大。

（1）基肥　基肥应每年施一次基肥，一般在每年 9 月中下旬至 10 月上旬施用。根据肥源，可选用下列基肥组合之一：①株施生物有机肥 4～6 千克（无害化处理过的有机肥料 50～90 千克）、核桃树有机型专用肥 2.5～3.0 千克或腐殖酸涂层长效肥（24 - 16 - 5）2.0～2.5千克；②株施生物有机肥4～6千克（无害化处理过的有机肥料50～90千克）、腐殖酸含硼锰锌铁高效复混肥（15 - 8 - 5）2.5～3.0千克；③株施生物有机肥4～6千克（无害化处理过的株施有机肥料50～90千克）、增效尿素0.8～1.0千克、腐殖酸型过磷酸钙3～4千克、大粒钾肥0.5～0.7千克。肥料用量随树龄逐年增加。

（2）追肥　大量结果核桃树一般追3次。

① 花前肥（3月下旬）。每株追施核桃树有机型专用肥1.5～2.0千克；或腐殖酸含硼锰锌铁高效复混肥（13 - 10 - 6）1.7～2.0千克；或增效尿素0.4～0.6千克、腐殖酸型过磷酸钙2～3千克、大粒钾肥0.1～0.2千克。

② 促果肥（5月底至6月初）。每株追施核桃树有机型专用肥2.0～2.5千克；或腐殖酸含硼锰锌铁高效复混肥（13 - 10 - 6）1.8～2.2千克；或增效尿素0.5～0.7千克、腐殖酸型过磷酸钙3～5千克、大粒钾肥0.3～0.5千克。

③ 壮树肥（7月中下旬）。每株追施核桃树有机型专用肥1.3～1.5千克；或腐殖酸含硼锰锌铁高效复混肥（13 - 10 - 6）1.5～1.7千克；或增效尿素0.3～0.5千克、腐殖酸型过磷酸钙3～4千克、大粒钾肥0.2～0.3千克。

初结果树追肥可采用放射状沟施、条状沟施或穴状沟施等方法。

（3）根外追肥　由于此期核桃树已大量结果，因此需要根外追肥进行适时补充养分需要。可在萌芽前、谢花后、幼果膨大期、果实硬核期进行根外追肥。

① 萌芽前。叶面喷施500～1 000倍腐殖酸水溶肥（500～1 000倍氨基酸水溶肥）、0.5％～1％增效尿素、0.3％～0.5％磷酸二氢钾1次。

② 谢花后5～7天。叶面喷施500～1 000倍腐殖酸水溶肥（500～1 000倍氨基酸水溶肥）、1 500倍活力硼叶面肥1次。

③ 幼果膨大期。连续喷施2次1 500倍活力钙叶面肥、喷施500～1 000倍含腐殖酸水溶肥，间隔期10天。

④ 果实硬核期。连续喷施2次500～1 000倍含氨基酸水溶肥、600～800倍大量元素水溶肥料，间隔期10天。

4. 11年以上核桃树营养套餐施肥技术规程　11年以上核桃树进入结果盛期，对养分的需求量更多，尤其是对氮、磷、钾的需求量更大。

（1）基肥　基肥应每年施一次基肥，一般在每年9月中下旬至10月上旬施用。根据肥源，可选用下列基肥组合之一：①株施生物有机肥5～7千克（无害化处理过的有机肥料90～120千克）、核桃树有机型专用肥3.5～4.0千克或腐殖酸螯合硼锰锌铁高效复混肥（12 - 11 - 7）3.5～4.0千克或腐殖酸涂层长效肥（24 - 16 - 5）3.0～3.5千克；②株施生物有机肥5～7千克（无害化处理过的有机肥料90～120千克）、增效尿素1.0～1.2千克、腐殖酸型过磷酸钙4～5千克、大粒钾肥0.8～1.0千克。

化肥用量随树龄逐年增加。采用放射状沟施方法，一般不少与 4 条，不多于 8 条。

（2）追肥　大量结果核桃树一般追 3 次。

① 花前肥（3 月下旬）。每株追施核桃树有机型专用肥 2.0～2.5 千克；或腐殖酸螯合硼锰锌铁高效复混肥（12 - 11 - 7）2.0～2.5 千克；或增效尿素 0.6～0.8 千克、腐殖酸型过磷酸钙 3～4 千克、大粒钾肥 0.2～0.4 千克。

② 促果肥（5 月底至 6 月初）。每株追施核桃树有机型专用肥 2.5～2.8 千克；或腐殖酸螯合硼锰锌铁高效复混肥（12 - 11 - 7）2.5～3.0 千克；或增效尿素 0.7～0.9 千克、腐殖酸型过磷酸钙 3.5～4.5 千克、大粒钾肥 0.3～0.5 千克。

③ 壮树肥（7 月中下旬）。每株追施核桃树有机型专用肥 1.5～2.0 千克；或腐殖酸螯合硼锰锌铁高效复混肥（12 - 11 - 7）1.5～2.0 千克；或增效尿素 0.2～0.3 千克、腐殖酸型过磷酸钙 2～3 千克、大粒钾肥 0.3～0.5 千克。

初结果树追肥可采用放射状沟施、条状沟施或穴状沟施等方法。

（3）根外追肥　由于此期核桃树已大量结果，因此需要根外追肥进行适时补充养分需要。可在萌芽前、谢花后、幼果膨大期、果实硬核期进行根外追肥。

① 萌芽前。叶面喷施 500～1 000 倍腐殖酸水溶肥（500～1 000 倍氨基酸水溶肥）、0.5%～1% 增效尿素、0.3%～0.5% 磷酸二氢钾 1 次。

② 谢花后 5～7 天。叶面喷施 500～1 000 倍腐殖酸水溶肥（500～1 000 倍氨基酸水溶肥）、1 500 倍活力硼叶面肥 1 次。

③ 幼果膨大期。连续喷施 2 次 1 500 倍活力钙叶面肥、喷施 500～1 000 倍腐殖酸水溶肥，间隔期 10 天。

④ 果实硬核期。连续喷施 2 次 500～1 000 倍氨基酸水溶肥、600～800 倍大量元素水溶肥料，间隔期 10 天。

第二节　板栗树测土配方与营养套餐施肥技术

板栗，又名栗、板栗、栗子、风腊，是壳斗科栗属的植物，原产于中国，多见于山地，已由人工广泛栽培。比较著名的板栗产地有：湖北罗田板栗，河南信阳板栗，河北邢台板栗、青龙板栗、宽城板栗、迁西板栗，北京燕山板栗，辽宁丹东板栗，陕西镇安板栗，山东郯城板栗，江苏邵店板栗，广西隆安板栗等。

一、板栗树的营养需求特点

1. 板栗树的营养特性　板栗属高大乔木，结果期长。板栗对土壤的适应性广泛，但以肥沃、微酸性的砾质壤土、壤土、沙质壤土最适宜板栗生长。最适 pH 4.6～5.7，含盐量不超过 0.2% 才能正常生长。板栗为深根性树种，多数根系分布在 20～80 厘米土层内。

在板栗果实生长发育过程中，营养物质的积累分为两个时期：前期主要是形成总苞的干物质，后期主要是形成果实，特别是种子的干物质。当前梢停止生长后，幼果开始迅速生长，体积增大较快，成熟前的一个月中果实重量增长最快，采收前 10 天果肉充实最快。在果实成熟的同时，总苞的营养物质部分转移到果实中。

氮素是板栗树生长和结果的重要营养成分。板栗枝条含氮 0.6%，叶片含氮 2.30%，根含氮 0.6%，雄花含氮 2.16%，果实含氮 0.6%。氮的吸收量大且时间长，从早春根系活动开始，随着发育、展叶、开花、新梢生长、果实膨大、果实采收前都在持续吸收，其中又以果实迅速膨大期的吸收量最多，采收后才逐渐减少，到休眠期停止吸收。

磷素在正常的枝条、叶、根、花、果实中的含量分别为 0.2%、0.5%、0.4%、0.51% 和 0.5% 左右。虽然吸收数量比氮素少，但对板栗树的生长发育也起着重要作用。磷的吸收在开花前很少，开花后至采收前磷的吸收都较稳定，采收后吸收量很少，磷的吸收时间也比氮、钾短。然而磷对板栗的结果性能和产量极为重要，据测定，盛果期树丰产园土壤有效磷的含量高达 20.18～27.00 毫克/千克，新梢中磷的含量达 2 420 毫克/千克；低产园土壤磷含量只有 1～9 毫克/千克，新梢中的磷含量低到 1 360 毫克/千克，可见磷对产量高低起的作用之大。磷是促进花芽分化、果实发育、种子成熟和增进品质的重要物质。

钾虽不是植物体的组成成分，但能促进叶片的光合作用，促进细胞的分裂和增大，使板栗果实增大，提高板栗坚果的品质和耐贮性。钾从开花前开始少量吸收，开花后逐渐增加，果实肥大期吸收最多，采收后又急剧减少。

板栗树在需肥上同其他果树一样，不同的是除需充足的氮、磷、钾三要素外，对中量元素镁和少量元素锰、硼特别敏感，如缺乏或不足，就会发生严重的生理障碍而影响生长发育。据测定，板栗是需锰量高的果树，生长发育正常的树叶片含锰量为 1 000～2 500 毫克/千克，若低于 1 000 毫克/千克，就出现叶片黄化，生长受阻。如果缺镁或供量不足，叶脉间会出现萎黄，褪色部分渐变成褐色而枯死。由于硼是促进花粉发芽、花粉管生长和子房发育的重要元素，土壤缺硼就会导致出现空苞。据调查，土壤有效硼含量为 0.56～0.87 毫克/千克的栗园，结果正常，空苞率只有 3%～6.9%；含量为 0.2～0.4 毫克/千克的栗园，产量很低，空苞率竟高达 44%～81%。云南省剑川县东岭乡梅园村段续根，种板栗时每株在基肥中掺硼沙 100 克，栽后每年 6 月喷施一次

350 倍硼砂水，三年始花挂果，比不施硼和不喷硼的提早两年结果。

2. **板栗树的需肥规律** 板栗树生长迅速，适应性强，抗旱，耐瘠薄，产量稳定，寿命长，一年栽植，百年受益。板栗树需肥量较大，对氮、磷、钾的需要量大，在开花结果期还需要较高的硼。据研究报道，一般每 1 000 千克板栗需消耗氮 14.5～15.0 千克、五氧化二磷 6.5～7.5 千克、氧化钾 11.5～13.5 千克。

在年生长周期中，从春初的雄花分化起至开花坐果这段时期，需氮最多，钾次之，磷较少；开花后至果实膨大期需磷最多，氮、钾次之；果实膨大期至采收，需钾最多，氮次之，磷较少。除需氮、磷、钾三大元素外，板栗树还需配合适量的钙、镁及锰、锌、硼等微量元素，供给不足，就会发生叶片生长不良、空苞率高等。

板栗树根系发达，而且新生根多有外生菌根，在土壤 pH 5.5～7.0 的良好条件时菌根多，能提高板栗树对磷、钙的吸收，施肥应考虑这点。

二、板栗树测土施肥配方

1. **根据土壤肥力确定** 根据板栗园有机质、碱解氮、有效磷、速效钾含量确定土壤肥力分级，然后根据不同肥力水平确定施肥量。如表 5-5 为板栗园的土壤肥力分级，表 5-6 为板栗园不同肥力水平推荐施肥量。

表 5-5 板栗园土壤肥力分级

肥力水平	有机质 （克/千克）	全氮 （克/千克）	有效磷 （毫克/千克）	速效钾 （毫克/千克）
低	<15	<0.8	<5	<50
中	15～20	0.8～1.0	5～10	50～100
高	>20	>1.0	>10	>100

表 5-6 板栗园不同肥力水平推荐施肥量

肥力等级	推荐施肥量（千克/亩）		
	纯氮	五氧化二磷	氧化钾
低肥力	15～17	7～8	8～10
中肥力	14～16	6～7	7～9
高肥力	13～15	5～6	6～8

2. **全国各地试验推荐**

(1) 陈建华等人（2002 年）于湖南省株洲试验，根据土壤养分、理化性质、树体营养和预计产量，建议每株板栗树施肥有三种水平：0.37 千克 N＋0.64 千克 P_2O_5＋0.25 千克 K_2O，0.75 千克 N＋0.64 千克 P_2O_5＋0.50 千克 K_2O，1.5 千克 N＋1.3 千克 P_2O_5＋0.5 千克 K_2O。

（2）杜振宇等人（2001 年）于山东省 3 年生板栗园试验，建议氮、磷、钾比例为 12∶8∶11 最好，每株板栗树施肥量 1.2 千克。

（3）詹世虎（1998 年）在安徽省试验，建议板栗专用肥最佳配方为：含氮 12％、磷 7.75％、钾 6.3％、硼 0.4％、锌 0.3％、镁 0.3％，适宜用量为每株 0.5 千克，大树可适当多施。

（4）板栗丰产林标准化协作组（1991 年）提出每生产 100 千克板栗果实，树体需氮 6.2 千克、磷 1.5 千克、钾 2.6 千克；基肥以有机肥为主，每生产 1 千克板栗果实施用有机肥 5 千克为参考；根据树龄大小，一般每亩施纯氮 2～10 千克、五氧化二磷 1～4 千克、氧化钾 2～4 千克；萌芽后施速效氮，果实膨大前追施速效氮、磷、钾，花期叶面喷施 0.1％硼砂和 0.3％～0.5％尿素。

3. 叶片分析　主要根据树体的长势长相及枝条、叶片、果实、根系等特有的症状来判断某些矿质元素的盈亏，并以此来指导施肥。板栗树一般在雄花脱落后至坚果速生期前（大约 7 月中旬至 8 月中旬），随机采取树冠外围中部营养枝自基部起第 5～6 片叶，每个样点采取包括叶柄在内的 100 片完整叶片进行营养分析，将分析结果与表 5-7 中的指标相比较，诊断山楂树体营养状况。

表 5-7　板栗树营养诊断表

元素	叶营养含量	缺素症状	补救办法
氮	2.1％～2.7％	叶小，叶色变黄，新梢生长量小，树势弱。抽生结果枝少，空苞多，果实发育不良，果粒小；严重时早期落叶，大量落果，抗逆性差	叶面喷施 1％尿素溶液，每 7 天喷施一次，连续喷施 3～4 次
磷	0.08％～0.12％	叶色呈暗绿色而缺少光泽，向内卷曲，叶脉间出现黄斑等，抗寒、抗旱力减弱；枝条细弱，侧枝短小，雌花分化困难，果实发育不良，产量低，品质差	叶面喷施 0.5％～1％磷酸二氢钾溶液，每 7～8 天喷一次，连喷 3 次。
钾	0.39％～0.59％	下位叶边缘呈黄褐色、焦枯上卷、叶面呈现黄褐色坏死斑、焦枯边缘和斑块易脱落，脱落后边缘清晰，叶面呈穿孔状	叶面喷施 1％磷酸二氢钾溶液，每 7～10 天喷施一次，连续喷 2～3 次

（续）

元素	叶营养含量	缺素症状	补救办法
钙	0.60%～1.1%	植株矮小，幼叶卷曲，叶缘焦黄坏死，根系少而短，树体抗逆性差，果实不耐贮藏	叶面喷施0.5%～1%硝酸钙溶液，每7～8天喷施一次，连续喷施3～4次
镁	0.21%～0.37%	中下部叶片黄化，叶脉间保持绿色呈鱼刺状；枝条细而弯曲，出现坏死斑点	叶面喷施0.5%～1%硫酸镁溶液，每7～8天喷一次，连续喷施2～3次
铁	—	叶片失绿，严重时叶脉也变黄，叶片上出现褐色枯斑或枯边，发生黄叶病；严重时，叶片枯边，并逐渐枯死脱落	叶面喷施EDTA螯合铁水溶液或0.5%～1%硫酸亚铁溶液，每7～10天喷一次，连续喷施2～3次
锌	10～40毫克/千克	发芽晚，新梢节间变短；叶片小而窄，簇生、质脆。严重时枯梢，病枝花果小而少，畸形	叶面喷施螯合锌肥1 000倍液，每7～8天喷施一次，连续喷2～3次
硼	20～90毫克/千克	新叶先发病，先从叶片边缘侧叶脉间发黄，产生黄点，随之变褐，褐斑逐渐扩大，连成波纹形向主叶脉方向扩展，严重时全叶焦枯	叶面喷施0.5%硼砂或硼酸溶液，每7～8天喷施一次，连续喷施2～3次
锰	—	叶片失绿变黄，幼叶的叶脉深绿色呈网纹状，叶脉之间黄绿色或淡黄色，叶脉间出现坏死斑块脱落成穿孔状。严重时从幼嫩叶开始发生焦枯，空苞多	叶面喷施1%硫酸锰溶液，每7～8天喷一次，连续喷施2～3次

三、无公害板栗树营养套餐肥料组合

1. **基肥**　根据测土施肥配方，以氮、磷、钾为基础，添加腐殖酸、有机型螯合微量元素、增效剂、土壤调理剂等，生产含锌、锰、硼、铁、铜等板栗树有机型专用肥，根据当地板栗施肥现状，综合各地板栗树配方肥配制资料，从下述3个配方中选用一个配方施用。

配方1：建议氮、磷、钾总养分量为30%，氮、磷、钾比例分别为1：

0.64∶0.9。基础肥料选用及用量（1吨产品）如下：硫酸铵100千克、尿素172千克、磷酸二铵89千克、钙镁磷肥20千克、过磷酸钙200千克、氯化钾176千克、硼砂15千克、氨基酸螯合铁锰锌17千克、硝基腐殖酸156千克、生物制剂25千克、增效剂10千克、土壤调理剂20千克。

配方2：建议氮、磷、钾总养分量为35％，氮、磷、钾比例分别为1∶0.64∶0.86。基础肥料选用及用量（1吨产品）如下：硫酸铵100千克、氯化铵100千克、尿素170千克、磷酸一铵120千克、钙镁磷肥30千克、过磷酸钙150千克、氯化钾200千克、硼砂20千克、七水硫酸锌20千克、氨基酸螯合锰铁1千克、七水硫酸镁30千克、生物制剂30千克、增效剂12千克、土壤调理剂17千克。

配方3：建议氮、磷、钾总养分量为25％，氮、磷、钾比例分别为1∶0.6∶0.9。基础肥料选用及用量（1吨产品）如下：硫酸铵100千克、尿素139千克、磷酸二铵72千克、钙镁磷肥20千克、过磷酸钙150千克、氯化钾150千克、硼砂15千克、氨基酸螯合锌锰铁22千克、七水硫酸镁143千克、硝基腐殖酸100千克、氨基酸34千克、生物制剂25千克、增效剂10千克、土壤调理剂20千克。

也可选用生态有机肥、含促生菌生态复混肥（20-0-10）、腐殖酸高效缓释肥（18-8-4）、腐殖酸高效复混肥（15-5-20）、腐殖酸涂层长效肥（18-10-17）等。

2. 生育期追肥 追肥可采用腐殖酸包裹尿素、增效尿素、腐殖酸型过磷酸钙、缓释磷酸二铵、大粒钾肥、腐殖酸高效缓释肥（18-8-4）、腐殖酸高效复混肥（15-5-20）、腐殖酸涂层长效肥（18-10-17）等。

3. 根外追肥 可根据板栗树生育情况，酌情选用含腐殖酸水溶肥、含氨基酸水溶肥、含海藻酸水溶肥、氨基酸螯合微量元素水溶肥、大量元素水溶肥、活力钙叶面肥、活力钾叶面肥、活力硼叶面肥等。

四、无公害板栗树营养套餐施肥技术规程

本规程以高产、优质、无公害、环境友好为目标，选用有机无机复合肥料、长效缓释肥料、有机活性水溶肥料进行施用，各地在具体应用时，可根据当地板栗树树龄及树势、测土配方推荐用量进行调整。

1. 幼龄板栗树（1～5年生）营养套餐施肥技术规程 按照"勤施淡施，次多量少，先少后多，先淡后浓"的原则施肥，随着树龄增大而减次增多增浓。

(1) 基肥　基肥以秋季采果前后施入为好，也可在春季萌芽前施入，不能过晚。可采用环状沟施、放射状沟施、条状沟施或结合耕翻土壤进行全园撒施等方法。根据当地肥源情况，选取下列组合之一：①株施生物有机肥2～3千克（无害化处理过的有机肥料15～30千克）、板栗树有机型专用肥0.5～0.8千克或腐殖酸高效缓释肥（18-8-4）0.7～0.9千克或腐殖酸涂层长效肥（18-10-17）0.4～0.6千克；②株施生物有机肥2～3千克（无害化处理过的有机肥料15～30千克）、增效尿素0.2～0.5千克、腐殖酸型过磷酸钙0.8～1.0千克、大粒钾肥0.2～0.3千克。

(2) 根际追肥　追肥方法以放射状沟施为好。

① 1～3年生树。2月初至5月底，每隔40～45天施一次速效氮肥，每株每次施增效尿素30～40克，以促进枝叶萌发和生长；6月初至8月底，每隔40～45天施一次氮、磷、钾全肥，每株每次施板栗树有机型专用肥50～80克，以促进枝梢发育充实、老熟。

② 4～5年生树。2～8月，每隔60天追肥一次，每株每次施板栗树有机型专用肥150～200克。

(3) 根外追肥

① 4～5月。叶面喷施500～1 000倍腐殖酸水溶肥（500～1 000倍氨基酸水溶肥）、1 500倍活力硼叶面肥、600～800倍氨基酸螯合锰锌水溶肥2次，间隔期20天。

② 6～8月。叶面喷施500～1 000倍腐殖酸水溶肥（500～1 000倍氨基酸水溶肥）、1 500倍活力钙叶面肥、1 500倍活力钾叶面肥、0.05%硫酸镁溶液2次，间隔期20天。

2. 初结果板栗树（6～10年生）营养套餐施肥技术规程

(1) 基肥　基肥以秋季采果前后施入为好，也可在春季萌芽前施入，不能过晚。可采用环状沟施、放射状沟施、条状沟施或结合耕翻土壤进行全园撒施等方法。根据当地肥源情况，选取下列组合之一：①株施生物有机肥5～7千克（无害化处理过的有机肥料50～60千克）、板栗树有机型专用肥1.0～1.5千克或腐殖酸高效缓释肥（18-8-4）1.2～1.6千克；②株施生物有机肥5～7千克（无害化处理过的有机肥料50～60千克）、腐殖酸涂层长效肥（18-10-17）0.8～1.2千克或含促生菌生态复混肥（20-0-10）1.0～1.5千克；③株施生物有机肥5～7千克（无害化处理过的有机肥料50～60千克）、增效尿素0.5～0.7千克、腐殖酸型过磷酸钙1.5～2.0千克、大粒钾肥0.5～0.6千克。

(2) 根际追肥　追肥一般为2次，追肥方法以放射状沟施为好。

① 第一次新梢速长期。一般在 4 月下旬至 5 月上旬，每株施板栗树有机型专用肥 0.8～1.0 千克；或腐殖酸高效缓释肥（18 - 8 - 4）1.0～1.2 千克；或腐殖酸涂层长效肥（18 - 10 - 17）0.6～0.9 千克；或增效尿素 0.4～0.6 千克、腐殖酸型过磷酸钙 1～1.5 千克、大粒钾肥 0.3～0.5 千克。

② 第二次果实膨大期。一般在 7～8 月，每株施板栗树有机型专用肥 1.0～1.2 千克；或腐殖酸高效缓释肥（18 - 8 - 4）1.2～1.5 千克；或腐殖酸涂层长效肥（18 - 10 - 17）0.8～1.0 千克；或增效尿素 0.5～0.7 千克、腐殖酸型过磷酸钙 1.5～2 千克、大粒钾肥 0.4～0.6 千克。

(3) 根外追肥

① 新梢生长期连续 2 次喷施叶面肥。500～1 000 倍腐殖酸水溶肥（500～1 000 倍氨基酸水溶肥）、1 500 倍活力硼叶面肥、600～800 倍氨基酸螯合锰锌水溶肥，间隔期 20 天。

② 果实膨大期连续 2 次喷施叶面肥。1 500 倍活力钙叶面肥、1 500 倍活力钾叶面肥，间隔期 20 天。

3. 成龄板栗树（10 年以上）营养套餐施肥技术规程

(1) 基肥　基肥以秋季采果前后施入为好，也可在春季萌芽前施入，不能过晚。可采用环状沟施、放射状沟施、条状沟施或结合耕翻土壤进行全园撒施等方法。根据当地肥源情况，选取下列组合之一：①株施生物有机肥 10～15 千克（无害化处理过的有机肥料 150～200 千克）、板栗树有机型专用肥 2.0～2.5 千克或腐殖酸高效缓释肥（18 - 8 - 4）2.2～2.6 千克；②株施生物有机肥 10～15 千克（无害化处理过的有机肥料 150～200 千克）、腐殖酸涂层长效肥（18 - 10 - 17）1.8～2.2 千克或含促生菌生态复混肥（20 - 0 - 10）2.0～2.5 千克；③株施生物有机肥 10～15 千克（无害化处理过的有机肥料 150～200 千克）、增效尿素 1.0 千克、腐殖酸型过磷酸钙 3 千克、大粒钾肥 1 千克。

(2) 根际追肥　追肥一般为 2 次，追肥方法以放射状沟施为好。

① 第一次新梢速长期。一般在 4 月下旬至 5 月上旬，每株施板栗树有机型专用肥 1.2～1.5 千克；或腐殖酸高效缓释肥（18 - 8 - 4）1.5～1.7 千克；或腐殖酸涂层长效肥（18 - 10 - 17）1.0～1.2 千克；或增效尿素 0.6～0.8 千克、腐殖酸型过磷酸钙 2～2.5 千克、大粒钾肥 0.5～0.8 千克。

② 第二次果实膨大期。一般在 7～8 月，每株施板栗树有机型专用肥 1.5～1.7 千克；或腐殖酸高效缓释肥（18 - 8 - 4）1.6～1.8 千克；或腐殖酸涂层长效肥（18 - 10 - 17）1.1～1.3 千克；或增效尿素 0.7～0.9 千克、腐殖酸型过磷酸钙 2～3 千克、大粒钾肥 0.6～0.9 千克。

(3) 根外追肥

① 新梢生长期连续 2 次喷施叶面肥。500～1 000 倍腐殖酸水溶肥（500～1 000 倍氨基酸水溶肥）、1 500 倍活力硼叶面肥、600～800 倍氨基酸螯合锰锌水溶肥，间隔期 20 天。

② 果实膨大期连续 2 次喷施叶面肥。1 500 倍活力钙叶面肥、1 500 倍活力钾叶面肥，间隔期 20 天。

第六章

柿枣类落叶果树测土配方与营养套餐施肥技术

柿枣类落叶果树，主要是柿树和枣树，果实外果皮膜质，中果皮肉质。枣内果皮形成果核，食用部分是中果皮；柿内果皮肉质较韧，食用部分是中内果皮。

第一节　柿树测土配方与营养套餐施肥技术

柿树是柿科柿属落叶大乔木。别名：朱果、猴枣。我国是柿树的原产地，也是柿树栽培最多的国家。除黑龙江、吉林、内蒙古、宁夏、青海、新疆、西藏等地以外，其他地区均有分布，其中以黄河流域的陕西、山西、河南、河北、山东5省栽培最多，栽培面积占全国的80%～90%，产量占全国的70%～80%。

一、柿树的营养需求特点

1. **柿树周年生长的需肥特点**　柿树的周年生长一般分为三个时期：第一时期是萌芽、枝条生长、展叶以及开花结果（3月中旬至6月中旬），在这一系列生育过程中所需的营养均来自于前一年贮藏的养分，这些养分必须在休眠之前吸收完毕。第二时期是生理落果至果实采收以前，主要是促进果实膨大，营养以钾为主。第三时期是果实采收以后（10月下旬至11月上旬），主要是恢复树体，积累贮藏养分。

柿树对养分反应不敏感，施肥后往往一两个月甚至两个月以上不见效果，而且对不施肥引起树势衰落的反应也迟钝，一旦出现树势衰落再追肥肥料，较难使树势复壮。

柿树具有营养不良转换期特点。一年中前期各器官的活动如萌芽、展叶、新梢生长、根系活动等，主要是利用上年贮藏的营养物质，以后随着叶片的发育成熟和叶幕层的形成，光合产物积累增多，各器官的生长发育开始利用当年制造的营养。这种从利用上年贮藏营养到利用当年制造的营养过程称为"营养不良转换期"。营养转换期一般在5月下旬至6月，此时正值开花结果，往往因营养不足，出现严重的生理落果。因此，应采取合理的技术措施，宜早施基肥。在采果前后，即叶片变色前施入基肥促进养分的后期积累，提高贮藏营养水平。其次在枝条自剪至花期，在施氮肥的同时，合理施用磷、钾肥和微量原素，以促进光合产物的合成和积累。此外，在营养转换期开始时，适时进行叶面追肥，促进光合作用，缩短转换期，减轻生理落果。

2. 柿树对氮、磷、钾养分的需求特点　柿树是需肥量较大的果树，特别是对氮、钾的需求量较大，对磷的需求量则较少。磨盘柿生长期主要器官（果实、叶片、根系）氮、磷、钾含量比例为1：0.21：1.54，与苹果、梨、葡萄等果树相比较，其营养特点是高氮、高钾、低磷。

综合各地试验资料，每生产1 000千克果实，大约需要氮8.3千克、五氧化二磷2.5千克、氧化钾6.7千克。氮、磷、钾的比例为1：0.3：0.8。磷肥的增产效应很低，磷素过多时反而会抑制生长。与其他果树相比较，柿树需钾较多，尤其是在果实膨大时需要大量的钾，往往从其他部分向果实运送。当钾不足时，果实发育受到抑制，果实变小，品质下降；氮、钾肥过多，果皮粗糙，外观不美，肉质粗硬，品质不佳。

甜柿根系发达，枝叶繁茂，产量很高，年生长周期和寿命长，所以需肥量大，但不同品种有些差异。据测定，每生产1 000千克果实，早生次郎柿需要氮、磷、钾分别为7.8千克、2.8千克和7.7千克，三要素比例为1：0.359：0.987；富有柿则需要氮、磷、钾分别为8.8千克、3.2千克和8.0千克，三要素比例为1：0.364：0.909。如果再加上根、枝、叶的营养生长以及雨水淋洗流失和土壤固定等的消耗，柿树的年周期中需要更大一些的施肥量。

二、柿树测土施肥配方

1. 根据树龄确定　一般结果在1 000千克左右的特大树，年施优质有机肥300～600千克；3～5年幼树施有机肥100千克。按每亩12株计算，氮、磷、钾三要是施用量见表6-1。

表 6-1 柿树氮、磷、钾推荐施用量（千克/株）

三要素	1 年生	5 年生	10 年生	15 年生	20 年生
N	1.88	3.76	7.52	9.40	11.13
P_2O_5	1.33	2.26	4.51	3.76	6.77
K_2O	1.50	3.01	6.01	7.52	9.02

2. 根据树龄和肥力水平确定　随着树龄增大，施肥量也有所增加，可参考表 6-2。

表 6-2 密植园甜柿 1.5 亩不同树龄的施肥标准（千克）

树龄	肥沃土（12~48 株）			普通土（16~64 株）			瘠薄土（32~64 株）		
	氮	磷	钾	氮	磷	钾	氮	磷	钾
1	1.5	1.0	1.0	3.0	2.0	2.0	5.0	3.0	3.0
2	3.0	1.5	1.5	5.0	3.0	3.0	6.5	4.0	4.0
3	3.5	2.0	2.0	6.0	3.5	3.5	8.0	5.0	5.0
4	4.5	3.0	4.5	8.0	5.0	8.0	11.0	6.5	11.0
5	5.5	3.5	5.5	9.0	5.5	9.0	14.0	8.5	14.0
6	6.5	4.0	6.5	10.0	6.0	10.0	15.5	9.0	15.5
7	7.0	4.0	7.0	11.0	6.5	11.0	17.0	10.0	17.0
8	7.5	4.5	7.5	12.0	7.0	12.0	18.0	11.0	18.0
9	8.5	5.0	8.5	13.0	8.0	13.0	20.0	12.0	20.0
10	9.0	5.5	9.0	13.5	8.5	13.5	20.5	12.5	20.5
11	9.5	5.5	9.5	14.0	8.5	14.0	21.0	12.5	21.0
12	10.0	6.0	10.0	14.5	9.0	14.5	22.0	13.0	22.0

3. 根据目标产量和土壤肥力水平确定　早期密植丰产园，不同目标产量的施肥量可参考表 6-3。

表 6-3 密植园甜柿 1.5 亩不同目标产量的施肥标准（千克）

目标产量	肥沃土（12~48 株）			普通土（16~64 株）			瘠薄土（32~64 株）		
	氮	磷	钾	氮	磷	钾	氮	磷	钾
500	6.5	4.0	6.5	10.0	6.0	10.0	15.5	9.0	15.5
1 000	7.0	4.0	7.0	11.0	6.5	11.0	17.0	10.0	17.0
2 000	7.5	4.5	7.5	12.0	7.5	12.0	18.5	11.0	18.5
2 500	9.5	5.5	9.5	14.0	8.5	14.0	21.0	12.5	21.0
3 000	10.0	6.0	10.0	14.5	9.0	14.5	22.0	13.5	22.0

4. **叶片分析** 主要根据树体的长势长相及枝条、叶片、果实、根系等特有的症状来判断某些矿质元素的盈亏，并以此来指导施肥。一般在果实采收前2个月选择3～5株柿树，在无果延长枝新梢上采集25～50片完新鲜成熟叶片进行营养分析，将分析结果与表6-4中的指标相比较，诊断柿树体营养状况。

表6-4 柿树营养诊断表

元素	成熟叶片含量		缺素症状	补救办法
	正常	缺乏		
氮	15.7～20.0克/千克	<9.3克/千克	叶片黄化，枝叶量变小，枝梢细弱，植株矮小，柿树早衰	叶面喷施1%～2%尿素溶液2～3次
磷	1.0～1.9克/千克	<0.5克/千克	分枝少，节间徒长，果实发育不良，产量和品质下降	叶面喷施0.3%～0.5%磷酸二氢钾或1.5%过磷酸钙
钾	24～37克/千克	<4.2克/千克	叶小，果小，着色差，易裂果，产量和品质下降	叶面喷施1%磷酸二氢钾2～3次；或1%～1.5%硫酸钾溶液2～3次
钙	13.5～31.1克/千克	<2.6克/千克	根系受害严重，新根粗短、弯曲，尖端干枯，茎、叶生长不正常，甚至枯死	喷施0.2%～0.3%的氯化钙溶液3～4次
镁	1.7～4.6克/千克	<1.3克/千克	叶脉及其附近绿色减退，变成花叶；夏梢叶片叶脉周围出现失绿	叶面喷施1%～2%硫酸镁3～4次
铁	56～124毫克/千克		出现黄叶病。叶片黄化，严重时叶片全部白化，叶易落，枝梢枯死	喷施0.5%硫酸亚铁，或树干注射0.5%～1%的硫酸亚铁溶液3～4次
锌	5～36毫克/千克		新梢枯黄瘦小，早落	叶面喷施0.3%～0.5%硫酸锌3～4次
锰	238～928毫克/千克		新梢基部叶片失绿，上部叶片保持绿色	喷施0.3%硫酸锰溶液2～3次
硼	48～93毫克/千克		生长点枯萎，叶变小且黄化，果实开裂，颜色不正常且畸形	叶片喷施0.1%～0.2%硼砂或硼酸溶液2～3次

三、无公害柿树营养套餐肥料组合

1. **基肥**　根据测土施肥配方，以氮、磷、钾为基础，添加腐殖酸、有机型螯合微量元素、增效剂、土壤调理剂等，生产含锌、锰、硼、铁等柿树有机型专用肥，根据当地柿树施肥现状，综合各地柿树配方肥配制资料，建议氮、磷、钾总养分量为30%，氮、磷、钾比例分别为1∶0.57∶0.57。基础肥料选用及用量（1吨产品）如下：硫酸铵100千克、尿素227千克、磷酸一铵105千克、钙镁磷肥15千克、过磷酸钙150千克、硫酸钾160千克、硼砂15千克、氨基酸螯合锌锰铁20千克、硝基腐殖酸101千克、氨基酸35千克、生物制剂30千克、增效剂12千克、土壤调理剂30千克。

也可选用生态有机肥、含促生真菌生物复混肥（20-0-10）、腐殖酸硫基高效复混肥（15-5-20）、腐殖酸涂层长效肥（20-10-15）、有机无机复混肥（14-6-10）、硫基长效缓释复混肥（23-12-10）等。

2. **生育期追肥**　追肥可采用腐殖酸包裹尿素、增效尿素、腐殖酸型过磷酸钙、缓释磷酸二铵、大粒钾肥、含促生真菌生物复混肥（20-0-10）、腐殖酸硫基高效复混肥（15-5-20）、腐殖酸涂层长效肥（20-10-15）、有机无机复混肥（14-6-10）、硫基长效缓释复混肥（23-12-10）等。

3. **根外追肥**　可根据柿树生育情况，酌情选用含腐殖酸水溶肥、含氨基酸水溶肥、含海藻酸水溶肥、氨基酸螯合微量元素水溶肥、大量元素水溶肥、活力钙叶面肥、活力钾叶面肥、活力硼叶面肥等。

四、无公害柿树营养套餐施肥技术规程

本规程以高产、优质、无公害、环境友好为目标，选用有机无机复合肥料、长效缓释肥料、有机活性水溶肥料进行施用，各地在具体应用时，可根据当地柿树树龄及树势、测土配方推荐用量进行调整。

1. 幼龄期柿树营养套餐施肥技术规程

（1）基肥　基肥以9月中下旬采果前施入为好。幼龄期柿树营养生长旺盛，生殖生长尚未开始，基肥的目的是促进柿树营养生长，健壮树体。基肥可采用环状沟施、条状沟施等方法。根据当地肥源情况，选取下列组合之一：①株施生物有机肥1~2千克（无害化处理过的有机肥料10~20千克）、柿树有机型专用肥0.5~0.7千克或腐殖酸硫基高效复混肥（15-5-20）0.4~0.6千克或腐殖酸涂层长效肥（20-10-15）0.3~0.5千克；②株施生物有机肥

1～2千克（无害化处理过的有机肥料10～20千克）、含促生真菌生物复混肥（20-0-10）0.5～0.7千克、腐殖酸型过磷酸钙0.3～0.4千克；③株施生物有机肥1～2千克、有机无机复混肥（14-6-10）0.5～0.7千克；④株施生物有机肥1～2千克（无害化处理过的有机肥料10～20千克）、增效尿素0.1～0.2千克、腐殖酸型过磷酸钙0.3～0.5千克、大粒钾肥0.3～0.4千克。

(2) 根际追肥　幼龄柿树可根据树势在施足基肥基础上，一般不需追肥或在4月下旬至5月上旬追施一次肥料，追肥方法以放射状沟施为好。根据当地肥源情况，选取下面组合之一：①株施柿树有机型专用肥0.3～0.5千克；②株施有机无机复混肥（14-6-10）0.4～0.6千克；③增效尿素0.1千克、腐殖酸型过磷酸钙0.3千克。

(3) 根外追肥　幼龄柿树如果没有进行根际追肥，一定要进行根外追肥，保持树势健壮。

① 5月中上旬。叶面喷施500～1 000倍腐殖酸水溶肥或500～1 000倍氨基酸水溶肥2次，间隔期20天。

② 7月中下旬。叶面喷施500～1 000倍腐殖酸水溶肥（500～1 000倍氨基酸水溶肥）、1 500倍活力钙叶面肥、1 500倍活力钾叶面肥2次，间隔期20天。

2. 初结果柿树营养套餐施肥技术规程

(1) 基肥　基肥以9月中下旬采果前施入为好。初结果柿树营养生长开始缓慢，生殖生长迅速增强，基肥的目的是稳定柿树营养生长，促进生殖生长，防止结果过量。基肥可采用环状沟施、条状沟施等方法。根据当地肥源情况，选取下列组合之一：①株施生物有机肥2～3千克（无害化处理过的有机肥料20～25千克）、柿树有机型专用肥0.8～1.0千克或腐殖酸硫基高效复混肥（15-5-20）0.6～0.8千克；②株施生物有机肥2～3千克（无害化处理过的有机肥料20～25千克）、含促生真菌生物复混肥（20-0-10）0.8～1.0千克、腐殖酸型过磷酸钙0.5～0.7千克；③株施生物有机肥2～3千克（无害化处理过的有机肥料20～25千克）、腐殖酸涂层长效肥（20-10-15）0.5～0.7千克或硫基长效缓释复混肥（23-12-10）0.5～0.7千克；④株施生物有机肥2～3千克（无害化处理过的有机肥料20～25千克）、增效尿素0.3～0.5千克、腐殖酸型过磷酸钙1～1.5千克、大粒钾肥0.3～0.5千克。

(2) 根际追肥　初结果柿树一般追肥2次，追肥方法以放射状沟施为好。

① 花前肥。一般在5月上旬，株施柿树有机型专用肥0.5～0.7千克；或有机无机复混肥（14-6-10）0.5～0.7千克；或硫基长效缓释复混肥（23-12-10）0.3～0.5千克；或增效尿素0.2～0.3千克、腐殖酸型过磷酸钙

0.7～0.9千克、大粒钾肥0.3～0.5千克。

②促果肥。一般在7月上旬，株施柿树有机型专用肥0.8～1.0千克；或腐殖酸硫基高效复混肥（15-5-20）0.5～0.7千克；或含促生真菌生物复混肥（20-0-10）0.7～0.9千克。

(3) 根外追肥 初结果柿树一般叶面追肥3～4次。

① 5月中上旬。叶面喷施500～1 000倍腐殖酸水溶肥（500～1 000倍氨基酸水溶肥）、1 500倍活力硼叶面肥2次，间隔期20天。

② 7月中下旬。叶面喷施500～1 000倍腐殖酸水溶肥（500～1 000倍氨基酸水溶肥）、1 500倍活力钙叶面肥、1 500倍活力钾叶面肥2次，间隔期20天。

3. 盛果期柿树营养套餐施肥技术规程

(1) 基肥 基肥以9月中下旬采果前施入为好。盛果期柿树营养生长和生殖生长相对平衡，基肥的目的是保持柿树营养生长和生殖生长平衡，防止结果大小年。基肥可采用环状沟施、条状沟施等方法。根据当地肥源情况，选取下列组合之一：①株施生物有机肥5～7千克（无害化处理过的有机肥料50～70千克）、柿树有机型专用肥1.5～3.0千克或腐殖酸硫基高效复混肥（15-5-20）1.5～3千克；②株施生物有机肥5～7千克（无害化处理过的有机肥料50～70千克）、含促生真菌生物复混肥（20-0-10）1.5～3千克、腐殖酸型过磷酸钙2～3千克；③株施生物有机肥5～7千克（无害化处理过的有机肥料50～70千克）、腐殖酸涂层长效肥（20-10-15）1～2千克或硫基长效缓释复混肥（23-12-10）1～2千克；④株施生物有机肥5～7千克（无害化处理过的有机肥料50～70千克）、增效尿素1～1.5千克、腐殖酸型过磷酸钙2～3千克、大粒钾肥1～1.5千克。

(2) 根际追肥 盛果期柿树一般追肥2～3次，追肥方法以放射状沟施为好。

① 花前肥。一般在5月上旬，株施柿树有机型专用肥0.8～1.0千克；或有机无机复混肥（14-6-10）1.0～1.5千克；或硫基长效缓释复混肥（23-12-10）0.6～0.8千克；或增效尿素0.3～0.5千克、腐殖酸型过磷酸钙1～1.2千克、大粒钾肥0.3～0.5千克。

② 促果肥。一般在7月上旬，株施柿树有机型专用肥1～1.5千克；或腐殖酸硫基高效复混肥（15-5-20）0.8～1.0千克；或含促生真菌生物复混肥（20-0-10）1.0～1.2千克。

③ 果实后期肥。一般在8月中旬，株施柿树有机型专用肥0.8～1.0千克；或腐殖酸硫基高效复混肥（15-5-20）0.5～0.7千克；或硫基长效缓释

复混肥（23-12-10）0.5～0.7千克。

（3）根外追肥 盛果期柿树一般树体高达，可以不进行根外追肥。如有条件一般叶面追肥1～2次。

① 5月中上旬。叶面喷施500～1 000倍腐殖酸水溶肥（500～1 000倍氨基酸水溶肥）、800倍氨基酸螯合微肥。

② 7月中下旬。叶面喷施500～1 000倍腐殖酸水溶肥（500～1 000倍氨基酸水溶肥）、1 500倍活力钙叶面肥、1 500倍活力钾叶面肥。

第二节 枣树测土配方与营养套餐施肥技术

枣树为鼠李科落叶灌木或小乔木植物。我国吉林、辽宁、河北、山东、山西、陕西、河南、甘肃、新疆、安徽、江苏、浙江、江西、福建、广东、广西、湖南、湖北、四川、云南、贵州等地广为栽培。枣树暖温带阳性树种，喜光，好干燥气候；耐寒，耐热，又耐旱涝。

一、枣树的营养需求特点

1. **枣树的营养特性** 枣树各个生长时期所需的养分，从萌芽到开花期对氮素要求较高，满足枣树生长前期枝、叶、花蕾生长发育的要求，促进营养生长和生殖生长；幼果至成熟前，以氮、磷、钾三要素为主，此期地下部（根系）生长高峰，适当地增加磷、钾营养，有利于果实发育、品质提高和根系生长；果实成熟至落叶前，为减缓叶片衰老过程和提高后期叶片的光合效能，可适当地补充氮素，促进树体的养分积累和贮存。4～5月为枝叶生长高峰期，以满足氮素营养为主；6～7月为开花坐果期，以满足磷素、钾素营养为主。

2. **枣树需肥规律** 根据试验每生产100千克鲜枣需氮（N）1.8千克、磷（P_2O_5）1.3千克、钾（K_2O）1.5千克，对氮、磷、钾的吸收比例为1∶0.67∶0.87。

枣树所需养分因生育期而不同，从萌芽到开花期枣树对氮的吸收较多，供氮不足，发育枝和果枝生长受阻，花蕾分化差。开花期氮、磷、钾养分吸收增加，幼果期为根系生长高峰期，果实膨大期是养分吸收的高峰期，养分不足，果实生长受抑制，落果严重。果实成熟期至落叶期是树体养分进行积累贮藏期，但仍需要吸收一定数量的养分。

二、枣树测土施肥配方

1. **根据丰产园施肥量确定** 目前，生产上一般根据丰产园的施肥量调查情况，确定相似枣园的施肥量，再根据枣树生长结果的表现进行调整。如河北、山东、江苏等地枣树丰产园施肥量见表6－5，可供各地参考。

表6－5 枣树丰产园施肥量推荐

地点品种	立地树势	亩产（千克）	亩施肥量（千克）	每百克鲜枣施肥量折合（千克）		
				氮	磷	钾
河北新乐婆枣	平原沙丘地	1 235.5～1 514.5	有机肥1 200、硝酸铵60、过磷酸钙100	1.78	1.32	0.28
山东乐陵金丝小枣	平原黏土树势有变弱趋势	1 437.5～1 677	土粪6 500、氨水70、复合肥70	1.49	0.91	1.30
山东滕县小马牙枣	丘陵平坝大树树势转强	株产148	优质圈粪250、人尿80	0.87	0.54	0.80
江苏吴县白浦枣	丘陵梯田正常成园	株产30～35	湖草泥100～150、人粪尿30	1.49	1.58	2.28

2. **根据树龄确定** 西北农林科技大学徐福利等人（2010）根据树龄、土壤肥力、栽植密度和树势状况等，经过施肥耦合试验，总结提出不同树龄的最佳施肥用量和元素配比，见表6－6。

表6－6 不同树龄施肥量推荐（千克/株）

树龄（年）	有机肥	尿素	过磷酸钙	硫酸钾
当年栽植	10～15	0.2～0.3	0.5～0.6	0.1～0.2
2	15～25	0.4～0.5	0.7～0.8	0.3～0.4
3～5	25～35	0.6～0.8	1.0～1.4	0.4～0.6
6～7	35～45	1.0～2.0	2.0～3.0	0.7～1.0
8～14	45～60	2.0～3.0	3.0～4.0	1.2～2.0
14年以上	60～100	3.0～4.0	3.0～5.0	1.5～2.5

3. **根据百千克鲜枣需肥量修正确定** 甘肃省张化民根据目前我国枣树配方施肥中常采用的"以每生产100千克鲜枣是氮、磷、钾各多少"配方标准形式表达，依据河北、山东等地配方经验，考虑到肥料利用率等，提出甘肃省枣园配方推荐标准，见表6－7。

表6-7　甘肃省枣园每100千克鲜枣施肥配方

配方类型	基肥组	追肥组	基肥与追肥搭配比例
1	人粪尿49千克、过磷酸钙0.43千克、草木灰0.5千克	尿素2.78千克、过磷酸钙5.18千克、草木灰8.53千克	3∶7或2∶8
2	猪圈粪26.7千克、尿素0.43千克、过磷酸钙1.00千克	尿素2.78千克、磷酸二氢钾1.76千克、草木灰1.49千克	3∶7或2∶8
3	羊圈粪24千克、尿素0.26千克、过磷酸钙0.97千克	尿素2.03千克、磷酸二铵1.91千克、草木灰8.53千克	3∶7或2∶8

4. 叶片分析　主要根据树体的长势长相及枝条、叶片、果实、根系等特有的症状来判断某些矿质元素的盈亏，并以此来指导施肥。一般在7月上旬至8月中旬，选择枣树树冠外围枣吊中部的叶片，每吊取1片叶，每棵枣树按东西南北4个方向采4～8片叶，每个果园采100～300片叶进行营养分析，将分析结果与表6-8中的指标相比较，诊断枣树体营养状况。

表6-8　枣树营养诊断表

元素	成熟叶片含量		缺素症状	补救办法
	正常	缺乏		
氮	26.6～33.2克/千克	<15.5克/千克	老叶开始黄化，逐渐到嫩叶；叶小，落花落果，落叶早；果实小，早熟，着色好，产量低	叶面喷施1%尿素溶液2～3次
磷	1.5～6.8克/千克	<1克/千克	展开的幼叶呈青铜色或紫红色，边缘和叶尖焦枯，叶片稀疏，叶小质硬，新梢短，叶片与枝梢呈锐角；花芽发育不良，开花和坐果少，果小，品质差	叶面喷施0.3%～0.5%磷酸二氢钾或1.5%过磷酸钙
钾	15.3～28.5克/千克	<5克/千克	叶缘和叶尖黄化失绿，呈棕黄色或棕黑色，叶缘上卷；叶片边缘出现焦枯状褐斑，然后逐渐焦枯	叶面喷施0.5%～1%磷酸二氢钾2～3次
钙			新梢幼叶叶脉间和叶缘失绿，叶片淡黄色，叶脉间有褐色斑点，后叶缘焦枯，新梢顶端枯死，严重时大量落叶；叶片小，花朵萎缩；果小而畸形，淡绿色或裂果	喷施0.2%～0.3%的氯化钙溶液3～4次

（续）

元素	成熟叶片含量		缺素症状	补救办法
	正常	缺乏		
镁			新梢中下部叶片失绿黄化，后变为黄白色或呈条纹状、斑点状，逐渐扩大到全叶，进而形成坏死焦枯斑，叶脉仍绿色；果小畸形，不能正常成熟，品质差	叶面喷施 1%～2% 硫酸镁 3～4 次
铁			新梢顶部叶片黄绿色，逐渐变为黄白色，发白叶片出现褐色斑点；严重时叶片变白变薄，叶脉变黄，叶缘坏死，叶片脱落，顶端新梢及叶片焦枯；果实少，皮发黄，果汁少，品质差	喷施 0.5% 硫酸亚铁，或树干注射 0.5%～1% 的硫酸亚铁溶液 3～4 次
锌			新梢顶端叶片狭小丛生，叶肉褪绿，叶脉浓绿；枝细节短，花芽减少，不易坐果；果实畸形，果小产量低	叶面喷施 0.3%～0.5% 硫酸锌 3～4 次
锰			多从新梢中部叶片脉间失绿，逐渐向上或下扩展，严重时失绿部位出现焦灼斑点；叶脉保持绿色	喷施 0.3% 硫酸锰溶液 2～3 次
硼			新梢顶端停止生长，早春发生枯梢，夏末新梢叶片呈棕色，幼叶畸形，叶片扭曲，叶柄紫色，叶脉出现黄化，叶尖和叶缘出现坏死斑，生长点死亡，并由顶端向下枯死，新梢节间短，花序小，落花落果严重。果实出现褐斑，果实畸形，出现大量缩果	叶片喷施 0.1%～0.2% 硼砂或硼酸溶液 2～3 次
钼			生长发育不良，植株矮小；叶片失绿枯萎，最后坏死	叶片喷施 0.1%～0.2% 钼酸铵溶液 2～3 次

三、无公害枣树营养套餐肥料组合

1. **基肥**　根据测土施肥配方，以氮、磷、钾为基础，添加腐殖酸、有机型螯合微量元素、增效剂、土壤调理剂等，生产含锌、锰、硼、铁等枣树有机型专用肥，根据当地枣树施肥现状，综合各地枣树配方肥配制资料，建议氮、磷、钾总养分量为30%，氮、磷、钾比例分别为1∶0.67∶1.83。基础肥料选用及用量（1吨产品）如下：硫酸铵100千克、尿素158千克、磷酸二铵138千克、钙镁磷肥10千克、过磷酸钙100千克、硫酸钾160千克、硼砂20千克、氨基酸锌铜锰铁15千克、硝基腐殖酸200千克、氨基酸37千克、生物制剂20千克、增效剂12千克、土壤调理剂30千克。

也可选用生态有机肥、含促生真菌生物复混肥（20-0-10）、腐殖酸硫基高效复混肥（15-5-20）、腐殖酸涂层长效肥（20-10-15）、有机无机复混肥（14-6-10）、硫基长效缓释复混肥（23-12-10）等。

2. 生育期追肥　追肥可采用腐殖酸包裹尿素、增效尿素、腐殖酸型过磷酸钙、缓释磷酸二铵、大粒钾肥、含促生真菌生物复混肥（20-0-10）、腐殖酸硫基高效复混肥（15-5-20）、腐殖酸涂层长效肥（20-10-15）、有机无机复混肥（14-6-10）、硫基长效缓释复混肥（23-12-10）、硫基长效水溶性滴灌肥（10-15-25）等。

3. 根外追肥　可根据枣树生育情况，酌情选用含腐殖酸水溶肥、含氨基酸水溶肥、含海藻酸水溶肥、氨基酸螯合微量元素水溶肥、大量元素水溶肥、活力钙叶面肥、活力钾叶面肥、活力硼叶面肥等。

四、无公害枣树营养套餐施肥技术规程

本规程以成龄枣树高产、优质、无公害、环境友好为目标，选用有机无机复合肥料、长效缓释肥料、有机活性水溶肥料进行施用，各地在具体应用时，可根据当地枣树树龄及树势、测土配方推荐用量进行调整。

1. 一般灌溉条件下密植园或专用枣园枣树营养套餐施肥技术规程

（1）基肥　枣树基肥自秋季至翌春均可施用，但以秋季施用最好。基肥可采用环状沟施、放射状沟施、条状沟施、全园和树盘撒施等方法。根据当地肥源情况，选取下列组合之一：①株施生物有机肥3～5千克（无害化处理过的有机肥料40～60千克）、枣树有机型专用肥2.0～3.0千克或腐殖酸硫基高效复混肥（15-5-20）2.0～2.5千克；②株施生物有机肥3～5千克（无害化处理过的有机肥料40～60千克）、含促生真菌生物复混肥（20-0-10）2～3千克、腐殖酸型过磷酸钙2～3千克；③株施生物有机肥3～5千克（无害化处理过的有机肥料40～60千克）、腐殖酸涂层长效肥（20-10-15）1.5～2千克或硫基长效缓释复混肥（23-12-10）1.5～2千克；④株施生物有机肥3～5千克、有机无机复混肥（14-6-10）3～4千克；⑤株施生物有机肥3～5千

克（无害化处理过的有机肥料 40～60 千克）、增效尿素 0.5～1.0 千克、增效磷酸铵 0.5～1.0 千克、大粒钾肥 0.5～1.0 千克。

(2) 根际追肥　成龄枣树一般追肥 3～4 次，追肥方法以放射状沟施为好。

① 萌芽肥。一般在萌芽前 7～10 天，即 4 个月上中旬施入，主要目的是促进花芽分化、开花坐果、提高产量。成龄枣树施枣树有机型专用肥 0.8～1.0 千克；或硫基长效缓释复混肥（23 - 12 - 10）0.4～0.6 千克；或腐殖酸硫基高效复混肥（15 - 5 - 20）0.5～0.8 千克；或增效尿素 0.5～0.8 千克、腐殖酸型过磷酸钙 1～1.5 千克。

② 花期肥。一般在开花前（5 月下旬）施入，促进开花坐果，提高坐果率。成龄枣树株施枣树有机型专用肥 1～1.5 千克；或腐殖酸硫基高效复混肥（15 - 5 - 20）0.8～1.2 千克；或含促生真菌生物复混肥（20 - 0 - 10）1.0～1.5 千克、腐殖酸型过磷酸钙 0.5～1.0 千克。

③ 助果肥。一般于幼果发育期（6 月下旬至 7 月上旬），追施氮、磷、钾肥，作用是促进幼果生长，防止大量落果，增大果个。成龄枣树株施枣树有机型专用肥 2～2.5 千克；或腐殖酸硫基高效复混肥（15 - 5 - 20）1.6～1.8 千克；或硫基长效缓释复混肥（23 - 12 - 10）1.5～1.7 千克；或腐殖酸涂层长效肥（20 - 10 - 15）1.5～2 千克。

④ 后期追肥。一般在果实生长期，即 8 月上中旬施入，追肥以氮、磷、钾肥配合施用，适当提高钾肥施用量，作用是有利果个增大和光合作用，提高果实含糖量，增加果实品质，有利提高树体贮藏养分。成龄枣树株施枣树有机型专用肥 1～1.5 千克；或腐殖酸硫基高效复混肥（15 - 5 - 20）0.8～1.2 千克；或硫基长效缓释复混肥（23 - 12 - 10）0.7～1.0 千克；或腐殖酸涂层长效肥（20 - 10 - 15）0.8～1.2 千克；或增效尿素 0.3～0.50 千克、增效磷酸铵 0.5～0.7 千克、大粒钾肥 0.5～0.7 千克。

(3) 根外追肥　成龄枣树一般叶面追肥 3～4 次。

① 4 月中上旬。叶面喷施 500～1 000 倍腐殖酸水溶肥（500～1 000 倍氨基酸水溶肥）、1 500 倍活力硼叶面肥。

② 6 月上旬。叶面喷施 500～1 000 倍腐殖酸水溶肥（500～1 000 倍氨基酸水溶肥）、1 500 倍活力钙叶面肥、1 500 倍活力硼叶面肥。

③ 果实膨大期。连续 2 次叶面喷施 1 500 倍活力钙叶面肥、1 500 倍活力钾叶面肥，间隔期 14 天。

2. 一般灌溉条件下间作枣园枣树营养套餐施肥技术规程

(1) 基肥　枣树基肥自秋季至翌春均可施用，但以秋季施用最好。基肥可采用环状沟施、放射状沟施、条状沟施、全园和树盘撒施等方法。根据当地肥源情况，选取下列组合之一：①株施生物有机肥7～10千克（无害化处理过的有机肥料100～150千克）、枣树有机型专用肥2.5～3.0千克或腐殖酸硫基高效复混肥（15－5－20）2.0～2.5千克；②株施生物有机肥7～10千克（无害化处理过的有机肥料100～150千克）、含促生真菌生物复混肥（20－0－10）2.5～3千克、腐殖酸型过磷酸钙3～5千克；③株施生物有机肥7～10千克（无害化处理过的有机肥料100～150千克）、腐殖酸涂层长效肥（20－10－15）1.7～2.0千克或硫基长效缓释复混肥（23－12－10）1.5～2千克；④株施生物有机肥10～15千克、有机无机复混肥（14－6－10）3～4千克；⑤株施生物有机肥7～10千克（无害化处理过的有机肥料100～150千克）、增效尿素0.5～1.0千克、增效磷酸铵0.5～1.0千克、大粒钾肥0.5～1.0千克。

（2）根际追肥 成龄枣树一般追肥3～4次，追肥方法以放射状沟施为好。

① 萌芽肥。一般在萌芽前7～10天，即4个月上中旬施入，主要目的是促进花芽分化、开花坐果、提高产量。成龄枣树施枣树有机型专用肥1.0～1.2千克；或硫基长效缓释复混肥（23－12－10）0.5～0.7千克；或腐殖酸硫基高效复混肥（15－5－20）0.6～0.8千克；或增效尿素0.6～0.8千克、腐殖酸型过磷酸钙1～1.5千克。

② 花期肥。一般在开花前（5月下旬）施入，促进开花坐果，提高坐果率。成龄枣树株施枣树有机型专用肥1.2～1.5千克；或腐殖酸硫基高效复混肥（15－5－20）1.0～1.2千克；或含促生真菌生物复混肥（20－0－10）1.2～1.5千克、腐殖酸型过磷酸钙0.5～1.0千克。

③ 助果肥。一般于幼果发育期（6月下旬至7月上旬），追施氮、磷、钾肥，作用是促进幼果生长，防止大量落果，增大果个。成龄枣树株施枣树有机型专用肥2～2.5千克；或腐殖酸硫基高效复混肥（15－5－20）1.6～2.0千克；或硫基长效缓释复混肥（23－12－10）1.6～1.8千克；或腐殖酸涂层长效肥（20－10－15）1.8～2.0千克。

④ 后期追肥。一般在果实生长期，即8月上中旬施入，追肥以氮、磷、钾肥配合施用，适当提高钾肥施用量，作用是有利果个增大和光合作用，提高果实含糖量，增加果实品质，有利提高树体贮藏养分。成龄枣树株施枣树有机型专用肥1～1.5千克；或腐殖酸硫基高效复混肥（15－5－20）0.8～1.2千克；或硫基长效缓释复混肥（23－12－10）0.7～1.0千克；或腐殖酸涂层长效肥（20－10－15）0.8～1.2千克；或增效尿素0.3～0.50千克、增效磷酸铵0.5～0.7千克、大粒钾肥0.5～0.7千克。

（3）根外追肥 成龄枣树一般叶面追肥3～4次。

① 4月中上旬。叶面喷施500～1 000倍腐殖酸水溶肥（500～1 000倍氨

基酸水溶肥)、1 500 倍活力硼叶面肥。

②6月上旬。叶面喷施 500～1 000 倍腐殖酸水溶肥(500～1 000 倍氨基酸水溶肥)、1 500 倍活力钙叶面肥、1 500 倍活力硼叶面肥。

③果实膨大期。连续 2 次叶面喷施 1 500 倍活力钙叶面肥、1 500 倍活力钾叶面肥,间隔期 14 天。

3. 膜下滴灌条件下枣树营养套餐施肥技术规程

(1) 基肥 枣树基肥自秋季至翌春均可施用,但以秋季施用最好。基肥可采用环状沟施、放射状沟施、条状沟施、全园和树盘撒施等方法。根据当地肥源情况,选取下列组合之一:①株施生物有机肥 3～5 千克(无害化处理过的有机肥料 40～60 千克)、枣树有机型专用肥 2.0～3.0 千克或腐殖酸涂层长效肥(20-10-15)1.5～2 千克;②株施生物有机肥 3～5 千克(无害化处理过的有机肥料 40～60 千克)、含促生真菌生物复混肥(20-0-10)2～3 千克、腐殖酸型过磷酸钙 2～3 千克;③株施生物有机肥 3～5 千克(无害化处理过的有机肥料 40～60 千克)、腐殖酸硫基高效复混肥(15-5-20)2.0～2.5 千克;④株施生物有机肥 3～5 千克(无害化处理过的有机肥料 40～60 千克)、硫基长效缓释复混肥(23-12-10)1.5～2 千克;⑤株施生物有机肥 3～5 千克、有机无机复混肥(14-6-10)3～4 千克;⑥株施生物有机肥 3～5 千克(无害化处理过的有机肥料 40～60 千克)、增效尿素 0.5～1.0 千克、增效磷酸铵 0.5～1.0 千克、大粒钾肥 0.5～1.0 千克。

(2) 根际追肥 成龄枣树一般追肥 3～4 次,追肥方法以放射状沟施为好。

① 萌芽肥。一般在萌芽前 7～10 天,即 4 个月上中旬施入,主要目的是促进花芽分化、开花坐果、提高产量。成龄枣树每亩随滴灌施入硫基长效水溶性滴灌肥(10-15-25)3～4 千克。

② 花期肥。一般在开花前(5 月下旬)施入,促进开花坐果,提高坐果率。成龄枣树每亩随滴灌施入硫基长效水溶性滴灌肥(10-15-25)5～6 千克。

③ 助果肥。一般于幼果发育期(6 月下旬至 7 月上旬),追施氮、磷、钾肥,作用是促进幼果生长,防止大量落果,增大果个。成龄枣树每亩随滴灌施入硫基长效水溶性滴灌肥(10-15-25)8～10 千克。

④ 后期追肥。一般在果实生长期,即 8 月上中旬施入,追肥以氮、磷、钾肥配合施用,适当提高钾肥施用量,作用是有利果个增大和光合作用,提高果实含糖量,增加果实品质,有利提高树体贮藏养分。成龄枣树每亩随滴灌施入硫基长效水溶性滴灌肥(10-15-25)10～12 千克。

(3) 根外追肥 成龄枣树一般叶面追肥 3～4 次。

①4月中上旬。叶面喷施 500～1 000 倍腐殖酸水溶肥（500～1 000 倍氨基酸水溶肥）、1 500 倍活力硼叶面肥。

②6月上旬。叶面喷施 500～1 000 倍腐殖酸水溶肥（500～1 000 倍氨基酸水溶肥）、1 500 倍活力钙叶面肥、1 500 倍活力硼叶面肥。

③果实膨大期。连续 2 次叶面喷施 1 500 倍活力钙叶面肥、1 500 倍活力钾叶面肥，间隔期 14 天。

4. 旱地山地丘陵枣园枣树营养套餐施肥技术规程

（1）基肥　枣树基肥一般在果实成熟前后（9～11 月）。基肥可采用环状沟施、放射状沟施、条状沟施、全园和树盘撒施等方法。根据当地肥源情况，一般盛果期大树可选取下列组合之一：①株施生物有机肥 5～10 千克（无害化处理过的有机肥料 50～100 千克）、枣树有机型专用肥 2.0～3.0 千克或腐殖酸硫基高效复混肥（15 - 5 - 20）2.0～2.5 千克；②株施生物有机肥 5～10 千克（无害化处理过的有机肥料 50～100 千克）、含促生真菌生物复混肥（20 - 0 - 10）2～3 千克、腐殖酸型过磷酸钙 2～3 千克；③株施生物有机肥 5～10 千克（无害化处理过的有机肥料 50～100 千克）、腐殖酸涂层长效肥（20 - 10 - 15）1.5～2 千克或硫基长效缓释复混肥（23 - 12 - 10）1.5～2 千克；④株施生物有机肥 5～10 千克（无害化处理过的有机肥料 50～100 千克）、增效尿素 0.5～1.0 千克、增效磷酸铵 0.5～1.0 千克、大粒钾肥 0.5～1.0 千克。

（2）枣树穴贮肥水　适用于山地、坡地、干旱少雨等地枣园，主要操作技术如下。

①挖穴。枣树春季发芽前，在树冠外缘下方根系密集区内，均匀挖掘直径为 30～40 厘米、深 40～50 厘米的穴，穴的数量依冠径大小、土壤状况确定。山地枣园或幼树挖 3～4 个，7～8 年生枣树树冠达 3.5～4 米时挖 4～5 个，成龄大树挖 6～8 个。

②埋草。挖穴时，每穴内直立埋入 1 个直径为 20～30 厘米、长 30～40 厘米的草把。草把用玉米秆、高粱秆、麦秸、谷草等捆扎而成，并用水、尿混合液或 10%尿素液浸泡 1～2 天，使其充分吸收肥水。草把四周混用少量氮、磷、钾肥料（每穴用增效尿素 50 克、腐殖酸型过磷酸钙 50～100 克、大粒钾肥 50～100 克，或枣树专用肥 0.1～0.2 千克）土壤埋好，踏实。草把上端覆少量土，再施入枣树专用肥 0.1～0.2 千克与土拌匀后，回填于草把周围孔隙中踏实，使穴顶比周围略低呈漏斗状，以利于积水。

③灌水覆膜。每穴浇灌 7～10 升水，然后将树盘地面修平，覆盖地膜，在膜中心处捅 1 个孔，孔上压一石块，以利保墒。

④施肥灌水。一般在花后、新梢停长及采果后 3 个时期，每穴追施树有

机型专用肥 80～100 克；或腐殖酸硫基高效复混肥（15－5－20）70～90 克；或硫基长效缓释复混肥（23－12－10）50～70 克；或腐殖酸涂层长效肥（20－10－15）60～80 克。也可结合根际追肥进行。

（3）根际追肥 成龄枣树一般追肥 3～4 次，追肥方法以放射状沟施为好。

① 萌芽肥。一般在萌芽前 7～10 天，即 3 月中下旬至 4 月上中旬施入，主要目的是促进花芽分化、开花坐果、提高产量。成龄枣树施枣树有机型专用肥 0.8～1.0 千克；或硫基长效缓释复混肥（23－12－10）0.4～0.6 千克；或腐殖酸硫基高效复混肥（15－5－20）0.5～0.8 千克；或增效尿素 0.5～0.8 千克、腐殖酸型过磷酸钙 1～1.5 千克。

② 花期肥。一般在开花前（5 月中下旬至 6 月中旬）施入，促进开花坐果，提高坐果率。成龄枣树株施枣树有机型专用肥 1～1.5 千克；或腐殖酸硫基高效复混肥（15－5－20）0.8～1.2 千克；或含促生真菌生物复混肥（20－0－10）1.0～1.5 千克、腐殖酸型过磷酸钙 0.5～1.0 千克。

③ 果实膨大肥。一般在果实生长期，即 7 月上中旬施入，追肥以氮、磷、钾肥配合施用，适当提高钾肥施用量，作用是有利果个增大和光合作用，提高果实含糖量，增加果实品质，有利提高树体贮藏养分。成龄枣树株施枣树有机型专用肥 1～1.5 千克；或腐殖酸硫基高效复混肥（15－5－20）0.8～1.2 千克；或硫基长效缓释复混肥（23－12－10）0.7～1.0 千克；或腐殖酸涂层长效肥（20－10－15）0.8～1.2 千克；或增效尿素 0.3～0.50 千克、增效磷酸铵 0.5～0.7 千克、大粒钾肥 0.5～0.7 千克。

（4）根外追肥 成龄枣树一般叶面追肥 3～4 次。

① 4 月中上旬。叶面喷施 500～1 000 倍腐殖酸水溶肥（500～1 000 倍氨基酸水溶肥）、1 500 倍活力硼叶面肥。

② 6 月上旬。叶面喷施 500～1 000 倍腐殖酸水溶肥（500～1 000 倍氨基酸水溶肥）、1 500 倍活力钙叶面肥、1 500 倍活力硼叶面肥。

③ 果实膨大期。连续 2 次叶面喷施 1 500 倍活力钙叶面肥、1 500 倍活力钾叶面肥，间隔期 14 天。

第七章

柑橘类常绿果树测土配方与营养套餐施肥技术

常绿果树是指树叶寿命较长，三五年不落叶的一类果树。如柑橘、橙、柠檬、香蕉、凤梨、荔枝、杨梅、龙眼、枇杷、杨梅、椰子、杧果等，主要分布在热带和亚热带。

柑橘类果树种类繁多，品种复杂。主要有枸橼、柠檬、来檬、酸橙、甜橙、柚、葡萄柚和柑橘等。我国经济栽培区集中在四川、台湾、广东、广西、福建、浙江、江西、湖南、湖北、贵州和云南11个省（自治区）。

第一节　柑橘树测土配方与营养套餐施肥技术

柑橘是橘、柑、橙、金柑、柚、枳等的总称。我国是柑橘的重要原产地之一，柑橘资源丰富，优良品种繁多，有4 000多年的栽培历史。全国生产柑橘包括台湾在内有19个省（直辖市、自治区），产量约1 078万吨，居世界第二位。我国柑橘的经济栽培区主要集中在北纬20°～33°，海拔700～1 000米，其中主产柑橘的有浙江、福建、湖南、四川、广西、湖北、广东、江西、重庆和台湾等21个省（直辖市、自治区）。本节所指的柑橘主要是指柑和橘。

一、柑橘树的营养需求特点

1. **柑橘树吸收养分的特点**　柑橘生长发育所需的养分，主要靠根系从土壤中吸收，柑橘的叶片、枝梢、果实及主干等也能不同程度地吸收养分。

柑橘是常绿果树，全年生长周期中，无明显的休眠期，根系可周年吸收养分，加之根系发达，茎叶繁茂，一年多次抽梢，所以需肥量大，是落叶果树的1～2倍。综合各地研究资料，每生产1 000千克柑橘果实，需氮1.18～

1.85 千克、五氧化二磷 0.17～0.27 千克、氧化钾 1.70～2.61 千克、钙 0.36～1.04 千克、镁 0.17～1.19 千克，硼、锌、锰、铁、铜、钼等微量元素约 10～100 毫克/千克。

柑橘树对养分的吸收，随物候期不同而变化。早春气温低，柑橘对养分的需要量比较少。当气温回升，春梢抽发时，需要养分量逐渐增加。在夏季，由于枝梢生长和果实膨大，需要养分量明显增多，不仅需要大量的氮素，还需要磷素、钾素配合。秋季，随着秋梢的停长，根系进入第三次生长高峰，为补充树体营养，贮藏养分，促进花芽分化，柑橘仍需大量养分。以后随着气温的降低，生长量渐小，需要养分量也逐渐减少。

总的来说，4～10 月是柑橘树一年中吸肥最多的时期，氮、钾的吸收从仲夏开始增加，8～9 月出现最高峰。新梢对氮、磷、钾的吸收，由春季开始迅速增长，夏季达到高峰，入秋后开始下降，入冬后氮、磷吸收基本停止，接着钾的吸收也停止；果实对磷的吸收，从仲夏逐渐增加，至夏末秋初达到高峰，以后趋于平稳；对氮、钾的吸收从仲夏开始增加，秋季出现最高峰。

2. 柑橘树对土壤环境的要求　我国柑橘分布的主要地区以红壤为主，此外还有黄壤、赤红壤、砖红壤、石灰土、紫色土、潮土等，这些土壤多为酸性，一般认为最适宜柑橘生长的土壤 pH 范围在 5.5～6.5。

柑橘树一般要求土层厚在 1 米以上，结构良好的土壤，需要较好的通透性，土壤质地不宜过沙或过黏。

二、柑橘树测土施肥配方

柑橘施肥量的确定，需要考虑封营养状况、柑橘品种、树体生长发育情况、柑橘结果及对果实品质的要求等因素。

1. 根据土壤肥力状况和目标产量确定　胡承孝等人（2009）综合考虑品种、树龄、产量水平、土壤肥力等因素，提出"以果定肥，以树调肥，以土补肥"原则，柑橘施肥应以提高果园土壤缓冲性为核心，氮采取总量控制分期调控技术，磷、钾采取恒量监控技术，中微量元素做到因缺补缺技术。

（1）有机肥推荐技术　综合考虑品种、树龄、产量水平、土壤肥力等因素，早熟品种、土壤肥沃、树龄小的果园有机肥施用量为 2 000～3 000 千克/亩；高产品种、土壤瘠薄、树龄大的果园有机肥施用量为 3 000～4 000 千克/亩。

（2）氮采取总量控制分期调控技术　氮肥施用量取决于土壤有机质和柑橘的产量水平（表 7 - 1）。

表 7-1　柑橘氮肥推荐用量（千克/亩）

有机质含量 （克/千克）	产量水平			
	<1 330 千克/亩	1330～2 000 千克/亩	2 000～3 330 千克/亩	>3 330 千克/亩
<7.5	>10	>16.7	>23.3	—
7.5～10	10	16.7	20.0	23.3
10～15	6.7	13.3	16.7	20.0
15～20	3.3	10.0	13.3	16.7
>20	<3.3	6.7	10.0	13.3

（3）磷、钾采取恒量监控技术　磷肥施用量取决于土壤速效磷和柑橘的产量水平（表 7-2）。钾肥施用量取决于土壤交换和柑橘的产量水平（表 7-3）。

表 7-2　柑橘磷肥推荐用量（千克/亩）

有效磷含量 （毫克/千克）	产量水平			
	<1 330 千克/亩	1 330～2 000 千克/亩	2 000～3 330 千克/亩	>3 330 千克/亩
<15	>6	>8	>10	>12
15～30	6	8	10	12
30～50	4	6	8	10
>50	<2	4	6	8

表 7-3　柑橘钾肥推荐用量（千克/亩）

交换钾含量 （毫克/千克）	产量水平			
	<1 330 千克/亩	1 330～2 000 千克/亩	2 000～3 330 千克/亩	>3 330 千克/亩
<50	>16.7	>20	>23.3	>26.7
50～100	16.7	20	23.3	26.7
100～150	13.3	16.7	20	23.3
>150	<6.7	6.7～10	10～13.3	16.7～20.0

（4）中微量元素做到因缺补缺技术　主要是硼、锌等微量元素。

硼肥：有效硼≤0.25 毫克/千克，基施硼砂 15 克/株，幼果期喷施 0.1%～0.2%硼砂溶液 1～2 次；有效硼为 0.25～0.50 毫克/千克，基施硼砂 10 克/株，幼果期喷施 0.1%～0.2%硼砂溶液 1 次；有效硼为 0.50～0.80 毫克/千克，幼果期喷施 0.1%～0.2%硼砂溶液 2～3 次。

锌肥：有效锌（DTPA 提取）≤0.55 毫克/千克，基施硫酸锌 1.5 千克/亩；也可在幼果期喷施 0.1%～0.2%硫酸锌溶液。

2. 以产定肥 按照果实产量确定柑橘一个生长周年内的肥料施用量，该法适宜于产量比较稳定的成年树。如表7-4为温州蜜柑以产定肥推荐。

表7-4 温州蜜柑以产定肥推荐施肥量（千克/亩）

产量标准	氮	磷	钾
1~3年生幼树	2.5	2.5	1.3
5~6年生产量：250~750	5.0	3.8	2.5
1 260	8.8	6.5	7.5
1 760	12.5	9.3	10.8
2 520	17.5	13.0	15.0
2 520（早熟种）	17.5	15.0	8.8
2 520（贮藏用）	17.5	10.0	15.0

3. 按生产经验 这种方法盲目性大，适用于老产区有丰富栽培经验的种植户。表7-5、表7-6是几个不同地区的柑橘推荐施肥用量，可供我们制定施肥方案时参考。

表7-5 不同地区成年柑橘推荐施肥量（克/株）

地区	氮	五氧化二磷	氧化钾	氧化镁	密度（株/亩）
福建	417~500	92~108	347~415		70
四川	500~906	188~563	188~438		60
湖北	500~900	300~400	400~600	150~250	60~90

表7-6 柑橘丰产园推荐施肥量（千克/株）

地点	尿素	过磷酸钙	菜饼	花生麸	骨粉	猪粪	绿肥	厩肥
福建果树所	0.5	2.5		5.0		40	5.0	
浙江黄岩	1.9~2.2	0.5	3.5		0.75	150		30.4
广东澄海	0.43	0.2		0.5		30		
广州郊区	1.05	0.31		4.2		75		
广东杨村柑橘场	1.50	3.0		3.0		30		

4. 按树龄确定　表7-7为每亩38株温州蜜柑不同树龄的建议施肥量。

表7-7　温州蜜柑不同树龄施肥量（千克/亩）

树龄	氮	五氧化二磷	氧化钾
1年生	2.75	0.65	1.40
5年生	5.35	2.00	2.70
10年生	8.00	4.00	5.35
15年生	10.65	6.75	8.00
20年生	13.30	8.30	10.80

5. 通过肥效试验确定

（1）李晓红等（2011）在陕西省城固县进行"3414"肥效试验，建议初果树（4～6年生）亩施肥量为：氮33.9千克、五氧化二磷14.8千克、氧化钾30.0千克；盛果树（7～20年生）亩施肥量为：氮51.2千克、五氧化二磷24.2千克、氧化钾38.0千克。

（2）邓银霞等（2004）对鄂南棕红壤区柑橘施肥进行试验调查，建议高产柑橘园每株施肥量为：有机肥10千克、氮0.40～0.65千克、五氧化二磷0.25～0.50千克、氧化钾0.18～0.35千克。

（3）葛建军等（2007）在湖南省邵东县进行"3415"肥效试验，建议不同肥力柑橘园施肥量见表7-8。

表7-8　湖南省邵东县不同肥力水平柑橘园推荐施肥量（千克/亩）

碱解氮（毫克/千克）	目标产量（千克/亩）	氮	五氧化二磷	氧化钾
＞164	2 800	12.67	5.48	8.52
99～164	2 300	14.59	4.93	6.87
＜99	1 350	14.80	6.39	8.23

（4）陈丽妮等（2011）在湖南省益阳市进行"3415"肥效试验，建议不同肥力水平施肥量，如表7-9。

表7-9　湖南省益阳市不同肥力水平柑橘园推荐施肥量（千克/亩）

有效磷（毫克/千克）	速效钾（毫克/千克）	氮	五氧化二磷	氧化钾
＞14	＞70	12.3	5.5	7.1
10～14	60～70	11.2	6.1	8.4
＜10	＜60	10.4	6.4	8.6

6. 叶片分析　在 6～7 月每个果园采 100～300 片叶进行营养分析，测定非结果枝条上部叶片的养分含量，将分析结果与表 7‑10 中的指标相比较，诊断柑橘树体营养状况。

表 7‑10　柑橘树营养诊断表

元素	成熟叶片含量		缺素症状	补救办法
	正常	缺乏		
氮	蜜橘：25～30克/千克 椪柑：28～32克/千克	<20克/千克	新梢抽发不正常，枝叶稀少而细小；叶薄发黄，呈淡绿色至黄色，以致全株叶片均匀黄化，提前脱落；花少且小，果皮苍白光滑，常早熟；严重缺氮时出现枯梢，树势衰退，树冠光秃	叶面喷施1%～2%尿素溶液2～3次
磷	蜜橘：1～2克/千克 椪柑：1.2～1.8克/千克	<0.9克/千克	幼树生长缓慢，枝条细弱，较老叶片变为淡绿色至暗绿色或青铜色，失去光泽，有的叶片上有不定形枯斑，下部叶片趋向紫色，病叶早落；落叶后抽生的新梢上有小而窄的稀疏叶片，有的病树枝条枯死，开花很少或花而不实；成年树长期缺磷生长极度衰弱、矮小、叶片狭小，密生。果皮厚而粗糙，未成熟即变软脱落，未落果畸形，味酸	叶面喷施0.5%～1%磷酸二氢钾或1.5%过磷酸钙
钾	13～18克/千克	<7克/千克	老叶的叶尖和上部叶缘部分首先变黄，逐渐向下部扩展变为黄褐色至褐色焦枯，叶缘向上卷曲，叶片呈畸形，叶尖枯落，树冠顶部衰弱，新梢纤细，叶片较小；严重缺钾时在开花期即大量落叶，枝梢枯死；果小皮薄光滑，汁多酸少，易腐烂脱落；根系生长差，全树长势衰退	叶面喷施0.5%～1%磷酸二氢钾2～3次；或1%～1.5%硫酸钾溶液2～3次
钙	33～50克/千克	<15克/千克	春梢嫩叶的上部叶缘处首先呈黄色或黄白色；主、侧脉间及叶缘附近黄化，主、侧脉及其附近叶肉仍为绿色；以后黄化部分扩大，叶面大块黄化，并产生枯斑，病叶窄而小、不久脱落；生理落果严重，枝梢顶端向下枯死，侧芽发出的枝条也会很快枯死；病果常小而畸形，淡绿色，汁胞皱缩；根系少，生长衰弱，棕色，最后腐烂	喷施0.5%～1%的硝酸钙溶液3～4次
镁	27～45克/千克	<2克/千克	老叶和果实附近叶片先发病，症状表现最明显。病叶沿中脉两侧生不规则黄斑，逐渐向叶缘扩展，使侧脉向叶肉呈肋骨状黄白色带，则侧黄斑相互联合，叶片大部分黄化，仅中脉及其基部或叶尖处残留三角形或倒"V"形绿色部分。严重缺镁时病叶全部黄化，遇不良环境很易脱落	叶面喷施1%～2%硫酸镁3～4次

· 150 ·

（续）

元素	成熟叶片含量		缺素症状	补救办法
	正常	缺乏		
铁	60～120毫克/千克	<35毫克/千克	新梢嫩叶发病变薄黄化，叶肉淡绿色至黄白色，叶脉呈明显绿色网纹状，以小枝顶端嫩叶更为明显，但病树老叶仍保持绿色。严重缺铁时除主脉近叶柄处为绿色外，全叶变为黄色至黄白色，失去光泽，叶缘变褐色和破裂，并可使全株叶片均变为橙黄色至白色	喷施0.5%硫酸亚铁，或树干注射0.5%～1%的硫酸亚铁溶液3～4次
锌	25～100毫克/千克	<15毫克/千克	一般新梢成熟的新叶叶肉先黄化，呈黄绿色至黄色，主、侧脉及其附近叶肉仍为正常绿色。老叶的主、侧脉具有不规则绿色带，其余部分呈淡绿色、淡黄色或橙黄色。有的叶片仅在绿色主、侧脉间呈现黄色和淡黄色小班块。严重缺锌时病叶显著直立、窄小，新梢缩短，枝叶呈丛生状，随后小枝枯死，但在主枝或树干上长出的新梢叶片接近正常	叶面喷施0.3%～0.5%硫酸锌溶液3～4次
锰	25～100毫克/千克	<15毫克/千克	幼叶上表现明显症状，病叶变为黄绿色，主、侧脉及附近叶肉绿色至深绿色。轻度缺锰的叶片在成长后可恢复正常，严重或继续缺锰时侧脉间黄化部分逐渐扩大，最后仅主脉及部分侧脉保持绿色，病叶变薄。缺锰症的病叶大小，形状基本正常，黄化部分色较绿。缺锰症不同于缺锌症和缺铁症，缺锌症嫩叶小而尖，黄化部分色较黄；缺铁症的病叶黄化部分呈显著的黄白色	叶面喷施0.3%硫酸锰溶液2～3次
硼	25～100毫克/千克	<15毫克/千克	嫩叶上初生水渍状细小黄斑。叶片扭曲，随着叶片长大，黄斑扩大成黄白色半透明或透明状，叶脉亦变黄，主、侧脉肿大木栓化，最后开裂。病叶提早脱落，以后抽出的新芽丛生，严重时全树黄叶脱落和枯梢。老叶上主、侧脉亦肿大，木栓化和开裂，有暗褐色斑，斑点多时全叶呈暗褐色，无光泽，叶肉较厚，病叶向背面卷曲呈畸形。病树幼果皮生乳白色微突起小斑，严重时出现下陷的黑斑，并引起大量落果。残留树上的果实小，畸形，皮厚而硬，果面有褐色木栓化瘤状突起	叶面喷施0.1%～0.2%硼砂或硼酸溶液2～3次

（续）

元素	成熟叶片含量		缺素症状	补救办法
	正常	缺乏		
铜	5～15毫克/千克	<3毫克/千克	幼嫩枝叶先表现明显症状。幼枝长而软弱，上部扭曲下垂或呈"S"状，以后顶端枯死。嫩叶变大而呈深绿色，叶面凹凸不平，叶脉弯曲呈弓形；以后老叶也表现大而深绿色，略呈畸形。严重缺铜时，从病枝一处能长出许多柔嫩细枝，形成丛枝，长至数厘米则从顶端向下枯死。果实常较枝条迟表现症状，轻度缺铜时果面只生许多大小不一的褐色斑点，后则斑点变为黑色。严重缺铜时病树不结果，或结的果小，显著畸形，淡黄色。果皮光滑增厚，幼果常纵裂或横裂而脱落，其果皮和中轴以及嫩枝有流胶现象	叶面喷施0.2%～0.3%硫酸铜溶液3～4次

三、无公害柑橘树营养套餐肥料组合

1. **基肥** 根据测土施肥配方，以氮、磷、钾为基础，添加腐殖酸、有机型螯合微量元素、增效剂、土壤调理剂等，生产含锌、锰、硼、铁、铜等柑橘树有机型专用肥，根据当地柑橘树施肥现状，选取下列3个配方中一个作为基肥施用。综合各地柑橘树配方肥配制资料，基础肥料选用及用量（1吨产品）如下。

配方1：建议氮、磷、钾总养分量为30%，氮、磷、钾比例分别为1:0.6:1.4。硫酸铵100千克、尿素160千克、磷酸一铵58千克、过磷酸钙190千克、钙镁磷肥10千克、硫酸钾280千克、钼酸铵0.5千克、七水硫酸锌20千克、硝基腐殖酸100千克、氨基酸30千克、生物制剂21千克、增效剂10.5千克、土壤调理剂20千克。

配方2：建议氮、磷、钾总养分量为35%，氮、磷、钾比例分别为1:0.8:1.36。硫酸铵100千克、尿素158千克、磷酸一铵139千克、氨化过磷酸钙150千克、硫酸钾300千克、硼砂15千克、氨基酸螯合锌锰钼铁铜17千克、硝基腐殖酸86千克、生物制剂15千克、增效剂10千克、土壤调理剂10千克。

配方3：建议氮、磷、钾总养分量为25%，氮、磷、钾比例分别为1:0.78:1。硫酸铵100千克、尿素130千克、磷酸一铵68千克、钙镁磷肥200千克、硫酸钾180千克、七水硫酸锌20千克、钼酸铵0.5千克、硝基腐殖酸 200 千克、氨基酸 39.5 千克、生物制剂 30 千克、增效剂 12 千克、土壤调理剂 20 千克。

也可选用腐殖酸含促生菌生物复混肥（20 - 0 - 10）、腐殖酸涂层长效肥（18 - 10 - 17）、腐殖酸高效缓释复混肥（18 - 8 - 4）、海藻有机无机复混肥（22 - 10 - 8）等。

2. 生育期追肥 追肥可采用腐殖酸包裹尿素、增效尿素、腐殖酸型过磷酸钙、缓释磷酸二铵、腐殖酸含促生菌生物复混肥（20 - 0 - 10）、腐殖酸涂层长效肥（18 - 10 - 17）、腐殖酸高效缓释复混肥（18 - 8 - 4）、海藻有机无机复混肥（22 - 10 - 8）等。

3. 根外追肥 可根据柑橘树生育情况，酌情选用含腐殖酸水溶肥、含氨基酸水溶肥、含海藻酸水溶肥、氨基酸螯合微量元素水溶肥、大量元素水溶肥、活力钙叶面肥、活力硼叶面肥、活力钾叶面肥等。

四、无公害柑橘树营养套餐施肥技术规程

本规程以柑橘高产、优质、无公害、环境友好为目标，选用有机无机复合肥料、长效缓释肥料、有机活性水溶肥料进行施用，各地在具体应用时，可根据当地柑橘树龄及树势、测土配方推荐用量进行调整。

1. 柑橘幼树营养套餐施肥技术规程

柑橘幼树在肥料分配上要求施足有机肥培肥土壤，化肥做到前期薄肥勤施，后期控肥水、促老熟。

（1）基肥。柑橘幼树基肥一般在 11～12 月施用最好。基肥可采用环状沟施方法。根据当地肥源情况，选取下列组合之一：①株施生物有机肥 1～2 千克（无害化处理过的有机肥料 15～20 千克）、柑橘树有机型专用肥 1.0～2.0 千克或腐殖酸涂层长效肥（18 - 10 - 17）0.8～1.5 千克；②株施生物有机肥 1～2 千克（无害化处理过的有机肥料 15～20 千克）、含促生真菌生物复混肥（20 - 0 - 10）1～2 千克、腐殖酸型过磷酸钙 1 千克；③株施生物有机肥 1～2 千克（无害化处理过的有机肥料 15～20 千克）、腐殖酸高效缓释复混肥（18 - 8 -4）1.5～2 千克；④株施生物有机肥 2～3 千克、海藻有机无机复混肥（22 - 10 - 8）0.6～0.8 千克；⑤株施生物有机肥 1～2 千克（无害化处理过的有机肥料 15～20 千克）、增效尿素 0.3～0.5 千克、增效磷酸铵 0.2～0.3 千克、大粒钾肥 0.3～0.5 千克。

（2）根际追肥 柑橘幼树一般追肥 3 次，追肥方法以放射状沟施、条状沟施为好。

① 春梢抽生期。株施柑橘树有机型专用肥 0.3～0.5 千克；或含促生真菌生物复混肥（20-0-10）0.3～0.5 千克；或海藻有机无机复混肥（22-10-8）0.2～0.4 千克；或增效尿素 0.2～0.3 千克。

② 夏梢抽生期。株施柑橘树有机型专用肥 0.3～0.5 千克；或腐殖酸涂层长效肥（18-10-17）0.2～0.4 千克；或海藻有机无机复混肥（22-10-8）0.2～0.4 千克；或增效尿素 0.2～0.3 千克、腐殖酸型过磷酸钙 0.3～0.5 千克、大粒钾肥 0.2～0.3 千克。

③ 秋梢抽生期。株施柑橘树有机型专用肥 0.8～1.0 千克；或腐殖酸涂层长效肥（18-10-17）0.6～0.8 千克；或海藻有机无机复混肥（22-10-8）0.5～0.7 千克；或增效尿素 0.4～0.6 千克、腐殖酸型过磷酸钙 0.8～1.0 千克、大粒钾肥 0.5～0.7 千克。

（3）根外追肥　柑橘幼树一般叶面追肥 2～3 次。

① 夏梢抽生期。叶面喷施 500～1 000 倍腐殖酸水溶肥或 500～1 000 倍氨基酸水溶肥。

② 秋梢抽生期。叶面喷施 500～1 000 倍腐殖酸水溶肥（500～1 000 倍氨基酸水溶肥）、1 500 倍活力钙叶面肥、1 500 倍活力钾叶面肥 2 次，间隔期 20 天。

2. 柑橘结果树营养套餐施肥技术规程　柑橘进入结果期后，施肥的目的主要是不断扩大树冠，同时获得果实的丰产和优质，施肥要做到调节营养生长和生殖生长达到相对平衡。

（1）基肥　柑橘结果树基肥一般在采果后（11～12 月）施用最好。基肥可采用放射状沟施、条状沟施、穴施等方法。根据当地肥源情况，选取下列组合之一：①株施生物有机肥 3～5 千克（无害化处理过的有机肥料 30～50 千克）、柑橘树有机型专用肥 1.5～2.0 千克或腐殖酸涂层长效肥（18-10-17）1.2～1.5 千克；②株施生物有机肥 3～5 千克（无害化处理过的有机肥料 30～50 千克）、含促生真菌生物复混肥（20-0-10）1.5～2 千克、腐殖酸型过磷酸钙 1～2 千克；③株施生物有机肥 3～5 千克（无害化处理过的有机肥料 30～50 千克）、腐殖酸高效缓释复混肥（18-8-4）2.0～3.0 千克；④株施生物有机肥 4～6 千克、海藻有机无机复混肥（22-10-8）1.0～1.3 千克；⑤株施生物有机肥 3～5 千克（无害化处理过的有机肥料 30～50 千克）、增效尿素 0.4～0.6 千克、增效磷酸铵 0.3～0.5 千克、大粒钾肥 0.5～0.7 千克。

（2）根际追肥　柑橘幼树一般追肥 3 次，追肥方法以放射状沟施、条状沟施为好。

① 春梢肥。一般在柑橘春梢萌芽前 15～20 天施入，株施株施生物有机肥 1～2 千克或无害化处理过的有机肥料 10～15 千克基础上，再施柑橘树有机型

专用肥 1.0~1.5 千克；或含促生真菌生物复混肥（20-0-10）1.0~1.5 千克；或海藻有机无机复混肥（22-10-8）0.8~1.0 千克；或腐殖酸高效缓释复混肥（18-8-4）1.0~1.5 千克；或增效尿素 0.4~0.6 千克、腐殖酸型过磷酸钙 0.8~1.0 千克、大粒钾肥 0.2~0.3 千克。

② 谢花肥（保果肥）。一般于 5 月中旬施用。株施柑橘树有机型专用肥 0.5~0.7 千克；或含促生真菌生物复混肥（20-0-10）0.5~0.7 千克；或海藻有机无机复混肥（22-10-8）0.3~0.5 千克；或腐殖酸高效缓释复混肥（18-8-4）0.5~0.7 千克；或增效尿素 0.1~0.2 千克、腐殖酸型过磷酸钙 0.8~1.0 千克、大粒钾肥 0.2~0.4 千克。

③ 壮果促梢肥。一般在 7 月末至 8 月中旬施入。株施柑橘树有机型专用肥 1.0~1.2 千克；或含促生真菌生物复混肥（20-0-10）1.0~1.2 千克；或海藻有机无机复混肥（22-10-8）0.8~1.0 千克；或腐殖酸高效缓释复混肥（18-8-4）1.0~1.3 千克；或增效尿素 0.6~0.8 千克、腐殖酸型硫酸镁 0.2~0.4 千克、大粒钾肥 0.2~0.3 千克。

（3）根外追肥　柑橘幼树一般叶面追肥 2~3 次。

① 春梢萌芽期。叶面喷施 500~1 000 倍腐殖酸水溶肥（500~1 000 倍氨基酸水溶肥）、1 500 倍活力硼叶面肥。

② 谢花保果期。叶面喷施 500~1 000 倍腐殖酸水溶肥（500~1 000 倍氨基酸水溶肥）、1 500 倍活力钙叶面肥 2 次，间隔期 20 天。

③ 果实膨大期。叶面喷施 600~800 倍大量元素水溶肥、1 500 倍活力钙叶面肥 2 次，间隔期 20 天。

第二节　橙子树测土配方与营养套餐施肥技术

橙子树是芸香科柑橘属植物，有柳橙、甜橙、脐橙、锦橙、夏橙、黄果、金环、柳丁等，是柚子与橘子的杂交品种。目前以脐橙种植最为有名。我国种植脐橙的产地主要在重庆、江西、湖北、湖南、四川、广西、福建、浙江、云南、贵州等地。本节以脐橙为例说明。

一、脐橙树的营养需求特点

1. **脐橙树周年生长营养吸收特点**　脐橙是亚热带常绿果树，周年多次抽梢和发根，且挂果期长。由于外界环境季节性变异，其树体不同物候期对养分的吸收、利用和积累，存在明显的变化。

根据研究表明：叶片含氮量，8～9月含量最高，3～4月最低。开花时，上年生枝梢叶片含氮量最低，说明冬季土温低，植株根系吸收的氮素甚少，同时将氮素运转到新生长的部位。叶片的含磷量通常是随着叶龄的增大而降低。叶片含钾量也是如此，上年抽生的叶片，到翌年4月含钾量为展叶时的55%。叶片含钙量，仍然是幼叶最低，并随着叶龄的增大而逐渐增加。叶片含镁量则是幼叶最低，并随着叶龄增加而上升，10月以后又迅速下降，至翌年3月降到最低。

微量元素的季节性变化总趋势是，锰、硼、铁含量，随着叶龄增大而逐渐增高。其中，锰和硼的含量在春季开花和抽梢的5个月中不断上升，以后的3～5个月中变化不大，最后则显著下降；铁的含量除9月和11月外，一般是叶片越老含量越高。然而，叶片锌和铜的含量，自5月开始的2～5个月有所增加，此后则逐渐下降，到翌年3～4月处于最低水平。

脐橙果实发育过程中，矿质元素的动态变化特征现叶片变化有些不同。其一是果实矿质元素含量比叶片低；其二是果实矿质元素浓度的最高峰期比叶片来得早。果实发育前、中期营养元素的变化比较复杂，9月以后趋向稳定。从10种营养元素含量的变化动态来看，多在6月含量达到最高水平（除了果皮中的钙在果实成熟时达到最高峰及铁在果实生长量达到最大时出现最高峰）。在6月上旬，果皮和果肉矿质元素含量同时达到最高峰的元素有氮、磷和硼；从6月上旬到6月下旬，果皮和果肉中的元素含量都有一个上升过程的是钙、铁和锰；而钾、镁、锌三元素只有果皮从6月上旬到6月下旬呈现上升，果肉仍然是在6月上旬达到最高峰，以后则下降。

2. 不同年龄时期脐橙树的营养特点　脐橙不同年龄时期有其特殊的生理特点和营养需求。诸如幼龄期，主要是扩大根系、拓展树冠，这个时期因植株尚小，因此需肥量相对较少，通常应施足氮肥，适当配合磷、钾肥等；生长结果期，植株不仅应保持足量的营养生长，而且因进入开花结果，为促进花芽分化，提高产量，应增施磷、钾肥；结果盛期，树体的结果量处于其生命周期中的高产阶段，为保证稳定高产和优质，并延长盛果年限，除增加各元素的施用量外，特别要注意各种养分的配合施用，以维持元素间的平衡，防止出现营养失调现象，从而满足树体生长和果实发育的营养需求。

许多研究工作者就脐橙不同年龄对养分的吸收量进行过研究，为施肥方案的制定提供了科学依据。根据日本的综合资料，不同树龄每年吸收大量元素的数量见下表。由表7-11可见，随着树龄增大，对各种养分的吸收量增加，且各元素的吸收比率亦有差异。总的看，进入盛果期后，各元素的吸收量明显增多。其中钙、钾的吸收比率（与氮素之比）也显著提高。

表 7-11　脐橙树不同树龄每年吸收养分量（克/株）

树龄	N	P₂O₅	K₂O	CaO	MgO
4 年生	63.0	10.0	41.0	28.0	12.0
10 年生	90.0	12.5	97.5	90.0	19.0
23 年生	392.0	55.0	289.0	538.0	—
45～50 年生	298.3	47.7	158.3	420.0	54.3

二、脐橙树测土施肥配方

1. 按各地丰产园施肥经验确定　根据对四川、重庆、湖南等脐橙主产区丰产园施肥进行调查，总结出表 7-12 是同地区的脐橙推荐施肥用量，可供制定施肥方案时参考。

表 7-12　主要产区施肥量推荐（千克/亩）

地区	品种	氮	五氧化二磷	氧化钾
四川内江	锦橙	34	29	26
四川合川	锦橙	19.8	9.8	9.3
四川长寿	夏橙	34	24	26
湖南东安	脐橙	61	17.1	22.2
四川内江	脐橙	46	25	25
重庆奉节	脐橙	33.9	24.4	18.9
湖南新宁	脐橙	43.5	10.2	6.5
湖南永州	脐橙	27.2	10.1	11.6

2. 根据树龄确定　据对湖南、江西等脐橙主产区施肥进行调查总结，不同树龄的脐橙施肥量推荐量如表 7-13。

表 7-13　不同树龄施肥量推荐（千克/株）

树龄	氮	五氧化二磷	氧化钾	氮、磷、钾比例
1	0.15	0.05	0.1	1∶0.33∶0.66
2	0.25	0.125	0.2	1∶0.5∶0.8
3	0.35	0.2	0.25	1∶0.43∶0.71
4	0.25	0.125	0.25	1∶0.5∶1
成年树	1.07	0.54	0.63	1∶0.51∶0.59
江西赣南成年树	0.44～0.89	0.24～0.47	0.27～0.62	1∶（0.40～0.61）∶（0.55～0.86）

3. 叶片分析 在 6～7 月每个果园采 100～300 片叶进行营养分析，测定非结果枝条上部叶片的养分含量，将分析结果与表 7 - 14 中的指标相比较，诊断脐橙树体营养状况。

表 7 - 14 脐橙树营养诊断表

元素	成熟叶片含量		缺素症状	补救办法
	正常	缺乏		
氮	25～27 克/千克	＜22 克/千克	多发生在夏季和冬季。新梢、叶抽生不正常，枝叶少而细小，叶薄，叶色呈极淡绿至黄色，提前落叶；花少、着果率低，严重时枯梢、树势衰弱	叶面喷施 1%～2%尿素溶液 2～3 次
磷	12～17 克/千克	＜7 克/千克	越冬老叶会突然大量脱落，多数落叶是叶尖先发黄，然后变褐枯死。越冬老叶缺少光泽，且多呈青铜色。春梢生长弱，花蕾少，且大部分弱枝枯死	叶面喷施 0.5%～1%磷酸二氢钾或 1.5%过磷酸钙
钾	1.2～1.7 克/千克	＜0.9 克/千克	老叶叶尖区叶缘部分发黄，严重时卷缩成畸形，新梢短小、细弱，根系弱小，果实变小，果皮薄而光滑	叶面喷施 0.5%～1%磷酸二氢钾 2～3 次；或 1%～1.5%硫酸钾溶液 2～3 次
钙	30～45 克/千克	＜15 克/千克	常在夏末秋初树冠中下部春梢叶片上首先表现症状。叶片上部、叶缘两侧发黄，生黄色斑点，严重时斑点扩大，但一般不延及中脉，结果多时症状明显，并出现落叶枯梢现象，根系衰弱	喷施 0.5%～1%的硝酸钙溶液 3～4 次
镁	3.0～4.9 克/千克	＜2 克/千克	多出现在树冠中下部的成熟春叶上，以夏末和果实成熟时常见。叶缘两侧及中部呈不规则的黄色条斑，随着症状加重，条斑不断扩大，在中脉两侧形成条带，仅在叶尖及叶基部保持绿色三角区（倒 V 字形）	叶面喷施 1%～2%硫酸镁 3～4 次
铁	50～120 毫克/千克	＜35 毫克/千克	花叶，在主、侧脉附近的叶肉保持绿色，而脉间的叶肉退绿呈黄色	喷施 0.5%硫酸亚铁溶液 3～4 次
锌	25～49 毫克/千克	＜18 毫克/千克	常在秋梢或部分晚梢上发生。新叶老熟后在脉间产生淡绿至黄色斑点，随症状加重，黄斑扩大，杈梢节间缩短，枝叶丛生，叶片变小，果实僵化	叶面喷施 0.3%～0.5%硫酸锌溶液 3～4 次

（续）

元素	成熟叶片含量		缺素症状	补救办法
	正常	缺乏		
锰	25～49毫克/千克	<18毫克/千克	新叶暗绿色叶脉之间出现淡绿色斑点或条斑，随叶片成熟，症状越来越明显，淡绿色或淡黄绿色区域随病情加强而扩大，叶片变薄，老熟叶片也常保留症状	叶面喷施 0.3%硫酸锰溶液 2～3 次
硼	36～100毫克/千克	<20毫克/千克	新叶产生水渍状黄斑，随生长斑点扩大，叶脉失绿黄化，主侧脉增粗并木栓化，严重时开裂，嫩芽丛生，叶片畸形、反卷；果实瘤状突起、畸形、流胶、僵硬，成熟果色差、汁少、糖度低、不耐贮藏	叶面喷施 0.1%～0.2%硼砂或硼酸溶液 2～3 次
钼	1～10毫克/千克	<0.5毫克/千克	缺钼易产生黄斑病。叶片最初在早春出现水浸状，随后夏季发展成较大的脉间黄斑，叶片背面流胶，并很快变黑。缺钼严重时，叶片变薄，叶缘焦枯，病树叶片脱落。缺钼初期，脉间先受害，且阳面叶片症状较明显。缺钼新叶呈现一片淡黄，且纵卷向内抱合（常称新叶黄化抱合症），结果少，部分越冬老叶中脉间隐约可见油渍状小斑点	叶面喷施 0.1%～0.2%钼酸铵铜溶液 3～4 次

三、无公害脐橙树营养套餐肥料组合

1. **基肥**　根据测土施肥配方，以氮、磷、钾为基础，添加腐殖酸、有机型螯合微量元素、增效剂、土壤调理剂等，生产含锌、锰、硼、铁、铜等脐橙树有机型专用肥，根据当地脐橙树施肥现状，综合各地脐橙树配方肥配制资料，基础肥料选用及用量（1 吨产品）如下。

建议氮、磷、钾总养分量为 30%，氮、磷、钾比例分别为 1:0.52:0.79。硫酸铵 100 千克、尿素 216 千克、磷酸一铵 62 千克、过磷酸钙 200 千克、钙镁磷肥 20 千克、硫酸钾 206 千克、硼砂 15 千克、氨基酸螯合锌锰铁钼 20 千克、硝基腐殖酸 90 千克、氨基酸 20 千克、生物制剂 20 千克、增效剂 10 千克、土壤调理剂 21 千克。

也可选用腐殖酸含促生菌生物复混肥（20-0-10）、腐殖酸涂层长效肥

（18-10-17）、腐殖酸高效缓释复混肥（18-8-4）、海藻有机无机复混肥（22-10-8）等。

2. 生育期追肥 追肥可采用腐殖酸包裹尿素、增效尿素、腐殖酸型过磷酸钙、缓释磷酸二铵、腐殖酸含促生菌生物复混肥（20-0-10）、腐殖酸涂层长效肥（18-10-17）、腐殖酸高效缓释复混肥（18-8-4）、海藻有机无机复混肥（22-10-8）等。

3. 根外追肥 可根据脐橙树生育情况，酌情选用含腐殖酸水溶肥、含氨基酸水溶肥、含海藻酸水溶肥、氨基酸螯合微量元素水溶肥、大量元素水溶肥、活力钙叶面肥、活力硼叶面肥、活力钾叶面肥等。

四、无公害脐橙树营养套餐施肥技术规程

本规程以脐橙高产、优质、无公害、环境友好为目标，选用有机无机复合肥料、长效缓释肥料、有机活性水溶肥料进行施用，各地在具体应用时，可根据当地脐橙树龄及树势、测土配方推荐用量进行调整。

1. 脐橙结果前幼树营养套餐施肥技术规程 脐橙结果前幼树以扩大树冠为主要目的，因此应以有机肥为主，适当增施氮肥，辅以磷、钾肥。

（1）**基肥** 脐橙结果前幼树基肥一般在11~12月施用最好。基肥可采用环状沟施方法。根据当地肥源情况，选取下列组合之一：①株施生物有机肥1~2千克（无害化处理过的有机肥料15~20千克）、脐橙脐橙树有机型专用肥0.5~1.0千克或腐殖酸涂层长效肥（18-10-17）0.4~0.6千克；②株施生物有机肥1~2千克（无害化处理过的有机肥料15~20千克）、含促生真菌生物复混肥（20-0-10）0.5~1.0千克、腐殖酸型过磷酸钙1千克；③株施生物有机肥1~2千克（无害化处理过的有机肥料15~20千克）、腐殖酸高效缓释复混肥（18-8-4）0.5~1.0千克；④株施生物有机肥2~3千克、海藻有机无机复混肥（22-10-8）0.3~0.5千克；⑤株施生物有机肥1~2千克（无害化处理过的有机肥料15~20千克）、增效尿素0.1~0.2千克、增效磷酸铵0.2~0.3千克、大粒钾肥0.2~0.3千克。

（2）**根际追肥** 脐橙结果前幼树一般追肥2次，追肥方法以放射状沟施、条状沟施为好。

①促梢肥。每次新梢抽生前7~10天施促梢肥，株施生物有机肥1~1.5千克或无害化处理过的有机肥料10~15千克基础上，再施脐橙树有机型专用肥0.2~0.3千克；或含促生真菌生物复混肥（20-0-10）0.2~0.4千克；或海藻有机无机复混肥（22-10-8）0.1~0.2千克。

② 壮梢肥。新梢剪后追施 1～2 次壮梢肥。株施脐橙树有机型专用肥 0.3～0.5 千克；或腐殖酸涂层长效肥（18－10－17）0.2～0.4 千克；或海藻有机无机复混肥（22－10－8）0.2～0.4 千克；或增效尿素 0.2～0.3 千克、腐殖酸型过磷酸钙 0.3～0.5 千克、大粒钾肥 0.2～0.3 千克。

（3）根外追肥 脐橙结果前幼树一般叶面追肥 2～3 次。

① 夏梢抽生期。叶面喷施 500～1 000 倍腐殖酸水溶肥或 500～1 000 倍氨基酸水溶肥。

② 秋梢抽生期。叶面喷施 500～1 000 倍腐殖酸水溶肥（500～1 000 倍氨基酸水溶肥）、1 500 倍活力钙叶面肥、1 500 倍活力钾叶面肥 2 次，间隔期 20 天。

2. 脐橙初结果树营养套餐施肥技术规程 脐橙初结果树继续以扩大树冠，又要形成一定产量，因此施肥以壮果攻梢肥为主，随树龄和结果量增加施肥量逐年增加。

（1）基肥 脐橙结果前幼树基肥一般在 11～12 月施用最好。基肥可采用环状沟施方法。根据当地肥源情况，选取下列组合之一：①株施生物有机肥 2～3 千克（无害化处理过的有机肥料 20～30 千克）、脐橙脐橙树有机型专用肥 1～1.5 千克或腐殖酸涂层长效肥（18－10－17）0.8～1.0 千克；②株施生物有机肥 2～3 千克（无害化处理过的有机肥料 20～30 千克）、含促生真菌生物复混肥（20－0－10）1～1.5 千克、腐殖酸型过磷酸钙 1 千克；③株施生物有机肥 2～3 千克（无害化处理过的有机肥料 20～30 千克）、腐殖酸高效缓释复混肥（18－8－4）1.0～1.5 千克；④株施生物有机肥 4～5 千克、海藻有机无机复混肥（22－10－8）0.6～0.8 千克；⑤株施生物有机肥 2～3 千克（无害化处理过的有机肥料 20～30 千克）、增效尿素 0.3～0.5 千克、增效磷酸铵 0.3～0.5 千克、大粒钾肥 0.3～0.5 千克。

（2）根际追肥 脐橙初结果树一般追肥 2 次，追肥方法以放射状沟施、条状沟施为好。

① 春芽肥。春季新梢萌芽前 7～10 天施入，株施生物有机肥 1～2 千克或无害化处理过的有机肥料 10～15 千克基础上，再施脐橙树有机型专用肥 0.2～0.4 千克；或含促生真菌生物复混肥（20－0－10）0.2～0.4 千克；或海藻有机无机复混肥（22－10－8）0.2～0.3 千克。

② 壮果攻秋梢肥。株施生物有机肥 2～3 千克或无害化处理过的有机肥料 20～30 千克基础上，再施株施脐橙树有机型专用肥 0.4～0.6 千克；或腐殖酸涂层长效肥（18－10－17）0.3～0.5 千克；或海藻有机无机复混肥（22－10－8）0.3～0.5 千克；或增效尿素 0.2～0.4 千克、腐殖酸型过磷酸钙 0.4～0.6

千克、大粒钾肥 0.3～0.5 千克。

（3）根外追肥　脐橙结果前幼树一般叶面追肥 2～3 次。

① 夏梢抽生期。叶面喷施 500～1 000 倍腐殖酸水溶肥或 500～1 000 倍氨基酸水溶肥。

② 秋梢抽生期。叶面喷施 500～1 000 倍腐殖酸水溶肥（500～1 000 倍氨基酸水溶肥）、1 500 倍活力钙叶面肥、1 500 倍活力钾叶面肥 2 次，间隔期20 天。

3. 脐橙成年结果树营养套餐施肥技术规程　脐橙成年结果树施肥要以保证每年均衡结果和优质为目的，全年施肥 2～3 次。

（1）基肥　脐橙成年结果树基肥一般在采果后 11～12 月施用最好。基肥可采用环状沟施方法。根据当地肥源情况，选取下列组合之一：①株施生物有机肥 4～5 千克（无害化处理过的有机肥料 40～50 千克）、脐橙脐橙树有机型专用肥 1～2 千克或腐殖酸涂层长效肥（18 - 10 - 17）1.0～1.5 千克；②株施生物有机肥 4～5 千克（无害化处理过的有机肥料 40～50 千克）、含促生真菌生物复混肥（20 - 0 - 10）1～2 千克、腐殖酸型过磷酸钙 1 千克；③株施生物有机肥 4～5 千克（无害化处理过的有机肥料 40～50 千克）、腐殖酸高效缓释复混肥（18 - 8 - 4）1.5～2 千克；④株施生物有机肥 5～7 千克、海藻有机无机复混肥（22 - 10 - 8）0.8～1.2 千克；⑤株施生物有机肥 4～5 千克（无害化处理过的有机肥料 40～50 千克）、增效尿素 0.3～0.5 千克、增效磷酸铵0.5～0.7 千克、大粒钾肥 0.3～0.5 千克。

（2）根际追肥　脐橙成年结果树一般追肥 2 次，追肥方法以放射状沟施、条状沟施为好。

① 春芽肥。2 月中下旬至 3 月上旬春芽萌发前施入，株施脐橙树有机型专用肥 0.3～0.5 千克；或含促生真菌生物复混肥（20 - 0 - 10）0.3～0.5 千克；或海藻有机无机复混肥（22 - 10 - 8）0.2～0.4 千克。

② 壮果肥。株施生物有机肥 4～5 千克或无害化处理过的有机肥料 40～50 千克基础上，再施株施脐橙树有机型专用肥 0.5～0.7 千克；或腐殖酸涂层长效肥（18 - 10 - 17）0.4～0.6 千克；或海藻有机无机复混肥（22 - 10 - 8）0.4～0.5 千克；或增效尿素 0.3～0.5 千克、腐殖酸型过磷酸钙 0.6～0.8 千克、大粒钾肥 0.3～0.5 千克。

（3）根外追肥　脐橙成年结果树一般叶面追肥 2～3 次。

① 春梢萌芽期。叶面喷施 500～1 000 倍腐殖酸水溶肥（500～1 000 倍氨基酸水溶肥）、1 500 倍活力硼叶面肥。

② 谢花保果期。叶面喷施 500～1 000 倍腐殖酸水溶肥（500～1 000 倍氨

基酸水溶肥)、1 500 倍活力钙叶面肥 2 次，间隔期 20 天。

③ 果实膨大期。叶面喷施 600～800 倍大量元素水溶肥、1 500 倍活力钙叶面肥 2 次，间隔期 20 天。

第三节 柚子树测土配方与营养套餐施肥技术

柚子，又名文旦、香栾、朱栾、内紫等，是芸香科植物柚的成熟果实，产于我国福建、江西、湖南、广东、广西、浙江、四川等南方地区。著名品种有：沙田柚、琯溪蜜柚、常山胡柚、梁山柚、江永香柚、玉环文旦柚、垫江白柚、金兰柚、平顶柚、马家柚等。

一、柚子树的营养需求特点

柚子是柑橘的重要品种，但由于柚子树树体高大、果实巨大，需要消耗大量的养分。如 1 000 千克沙田柚鲜果，需要吸收氮 3.05 千克、五氧化二磷 0.34 千克、氧化钾 4.20 千克、钙 1.01 千克、镁 0.51 千克，除磷外，其他 4 种元素都明显高于柑、蜜橘、橙等柑橘类品种，几乎是柑橘其他品种的 2～3 倍，因此在施肥上应特别注意。

与柑橘相比，柚子树在嫩叶期对氮、磷元素需求最高，至叶子生长衰老需肥量也随之下降；对于钾元素需求时间较短，在开花结果后期含量需求很少；柚子树对钙的吸收，在每年的 6～7 月前也就是叶子生长期，需求量不断增加，至 8 月后需求下降；柚子树对微量元素中的铁、硼、锰等比较敏感，铁、硼在结果前期增加，采收后需求下降；锰元素在 7 月开始需求开始增加。

柚子树对土壤要求不严格，只要土层深，排水好，均可栽植，但以沙壤土质植栽最好。具体要求土壤土层深厚（60 厘米）、肥沃、土壤 pH 在 5.5～7.0。

二、柚子树测土施肥配方

关于柚子树测土施肥配方研究资料目前比较少，广西壮族自治区柑橘研究所于 1983—1987 年对沙田柚进行氮、磷、钾不同施用量与比例试验，认为成年沙田柚（7～10 年生）每亩 27 株情况下，每株每年施氮 1.5 千克、五氧化二磷 0.7 千克、氧化钾 1.0 千克，氮、磷、钾比例为 1∶0.47∶0.67。

陈煜（2012）等认为，沙田柚幼树阶段，氮、磷、钾比例为 1∶0.2∶0.6 较为合适，一般每年每株施肥量为：有机肥 50 千克、绿肥 20～25 千克、尿素 0.5 千克、复合肥 0.5 千克、过磷酸钙 0.5～1 千克；结果沙田柚树，每年每株施肥量为：氮 2.2～2.5 千克、五氧化二磷 1.1～1.35 千克、氧化钾 1.9～2.1 千克，氮、磷、钾比例为 1：0.5：0.9 较为合适。

杨先芬（2009）等认为，一般亩栽植 27～41 株玉环柚情况下，幼树阶段每年每株施肥量为：栏肥、绿肥各 25 千克，饼肥 0.5 千克，人粪尿 30 千克，尿素 0.3～0.4 千克，过磷酸钙 0.25 千克；成龄柚园每年每亩施肥量为：氮 34.32 千克、五氧化二磷 14.13 千克、氧化钾 17.53 千克，氮、磷、钾比例为 1：0.41：0.51 较为合适。

杨先芬（2009）等认为，金柚每年每株施肥量：1 年生幼树，氮 100 克、五氧化二磷 70 克、氧化钾 70 克；2 年生幼树，氮 200 克、五氧化二磷 84 克、氧化钾 84 克；3 年生幼树，氮 300 克、五氧化二磷 105 克、氧化钾 105 克。结果金柚目标产量为 1 000 千克，每亩施肥量为氮 10 千克、五氧化二磷 7 千克、氧化钾 7 千克；目标产量为 2 000 千克，每亩施肥量为氮 20 千克、五氧化二磷 14 千克、氧化钾 14 千克；目标产量为 3 000 千克，每亩施肥量为氮 30 千克、五氧化二磷 17 千克、氧化钾 17 千克。

柚子树对氮、磷、钾、钙、镁、硼、锌、锰、铁、铜等元素反应敏感，缺乏时会表现出一定症状，影响柚子产量，需要及时补救（表 7 - 15）。

表 7 - 15　柚子树营养诊断表

元素	缺素症状	补救办法
氮	叶色变淡，新梢叶小，颜色淡黄至黄白色，甚至大量落叶；树势衰退，变成小老树；花多，坐果率低；果效，产量低	叶面喷施 1%～2%尿素溶液 2～3 次
磷	新梢细弱，叶片细而窄，变薄，严重时老叶出现灼斑，早落，树势变弱；花芽分化不正常，少花或无花；坐果率低；果皮变得粗厚，汁少而酸味增加，品质变差	叶面喷施 0.5%～1%磷酸二氢钾或 1.5%过磷酸钙
钾	叶片扭卷，呈古铜色，叶脉黄白，或局部变黄，甚至发生黄斑或焦斑，落叶严重，枯枝多，枝条丛生，新梢生长弱，且多弯曲；果小皮薄，落果严重，着色早，不耐贮藏	叶面喷施 0.5%～1%磷酸二氢钾 2～3 次；或 1%～1.5%硫酸钾溶液 2～3 次
钙	常在夏末秋初树冠中下部春梢叶片上首先表现症状。叶片上部，叶缘两侧发黄，生黄色斑点，严重时斑点扩大，但一般不延及中脉，结果多时症状明显，并出现落叶枯梢现象	喷施 0.5%～1%的硝酸钙溶液 3～4 次

（续）

元素	缺素症状	补救办法
镁	叶脉两侧出现不规则的黄斑，后期扩大或叶边缘向内退绿黄化，仅叶基部留下一个明显的绿色三角形，并提早脱落，影响来年产量	叶面喷施 1%～2%硫酸镁 3～4 次
硼	叶片叶脉肿大，新叶叶脉与叶脉近叶肉黄化，有如环剥或脚腐病危害的症状，叶脉纵裂。老叶失去光泽呈暗绿、脉肿和纵裂，甚至枝干亦纵裂而流胶。光合作用降低，落蕾落果严重，果小而畸形，果皮厚而硬，表面粗糙而结瘤，果皮白色层及果心有流胶现象，种子发育不全	叶面喷施 0.1%～0.2%硼砂或硼酸溶液 2～3 次
锌	缺锌时，叶片侧脉间叶肉变黄呈肋骨状的鲜明黄斑，梢端叶片狭小，新梢短缩呈丛生状，落叶枯梢严重，尤以阳面症状明显。落蕾、退化，花多，果小，色淡	叶面喷施 0.4%～0.5%硫酸锌溶液 2～3 次
锰	缺锰时，新老叶一样，叶脉保持绿色，叶肉变成淡绿色，在底叶上显现绿色的网状叶脉，呈花斑状	叶面喷洒 0.1%硫酸锰、0.1%熟石灰，或全树喷施 0.15%氧化锰溶液
铁	新梢叶片发黄，随着缺铁加剧，除主脉是绿色，其他退至黄色或白色。严重时主脉基部保持绿色，其余全部发黄，并失去光泽、皱缩，边缘变褐并破裂，提前脱落	叶面喷施 0.2%～0.3%硫酸亚铁溶液 2～3 次
铜	叶片变大，暗绿色、畸形，中脉呈"弓"形扭曲。枯梢，并产生丝状芽或长成 S 形梢，树冠矮化。小枝与果皮有棕色至黑色胶状物，果小，汁少，果心有胶状物	叶面喷施 0.5%硫酸铜溶液 2～3 次

三、无公害柚子树营养套餐肥料组合

1. 基肥　根据测土施肥配方，以氮肥、磷肥、钾肥为基础，添加腐殖酸、有机型螯合微量元素、增效剂、调理剂等，生产含锌、锰、硼、铁、铜等柚子树有机型专用肥，根据当地柚子树施肥现状，综合各地柚子树配方肥配制资料，基础肥料选用及用量（1 吨产品）如下：建议氮、磷、钾总养分量为 35%，氮、磷、钾比例分别为 1∶0.8∶1.36。硫酸铵 100 千克、尿素 158 千克、磷酸一铵 139 千克、氨化过磷酸钙 150 千克、硫酸钾 300 千克、硼砂 15 千克、氨基酸螯合锌锰钼铁铜 17 千克、硝基腐殖酸 86 千克、生物制剂 15 千克、增效剂 10 千克、土壤调理剂 10 千克。

也可选用腐殖酸含促生菌生物复混肥（20 - 0 - 10）、腐殖酸涂层长效肥（18 - 10 - 17）、腐殖酸高效缓释复混肥（15 - 5 - 20）、海藻有机无机复混肥（22 - 10 - 8）等。

2. 生育期追肥　追肥可采用腐殖酸包裹尿素、增效尿素、腐殖酸型过磷酸钙、缓释磷酸二铵、腐殖酸含促生菌生物复混肥（20 - 0 - 10）、腐殖酸涂层长效肥（18 - 10 - 17）、腐殖酸高效缓释复混肥（15 - 5 - 20）、海藻有机无机复混肥（22 - 10 - 8）等。

3. 根外追肥　可根据柚子树生育情况，酌情选用含腐殖酸水溶肥、含氨基酸水溶肥、含海藻酸水溶肥、氨基酸螯合微量元素水溶肥、大量元素水溶肥、活力钙叶面肥、活力硼叶面肥、活力钾叶面肥等。

四、无公害柚子树营养套餐施肥技术规程

本规程以柚子高产、优质、无公害、环境友好为目标，选用有机无机复合肥料、长效缓释肥料、有机活性水溶肥料进行施用，各地在具体应用时，可根据当地柚子树龄及树势、测土配方推荐用量进行调整。

1. 柚子幼树营养套餐施肥技术规程　柚子幼树以扩大树冠为主要目的，因此应以有机肥为主，适当增施氮肥，辅以磷、钾肥。

（1）基肥　柚子幼树基肥一般在 11～12 月施用最好。基肥可采用环状沟施方法。根据当地肥源情况，选取下列组合之一：①株施生物有机肥 1～2 千克（无害化处理过的有机肥料 10～20 千克）、柚子树有机型专用肥或 0.3～0.5 千克腐殖酸涂层长效肥（18 - 10 - 17）0.3～0.5 千克；②株施生物有机肥 1～2 千克（无害化处理过的有机肥料 10～20 千克）、含促生真菌生物复混肥（20 - 0 - 10）0.4～0.6 千克、腐殖酸型过磷酸钙 0.5 千克；③株施生物有机肥 1～2 千克（无害化处理过的有机肥料 10～20 千克）、腐殖酸高效缓释复混肥（15 - 5 - 20）0.2～0.4 千克；④株施生物有机肥 2～3 千克、海藻有机无机复混肥（22 - 10 - 8）0.2～0.4 千克；⑤株施生物有机肥 1～2 千克（无害化处理过的有机肥料 10～20 千克）、增效尿素 0.1 千克、增效磷酸铵 0.2 千克、大粒钾肥 0.2 千克。

（2）根际追肥　柚子幼树一般追肥 6～8 次，一般在春梢、夏梢、秋梢抽吐时追施，追肥方法以放射状沟施、条状沟施为好。

① 春梢。追肥 2～3 次，每次株施生物有机肥 0.5～1 千克或无害化处理过的有机肥料 5～10 千克基础上，再施柚子树有机型专用肥 0.1～0.2 千克；或海藻有机无机复混肥（22 - 10 - 8）0.1 千克。

② 夏梢肥。追施1~2次肥。每次株施生物有机肥0.5~1千克或无害化处理过的有机肥料5~10千克基础上，再施柚子树有机型专用肥0.2~0.3千克；或腐殖酸涂层长效肥（18-10-17）0.1~0.2千克；或增效尿素0.1~0.2千克、腐殖酸型过磷酸钙0.2~0.3千克、大粒钾肥0.1~0.2千克。

③ 秋梢肥。追肥2~3次，每次株施生物有机肥0.5~1千克或无害化处理过的有机肥料5~10千克基础上，再施柚子树有机型专用肥0.1~0.2千克；或腐殖酸涂层长效肥（18-10-17）0.1千克；或增效尿素0.1~0.2千克、腐殖酸型过磷酸钙0.1~0.2千克、大粒钾肥0.1~0.2千克。

（3）根外追肥 脐橙结果前幼树一般叶面追肥2~3次。

① 春梢抽生期。叶面喷施500~1 000倍腐殖酸水溶肥或500~1 000倍氨基酸水溶肥。

② 夏梢抽生期。叶面喷施500~1 000倍腐殖酸水溶肥（500~1 000倍氨基酸水溶肥）、1 500倍活力钙叶面肥。

③ 秋梢抽生期。叶面喷施500~1 000倍腐殖酸水溶肥（500~1 000倍氨基酸水溶肥）、1 500倍活力钾叶面肥。

2. 柚子结果树营养套餐施肥技术规程 柚子结果树施肥要以保证每年均衡结果和优质为目的，全年施肥3~5次。

（1）基肥 柚子结果树基肥一般在采果后11~12月施用最好。基肥可采用条状沟施、放射状沟施、穴施等方法。根据当地肥源情况，选取下列组合之一：①株施生物有机肥3~6千克（无害化处理过的有机肥料20~80千克）、脐橙脐橙树有机型专用肥1~1.5千克、硫酸镁0.1~0.2千克；②株施生物有机肥3~6千克（无害化处理过的有机肥料20~80千克）、含促生真菌生物复混肥（20-0-10）1~1.5千克、腐殖酸型过磷酸钙1~2千克、硫酸镁0.1~0.2千克；③株施生物有机肥3~6千克（无害化处理过的有机肥料20~80千克）、腐殖酸涂层长效肥（18-10-17）或腐殖酸高效缓释复混肥（15-5-20）1.0~1.2千克、硫酸镁0.1~0.2千克；④株施生物有机肥3~6千克、海藻有机无机复混肥（22-10-8）0.8~1.2千克、硫酸镁0.1~0.2千克；⑤株施生物有机肥3~6千克（无害化处理过的有机肥料20~80千克）、增效尿素0.3~0.5千克、增效磷酸铵0.2~0.3千克、大粒钾肥0.3~0.5千克、硫酸镁0.1~0.2千克。

（2）根际追肥 柚子结果树一般追肥3次，追肥方法以放射状沟施、条状沟施为好。

① 促梢壮花肥。春梢萌发前3周左右施入，在株施0.2~0.3千克硫酸镁基础上，再株施柚子树有机型专用肥1.0~1.5千克；或含促生真菌生物复混

肥（20-0-10）1.0～1.5千克；或海藻有机无机复混肥（22-10-8）0.8～1.0千克。

②保果肥。在第二次生理落果前施入，株施柚子树有机型专用肥1.5～2千克；或腐殖酸涂层长效肥（18-10-17）1.0～1.5千克；或海藻有机无机复混肥（22-10-8）1.0～1.2千克；或腐殖酸高效缓释复混肥（15-5-20）1.0～1.2千克。

③壮果肥。在果实膨大期施入，在株施生物有机肥5～10千克或无害化处理过的有机肥料50～100千克基础上，再株施柚子树有机型专用肥1.0～1.5千克；或含促生真菌生物复混肥（20-0-10）1.0～1.5千克；或海藻有机无机复混肥（22-10-8）0.8～1.0千克；或腐殖酸高效缓释复混肥（15-5-20）1.0～1.2千克；或增效尿素0.3～0.5千克、腐殖酸型过磷酸钙0.6～0.8千克、大粒钾肥0.3～0.5千克。

（3）根外追肥　柚子结果树一般叶面追肥2～3次。

①春梢萌芽期。叶面喷施500～1000倍腐殖酸水溶肥（500～1000倍氨基酸水溶肥）、1500倍活力硼叶面肥。

②谢花保果期。叶面喷施500～1000倍腐殖酸水溶肥（500～1000倍氨基酸水溶肥）、1500倍活力钙叶面肥2次，间隔期20天。

③果实膨大期。叶面喷施600～800倍大量元素水溶肥、1500倍活力钙叶面肥2次，间隔期20天。

第八章

荔枝类及壳果类常绿果树测土配方与营养套餐施肥技术

荔枝类果树包括荔枝、龙眼、红毛丹等。壳果类果树主要有椰子、腰果、槟榔等。其中荔枝、龙眼、椰子是我国亚热带、热带地区的名优水果，被誉为"果中之王"。

第一节　荔枝树测土配方与营养套餐施肥技术

荔枝是我国南方的特色果树，是色、香、味俱佳的优质水果。荔枝具有特有的经济性状和营养价值：一是寿命长达 1 000 年以上，老树也能继续开花结果；二是单株产量高，可达 200～250 千克，有的甚至超过 500 千克；三是盛果期长，成年树 20 年后进入盛果期，正常管理下 400～500 年仍丰产；四是果实品质风味好，深受人们喜爱；五是综合加工利用范围广；六是成本少，经济效益高，粗生易管；七是对土壤适应性强。我国荔枝主要产地为广东、广西、福建、台湾和海南，另外四川、云南、浙江、贵州等也有少量栽培。目前，栽植面积在 843.8 万亩，总产 154.7 万吨（不包括台湾）。

一、荔枝树的营养需求特点

1. **荔枝果实带走的养分量**　不同品种荔枝果实带走的养分量是不同的，据有关研究资料，每 1 000 千克果实带走的氮在 1.35～2.29 千克，其中以桂味、淮枝和三月红最高；磷带走量在 0.28～0.90 千克，以桂味最高，其他品种差异不大；钾带走量为 2.08～2.94 千克，品种间的差异相对较少；钙和镁则以桂味带走量较高（表 8-1）。

表 8-1　1 000 千克荔枝果实带走的养分量参考值（千克）

品种	N	P$_2$O$_5$	K$_2$O	Ca	Mg	S
三月红	1.35～1.88	0.31～0.49	2.08～2.52	—	—	—
妃子笑	1.61	0.28	2.32	0.25	0.19	0.14
淮枝	1.76	0.28	2.32	0.25	0.19	0.14
糯米糍	1.61	0.27	2.32	0.25	0.19	0.14
桂味	2.29	0.90	2.94	0.52	0.28	0.16

2. 荔枝不同生长器官的养分含量

（1）叶片和枝条　广东省农业科学研究院土壤肥料研究所对桂味荔枝枝条和叶片的分析结果表明，叶片的养分元素含量顺序为：氮＞钙＞钾＞镁＞磷＞硼＞锌，枝条的养分元素含量顺序为：氮＞钾＞钙＞镁＞磷＞硼＞锌；郑立基的研究结果显示，在不同生长期养分元素的排列顺序均保持这一规律。因此在荔枝重剪或回缩的条件下，必须补充氮、钾、镁元素，以促进树体的恢复。

（2）花序　花序的养分含量均高于其他部位。据广东省生态环境与土壤研究所研究结果，荔枝花序中的磷、钾含量均高于同期的叶片含量，氮、磷、钾比例为 1：0.11：0.56，开花所消耗的养分顺序为：氮＞钾＞钙＞磷＞镁，因此，为了减少营养消耗，防止花序过度生长对花性和坐果产生的不良影响，花期施肥必须与控花措施紧密结合。

（3）根系　据报道，荔枝根系的养分含量最低，氮和钾的含量最高，而铁和锌的含量均高于其他器官。

（4）果实　据广东省农业科学研究院土壤肥料研究所的测定结果，荔枝收获期果实养分含量顺序为钾＞氮＞钙＞镁＞磷＞锌＞硼，表明在果实中，钾、钙、镁等营养元素起着重要作用。

3. 荔枝主要生长部位的养分动态变化

（1）叶片　综合三月红、黑叶、白蜡、妃子笑和糯米糍等有关测定结果，荔枝氮、磷、钾含量在秋梢老熟期最高，在盛花期有较大幅度的下降，在幼果期氮、磷有所回升而钾有所下降，到果实成熟后期，氮、磷、钾又显著下降。表明在秋梢生长和花穗发育期间，必须加强氮、磷、钾的补充，而在果实生长后期主要是加强磷和钾的供应。

叶片中的钙和硼含量在采果后开始下降，至花穗发育初期降至最小值，以后从花穗发育中期逐步升高，到果实成熟期达最大值。叶片中镁含量除采果后有升高外，其余时期与钙和硼相同。叶片中锌的含量一般结果梢生长期、开花坐果期和成熟期较高。

（2）果实　据邱燕平（2005）的研究结果，荔枝开花当天的子房氮、磷、钾含量较高，其比例为 6.36∶1∶2.94，氮＞钾＞磷；谢花后，由于开花消耗幼果的氮、磷、钾有所下降，授粉后 12 天和 22 天幼果的氮高于磷一倍多，授粉后 30～50 天氮、磷、钾处于较低水平，50 天达到最低；50 天后果肉迅速生长，氮、磷、钾含量急剧上升，比 50 天时分别提高 44.4％、35.3％ 和 61.5％，氮与钾的比例接近 1∶1，可见果实发育后期需要大量的钾。

果实的钙含量有两个高峰：一是雌花刚开至幼果子房分大小这一时期，二是果肉迅速生长至成熟期。因此，在雌花开放前的花穗抽生期到果肉迅速生长，应补充钙素，防止裂果。

4. **荔枝的需肥规律**　荔枝生长发育需要吸收 16 种必需营养元素，从土壤中吸收最多的是氮、磷、钾。据报道，每生产 1 000 千克鲜荔枝果实，需从土壤中吸收氮 13.6～18.9 千克、五氧化二磷 3.18～4.94 千克、氧化钾 20.8～25.2 千克，其吸收比例为 1∶0.25∶1.42，由此可见，荔枝是喜钾果树。

荔枝对养分吸收有 2 个高峰期：一是 2～3 月抽发花穗和春梢期，对氮的吸收最多，磷次之；二是 5～6 月果实迅速生长期，对氮的吸收达到高峰，对钾的吸收也逐渐增加，如果养分供应不足，易造成落花落果。

二、荔枝树测土施肥配方

荔枝树施肥量的确定受品种、树龄、树体大小、生长结果、产量和品质及土壤性状、气候条件、环境和管理水平等影响。在实际生产中，可根据生产水平，采用理论估算、测土施肥等方法进行确定。

1. **根据土壤肥力状况和目标产量确定**　邓兰生等（2009）根据树龄、产量水平、土壤肥力等因素，对有机肥、氮肥、磷肥、钾肥进行推荐，中微量元素做到因缺补缺。

（1）有机肥推荐技术　根据荔枝树龄和土壤肥力水平，有机肥推荐用量如表 8-2。

表 8-2　荔枝全年有机肥推荐用量（千克/亩）

树龄（年）	土壤肥力水平		
	低	中	高
1～3	2 000	1 500	1 500
4～8	3 000	2 500	2 000
8 年以上	3 500	3 000	2 500

（2）氮肥推荐技术　　根据荔枝树龄和土壤肥力水平，氮肥推荐用量如表8-3。

表8-3　荔枝氮肥推荐用量（千克/亩）

树龄（年）	土壤肥力水平		
	低	中	高
1～3	8	6	4
4～8	16.7	14.7	13.3
8年以上	22	20	17.3

（3）磷肥推荐技术　　根据荔枝树龄和土壤肥力水平，磷肥推荐用量如表8-4。

表8-4　荔枝磷肥推荐用量（千克/亩）

树龄（年）	土壤肥力水平		
	低	中	高
1～3	5.3	4	2.7
4～8	8	6.7	5.3
8年以上	10.7	9.3	8

（4）钾肥推荐技术　　根据荔枝树龄和土壤肥力水平，钾肥推荐用量如表8-5。

表8-5　荔枝钾肥推荐用量（千克/亩）

树龄（年）	土壤肥力水平		
	低	中	高
1～3	30	26.7	23.3
4～8	40	36.7	33.3
8年以上	53.3	46.7	43.3

（5）中微量元素因缺补缺　　钙镁肥：一般株施石灰3～5千克，采果后清园施用。一般株施硫酸镁0.5～1千克，与氮、磷、钾肥同时施用。硼锌肥：出现缺素症状时，叶面喷施0.1%～0.2%硼砂或硫酸锌溶液2～3次。

2. **农业部科学施肥指导意见**　　荔枝是施肥原则：重视有机肥料的施用，根据生育期施肥，合理搭配氮、磷、钾肥，视荔枝品种、长势、气候等因素调整施肥计划。土壤酸性较强果园，适量施用石灰、钙镁磷肥来调节土壤酸碱度和补充相应养分。采用适宜施肥方法，针对性施用中微量元素肥料。果实发育期正值雨季，氮肥尽量选用铵态氮肥，避免用尿素或硝态氮肥。施肥与其他管理措施相结合，例如采用滴喷灌施肥、拖管淋灌施肥、施肥枪施肥料溶液等。

（1）结果盛期树（株产50千克左右）　每株施有机肥10～20千克，氮肥（N）0.75～1.0千克，磷肥（P_2O_5）0.25～0.3千克，钾肥（K_2O）0.8～1.1千克，钙肥（Ca）0.25～0.35千克，镁肥（Mg）0.07～0.09千克。

（2）幼年未结果树或结果较少树　每株施有机肥5～10千克，氮肥（N）0.4～0.6千克，磷肥（P_2O_5）0.1～0.15千克，钾肥（K_2O）0.3～0.5千克，镁肥（Mg）0.05千克。

（3）肥料分6～8次分别在采后（一梢一肥，2～3次）、花前、谢花及果实发育期施用　视荔枝树体长势，可将花前和谢花肥合并施用，或将谢花肥和壮果肥合并施用。氮肥在上述4个生育期施用比例为45％、10％、20％和35％，磷肥可在采后一次施入或分采后和花前两次施入，钾钙镁肥施用比例为30％、10％、20％和40％。花期可喷施磷酸二氢钾溶液。

（4）缺硼和缺钼的果园　在花前、谢花及果实膨大期喷施0.2％硼砂＋0.05％钼酸铵；在荔枝梢期喷施0.2％的硫酸锌或复合微量元素。pH<5.0的果园，每亩施用石灰100千克，5.0<pH<6.0的果园，每亩施用石灰为40～60千克，在冬季清园时施用。

3. 根据荔枝树龄确定　荔枝对营养元素的需求对不同树龄有较大的差异，应根据树龄确定施肥量，幼年树期应随着树龄增长，逐年增加养分的施肥量（表8-6）。

表8-6　荔枝树不同树龄施肥量推荐参考表

树龄（年）	全年株施肥量（千克）			氮、磷、钾比例
	氮	五氧化二磷	氧化钾	
4～5	0.20	0.08	0.30	1：0.40：1.50
6～7	0.30	0.10	0.45	1：0.33：1.50
8～9	0.40	0.13	0.55	1：0.33：1.38
10～11	0.50	0.17	0.70	1：0.34：1.40
12～13	0.60	0.20	0.80	1：0.33：1.33
14～55	0.80	0.25	1.20	1：0.31：1.50
>15	1.00	0.30	1.40	1：0.30：1.40

4. 根据品种和目标产量确定　由于荔枝树的特殊性，品种差异较大，

表9-8为我国主要荔枝品种施肥量研究的报道。在具体制定施肥方案时，以当地同一品种相近树龄的中上产量作为目标，可根据土壤测试结果呈现缺乏或较低的元素，按表8-7进行适当调整。

表8-7　我国主要荔枝品种施肥量推荐（千克/株）

品种	施肥量					目标产量
	氮	五氧化二磷	氧化钾	钙	镁	
妃子笑	1.2～3.5	0.7～1.9	1.5～3.5			50.0
淮枝	0.8～1.0	0.4～0.5	0.9～1.2			50.0
糯米糍	0.52～0.85	0.21～0.34	0.52～1.07	0.52～0.55	0.10～0.17	100.0
桂味	0.64～0.85	0.26～0.34	0.68～1.07	0.11～0.85	0.10～0.17	100.0
陈紫	0.25～0.5	0.25～0.5	0.75～1.5			23.4～30
兰竹	0.80	0.5～0.8	1.0～1.6			50.0
三月红	0.4～0.54	0.24～0.32	0.43～0.65			7～10

5. 叶片分析诊断　目前我国对荔枝叶片诊断的采样部位是：3～5月龄秋梢顶部倒数第二复叶的第2～3对小叶（一般为12月）。表8-8为我国主要荔枝品种叶片诊断的适宜参考值，可作为解析叶片分析结果时参考使用。荔枝常见营养缺素症及补救方法如表8-9。

表8-8　荔枝叶片营养元素的适宜指标参考值

品种	营养元素含量（%）				
	N	P	K	Ca	Mg
糯米糍	1.50～1.80	0.13～0.18	0.70～1.20	—	—
淮枝	1.40～1.60	0.11～0.15	0.60～1.00	—	—
兰竹	1.50～2.20	0.12～0.18	0.70～1.40	0.30～0.80	0.18～0.38
大造	1.50～2.00	0.11～0.16	0.70～1.20	0.30～0.50	0.12～0.25
禾荔	1.60～2.30	0.12～0.18	0.80～1.40	0.50～1.35	0.20～0.40
桂味	1.56～1.92	0.12～0.16	0.87～1.26	0.36～0.86	0.18～0.28
三月红	1.91～2.28	0.20～0.26	1.08～1.37	—	—

表 8-9　荔枝常见缺素症及补救措施

营养元素	缺素症状	补救措施
氮	植株叶变小，老叶黄化，叶变薄，叶缘卷曲，易脱落，根系变小，树势较弱，果实小	叶面喷施 0.5％尿素溶液或硝酸铵溶液 2～3 次
磷	老叶叶尖和叶缘干枯，显棕褐色，并向主脉发展，枝梢生长细弱，果汁少，酸度大	叶面喷施 1％磷酸二氢钾或磷酸铵溶液 2～3 次
钾	老叶叶片变褐，叶尖有枯斑，并沿叶缘发展，叶片易脱落，坐果少，甜度低	叶面喷施 0.5％～1％磷酸二氢钾溶液 2～3 次
钙	新叶片小，叶缘干枯，易折断，老叶较脆，枝梢顶端易枯死，根系发育不良，易折断，坐果少，果实耐贮性差	叶面喷施 0.5％硝酸钙或螯合钙溶液 2～3 次
镁	老叶叶肉显淡黄色，叶脉仍显绿色，显"鱼骨状失绿"，叶片易脱落	叶面喷施 0.5％硫酸镁或硝酸镁溶液 2～3 次
硫	老熟叶片沿叶脉出现坏死，显褐灰色，叶片质脆，易脱落	叶面喷施 0.5％硫酸钾或硫酸镁溶液 2～3 次
锌	顶端幼芽易发生簇生小叶，叶片显青铜色，枝条下部叶片显叶脉间失绿，叶片小，果实小	叶面喷施 0.2％～0.3％硫酸锌或螯合锌溶液 2～3 次
硼	生长点坏死，幼梢节间变短，叶脉坏死或木栓化，叶片厚、质脆，花粉发育不良，坐果少	叶面喷施 0.2％～0.3％硼砂或硼酸溶液 2～3 次

三、无公害荔枝树营养套餐肥料组合

1. **基肥**　根据测土施肥配方，以氮肥、磷肥、钾肥为基础，添加腐殖酸、有机型螯合微量元素、增效剂、调理剂等，生产含锌、锰、硼、铁、铜等荔枝树有机型专用肥，根据当地荔枝树施肥现状，综合各地荔枝树配方肥配制资料，基础肥料选用及用量（1 吨产品）如下：建议氮、磷、钾总养分量为 35％，氮、磷、钾比例分别为 1∶0.31∶0.88。硫酸铵 100 千克、尿素270 千克、磷酸二铵 71 千克、过磷酸钙 100 千克、钙镁磷肥 10 千克、氯化钾 233 千克、硼砂 15 千克、硫酸镁 29 千克、氨基酸螯合锌锰铁铜 21 千克、硝基腐殖酸 89 千克、生物制剂 20 千克、增效剂 12 千克、土壤调理剂 30 千克。

也可选用腐殖酸含促生菌生物复混肥（20-0-10）、腐殖酸涂层长效肥（18-10-17）、腐殖酸高效缓释复混肥（15-5-20）等。

2. 生育期追肥 追肥可采用腐殖酸包裹尿素、增效尿素、腐殖酸型过磷酸钙、缓释磷酸二铵、腐殖酸含促生菌生物复混肥（20-0-10）、腐殖酸涂层长效肥（18-10-17）、腐殖酸高效缓释复混肥（15-5-20）、海藻有机无机复混肥（22-10-8）、硫基长效水溶性滴灌肥（10-15-25）等。

3. 根外追肥 可根据荔枝树生育情况，酌情选用含腐殖酸水溶肥、含氨基酸水溶肥、含海藻酸水溶肥、氨基酸螯合微量元素水溶肥、大量元素水溶肥、活力钙叶面肥、活力硼叶面肥、活力钾叶面肥等。

四、无公害荔枝树营养套餐施肥技术规程

本规程以荔枝高产、优质、无公害、环境友好为目标，选用有机无机复合肥料、长效缓释肥料、有机活性水溶肥料进行施用，各地在具体应用时，可根据当地荔枝树龄及树势、测土配方推荐用量进行调整。

1. 荔枝幼年树营养套餐施肥技术规程 荔枝幼龄树生长迅速，应以"勤施薄施、梢期多施"为原则，着重培养各次枝梢，以增强树势，培养强大树冠骨架，增加生长量，迅速扩大树冠，引根深生，为早产丰产稳产打下基础。

（1）定植肥 在栽种穴或坑底部施以表土、石灰1~1.5千克、无害化处理过的有机肥料3~5千克、绿肥10千克等的混合肥至穴深约2/3左右，穴上部施以生物有机肥1~1.5千克、荔枝树有机型专用肥0.5~1千克，最后用表土回盖在有机肥上并高出穴面约20厘米左右，以备幼苗栽种。

（2）1年生幼树追肥 采用"一梢两肥"施肥法，即在枝梢萌发前10~15天施好1次促梢肥，枝梢抽生后半个月施1次壮梢肥。

① 促梢肥。在枝梢萌发前10~15天，每株荔枝树用50千克水加入硫基长效水溶性滴灌肥（10-15-25）100~120克、增效尿素25~50克进行淋水施肥。并叶面喷施500~1 000倍腐殖酸水溶肥或500~1 000倍氨基酸水溶肥。

② 壮梢肥。枝梢抽生后15~20天，在幼树两侧挖穴，株施生物有机肥0.5~1千克（无害化处理过的有机肥料5~10千克）、荔枝树有机型专用肥50~70克；或株施生物有机肥0.5~1千克（无害化处理过的有机肥料5~10千克）、含促生真菌生物复混肥（20-0-10）50~60克、腐殖酸型过磷酸钙100克；或株施生物有机肥0.5~1千克（无害化处理过的有机肥料5~

10千克）、腐殖酸涂层长效肥（18-10-17）30～50克。并叶面喷施500～1 000倍腐殖酸水溶肥或500～1 000倍氨基酸水溶肥。

（3）2年生幼树追肥　仍采用"一梢两肥"施肥法，即在枝梢萌发前10～15天施好1次促梢肥，枝梢抽生后半个月施1次壮梢肥。秋天若遇10～15天不下雨，一定要施1次水肥，促抽晚秋梢。

① 促梢肥。在枝梢萌发前10～15天，每株荔枝树用50千克水加入硫基长效水溶性滴灌肥（10-15-25）150～200克、增效尿素75～100克进行淋水施肥。并叶面喷施500～1 000倍腐殖酸水溶肥或500～1 000倍氨基酸水溶肥。

② 壮梢肥。枝梢抽生后15～20天，在幼树两侧挖穴，株施生物有机肥1～1.5千克（无害化处理过的有机肥料10～15千克）、荔枝树有机型专用肥75～100克；或株施生物有机肥1～1.5千克（无害化处理过的有机肥料10～15千克）、含促生真菌生物复混肥（20-0-10）75～100克、腐殖酸型过磷酸钙150千克；或株施生物有机肥1～1.5千克（无害化处理过的有机肥料10～15千克）、腐殖酸涂层长效肥（18-10-17）50～75克，并叶面喷施500～1 000倍腐殖酸水溶肥或500～1 000倍氨基酸水溶肥。

③ 秋梢肥。秋天若遇10～15天不下雨，一定要施1次水肥，促抽晚秋梢。每株荔枝树用50千克水加入硫基长效水溶性滴灌肥（10-15-25）150～200克、增效尿素75～100克进行淋水施肥，并叶面喷施500～1 000倍含腐殖酸水溶肥或500～1 000倍含氨基酸水溶肥。

（4）3～4年生幼树追肥　除坚持施一梢两肥外，还要逐年增加施肥量，在秋冬季扩穴增施有机肥、绿肥，促进根群和树体生长。

① 促梢肥。在枝梢萌发前10～15天，每株荔枝树用50千克水加入硫基长效水溶性滴灌肥（10-15-25）200～300克、增效尿素100～150克进行淋水施肥，并叶面喷施500～1 000倍腐殖酸水溶肥或500～1 000倍氨基酸水溶肥。

② 壮梢肥。枝梢抽生后15～20天，在幼树两侧挖穴，株施生物有机肥2～3千克（无害化处理过的有机肥料20～30千克）、荔枝树有机型专用肥200～300克；或株施生物有机肥2～3千克（无害化处理过的有机肥料20～30千克）、含促生真菌生物复混肥（20-0-10）200～300克、腐殖酸型过磷酸钙200千克；或株施生物有机肥2～3千克（无害化处理过的有机肥料20～30千克）、腐殖酸涂层长效肥（18-10-17）150～200克，并叶面喷施500～1 000倍腐殖酸水溶肥或500～1 000倍氨基酸水溶肥。

③ 秋扩穴增肥。扩穴增肥是在树冠滴水线外（距主干1～1.5米）的两边

或四边挖长 1 米、宽深各 0.5 米的扩穴沟，然后分层压入 20～30 千克绿肥、无害化处理过的有机肥料 20～30 千克厩肥、50～100 千克河泥等，压青绿肥时还要撒施适量 1～2 千克石灰。

2. 荔枝青壮年树营养套餐施肥技术规程　荔枝种植至第五年后，即可进入投产期。5～25 年属于青壮年树，此期既要达到一定的产量，又要使树冠进一步扩大，使产量逐年稳步提高。青壮年荔枝树在施肥上采用分阶段施肥的办法进行调控。即上半年重施磷、钾肥，限制氮肥以促花保果、壮果；下半年重施氮肥配施磷、钾肥，以促梢扩大树冠，强壮树体。

（1）花前肥　在开花前 25～30 天，花芽分化期施好花前肥，在树冠滴水线两侧开沟浇施后盖土。根据当地肥源情况，选取下列组合之一：①株施生物有机肥 2～3 千克（无害化处理过的有机肥料 20～30 千克）、荔枝树有机型专用肥 0.5～1 千克或腐殖酸涂层长效肥（18 - 10 - 17）0.4～0.6 千克；②株施生物有机肥 2～3 千克（无害化处理过的有机肥料 20～30 千克）、含促生真菌生物复混肥（20 - 0 - 10）0.5～1 千克、腐殖酸型过磷酸钙 1 千克；③株施生物有机肥 2～3 千克（无害化处理过的有机肥料 20～30 千克）、腐殖酸高效缓释复混肥（15 - 5 - 20）0.3～0.5 千克；④株施生物有机肥 2～3 千克（无害化处理过的有机肥料 20～30 千克）、增效尿素 0.2～0.3 千克、增效磷酸铵 0.1 千克、大粒钾肥 0.25～0.5 千克。

（2）幼果肥　于并粒期后（6 月上旬前后），在树冠滴水线两侧开沟浇施后盖土。根据当地肥源情况，选取下列组合之一：①株施荔枝树有机型专用肥 0.8～1.2 千克；②株施海藻有机无机复混肥（22 - 10 - 8）0.8～1.2 千克；③株施腐殖酸涂层长效肥（18 - 10 - 17）0.6～0.8 千克；④株施腐殖酸高效缓释复混肥（15 - 5 - 20）0.5～0.7 千克；⑤株施增效尿素 0.3～0.5 千克、腐殖酸型过磷酸钙 1～1.2 千克。

（3）壮果肥　于采果后 15～20 天左右再放一次肥，在树冠滴水线两侧开沟浇施后盖土。根据当地肥源情况，选取下列组合之一：①株施生物有机肥 3～5 千克（无害化处理过的有机肥料 30～50 千克）、荔枝树有机型专用肥 1.5～2 千克或腐殖酸涂层长效肥（18 - 10 - 17）1.0～1.5 千克；②株施生物有机肥 3～5 千克（无害化处理过的有机肥料 30～50 千克）、含促生真菌生物复混肥（20 - 0 - 10）1.5～2 千克、腐殖酸型过磷酸钙 1～2 千克；③株施生物有机肥 3～5 千克（无害化处理过的有机肥料 30～50 千克）、腐殖酸高效缓释复混肥（15 - 5 - 20）1.0～1.5 千克；④株施生物有机肥 3～5 千克（无害化处理过的有机肥料 30～50 千克）、增效尿素 0.6～0.8 千克、腐殖酸型过磷酸钙 1～1.5 千克、大粒钾肥 0.5～0.8 千克。

（4）根外追肥　荔枝青壮年树一般叶面追肥 2～3 次。

① 花前。在开花前 25～30 天。叶面喷施 500～1 000 倍腐殖酸水溶肥（500～1 000 倍氨基酸水溶肥）、1 500 倍活力硼叶面肥、800～1 000 倍氨基酸螯合复合微量元素肥料。

② 果实膨大期。叶面喷施 500～1 000 倍腐殖酸水溶肥（500～1 000 倍氨基酸水溶肥）、1 500 倍活力钙叶面肥、1 500 倍活力钾叶面肥 2 次，间隔 15 天。

③ 采果后。叶面喷施 500～1 000 倍腐殖酸水溶肥（500～1 000 倍氨基酸水溶肥）、600～800 倍大量元素水溶肥 2 次，间隔 20 天。

3. 荔枝成年结果树营养套餐施肥技术规程　荔枝种植 25～30 年后进入盛产期，这个时期荔枝树的生长特点是根系和树冠军扩展缓慢，开花多，管理好时易获得较高的产量，管理不善，会出现大小年现象。因此，施肥要促进枝梢抽生，保证果实发育及花芽分化对养分的需要，避免因抽梢而导致大量落花落果。

（1）花前肥　开花前（约比开花期提早 20～30 天，即萌芽时）应进行施肥。一般在树冠缘直下方挖深约 10 厘米的环沟，施入。根据当地肥源情况，选取下列组合之一：①株施生物有机肥 3～5 千克（无害化处理过的有机肥料 30～50 千克）、荔枝树有机型专用肥 0.8～1.2 千克或腐殖酸涂层长效肥（18-10-17）0.7～1.0 千克；②株施生物有机肥 3～5 千克（无害化处理过的有机肥料 30～50 千克）、含促生真菌生物复混肥（20-0-10）0.8～1.2 千克、腐殖酸型过磷酸钙 1～1.5 千克；③株施生物有机肥 3～5 千克（无害化处理过的有机肥料 30～50 千克）、腐殖酸高效缓释复混肥（15-5-20）0.8～1.0 千克；④株施生物有机肥 3～5 千克（无害化处理过的有机肥料 30～50 千克）、增效尿素 0.5～0.7 千克、腐殖酸型过磷酸钙 1～1.2 千克、大粒钾肥 0.5～0.7 千克。

（2）壮果肥　于 5 月中旬起，需氮、磷、钾肥配合施用，以减少落果，提高坐果率。根据当地肥源情况，选取下列组合之一：①株施荔枝树有机型专用肥 1～1.5 千克；②株施海藻有机无机复混肥（22-10-8）1.0～1.2 千克；③株施腐殖酸涂层长效肥（18-10-17）1.0～1.2 千克；④株施腐殖酸高效缓释复混肥（15-5-20）1～1.5 千克；⑤株施增效尿素 0.8～1.0 千克、腐殖酸型过磷酸钙 2～2.5 千克、大粒钾肥 1.0～1.2 千克。

（3）采果促梢肥　一般在采果前后施肥。根据当地肥源情况，选取下列组合之一：①株施生物有机肥 8～10 千克（无害化处理过的有机肥料 100～150 千克）、荔枝树有机型专用肥 1.5～2 千克或腐殖酸涂层长效肥（18-10-17）

1.0～1.5千克；②株施生物有机肥8～10千克（无害化处理过的有机肥料100～150千克）、含促生真菌生物复混肥（20-0-10）1.5～2千克、腐殖酸型过磷酸钙1～2千克；③株施生物有机肥8～10千克（无害化处理过的有机肥料100～150千克）、腐殖酸高效缓释复混肥（15-5-20）1.0～1.5千克；④株施生物有机肥8～10千克（无害化处理过的有机肥料100～150千克）、增效尿素0.8～1.0千克、腐殖酸型过磷酸钙1.5～2千克、大粒钾肥0.8～1.0千克。

（4）根外追肥　荔枝青壮年树一般叶面追肥2～3次。

① 花前。在开花前25～30天。叶面喷施500～1 000倍腐殖酸水溶肥（500～1 000倍氨基酸水溶肥）、1 500倍活力硼叶面肥、800～1 000倍氨基酸螯合复合微量元素肥料。

② 果实膨大期。叶面喷施500～1 000倍腐殖酸水溶肥（500～1 000倍氨基酸水溶肥）、1 500倍活力钙叶面肥、1 500倍活力钾叶面肥2次，间隔15天。

③ 采果后。叶面喷施500～1 000倍腐殖酸水溶肥（500～1 000倍氨基酸水溶肥）、600～800倍大量元素水溶肥2次，间隔20天。

第二节　龙眼树测土配方与营养套餐施肥技术

龙眼，又称桂圆、龙目、圆眼、益智，为无患子科植物，常绿大乔木，树体高大。龙眼原产于中国南部及西南部，在我国具有悠久的栽培历史，2 000多年前已有栽培种植，我国龙眼栽培面积和产量居世界首位，主要分布于广东、广西、福建和台湾等地，此外，海南、四川、云南和贵州也有一定的栽培面积。目前我国栽培面积593.74万亩，总产量达124.19万吨。

一、龙眼树的营养需求特点

龙眼树营养与品种、树龄、树势和产量关系很大，并与气候、生态环境、土壤条件、生育年龄、栽培管理等有密切关系。

1. **龙眼树营养含量的季节变化**　研究表明，龙眼树叶片营养元素含量年周期变化呈"V"字形模式，即两头高中间低，叶片中氮、磷、钾、钙、镁、锌、硼等养分含量大体上是随着秋梢的生长和老熟，逐渐升高并达到最高值，9月以后随着花芽的分化和开花消耗大量营养，叶片的养分向花穗转移，含量逐渐下降，至幼果期降至最低，以后下降趋缓，至幼果胚形成初期叶片中的营养元素含量有所回升。

年周期营养元素含量动态呈现较一致的季节性差异，还表现在叶片营养元素含量的高低峰，虽受大小年制约而有所不同，但季节性差异的总趋势是一致的。营养元素含量的高峰期，大年树叶片含氮量以进入花芽分化的1月最高，小年树以3月抽夏梢前和11月秋梢后的含量最高。叶片含磷量，大小年都以1～3月含量最高，大年树3月最高，小年树1月最高。叶片含钾量，大年树以生理分化期的11月最高，进入形态分化期开始下降；小年树以夏梢后、秋梢期的9月最高，秋梢后逐渐下降。叶片含高量，一般随夏梢叶龄而增长，大小年都是以1月最高。叶片镁含量，大年树以形态分化期含量最高，小年树以进入形态分化的1月含量最高。

营养元素的低峰期，大年树的叶片氮和钾含量都以5月最低，磷以7月幼果期最低。小年树叶片的氮、磷、钾含量低峰期约比大年树推迟2个月，以抽夏、秋梢的5月和9月最低。钙含量大年树以花期的5月最低，小年树以夏梢后、秋梢期的含量最低。叶片含镁量，大年树以果实成熟期的9月最低，小年树以5月最低。

从上述年周期含量变化结果可以看出，龙眼树叶片营养的周年动态，在大年结果树从花期至采果前的果实增长期，叶片营养均处于最低，采果后叶片营养提高，但几乎都出现在10月以后。小年树叶片营养低峰出现在夏秋梢抽生前，含量高峰出现在生理分化期和春梢抽生前。

2. 龙眼树的需肥特性　据研究，每收获1000千克龙眼鲜果，平均需吸收氮4.01～4.80千克、五氧化二磷1.46～1.58千克、氧化钾7.54～8.96千克，所需氮、磷、钾的比例为1∶(0.28～0.37)∶(1.76～2.15)。

龙眼树与其他果树相比较，具有以下营养特性：一是生命周期长，营养要求高。在整个生命周期中经历不同年龄时期，在幼龄生长、低龄结果、壮年盛果、老龄衰老和更新等各个阶段具有不同的营养特点；二是树体营养与果实营养的均衡与协调较差，营养生长与生殖生长容易失调，属于大小年结果现象及产量稳定性较差的果树种类；三是龙眼树的必需营养元素间要平衡供应，如果出现一种和数种营养元素供应不足，则不仅会显著影响鲜果的产量和品质，还会对树体营养与生长发育产生不利影响。

龙眼树在年周期中对营养元素的吸收是分阶段的。树体生长期长，挂果期短，不同物候期对营养需求不同。据研究，龙眼树从2月开始吸收氮、磷、钾等养分，在6～8月出现两次吸收高峰，11月至翌年1月下降。氮、磷在11月，钾在10月中旬基本停止吸收。果实对磷的吸收，从5月开始渐增，7～8月出现吸收高峰，以后趋于平衡。氮的吸收从5月开始增加，7月出现最高峰。因此6～9月是龙眼树周年中吸收肥料最多的时期。

二、龙眼树测土施肥配方

龙眼树施肥量的确定受品种、树龄、树体大小、生长结果、产量和品质及土壤性状、气候条件、环境和管理水平等影响。在实际生产中，可根据生产水平，采用理论估算、测土施肥等方法进行确定。

1. **理论估算法确定** 理论估算法是在一定的土壤条件下，预测龙眼的产量及其需要从土壤中吸收的营养元素和土壤有效供给养分，测算出荔枝树需要施入的肥料量。

（1）预测产量 按最近三年果树的平均产量高 10%～15% 推算。

（2）树体养分吸收量 以树体的养分吸收量包括叶片、枝条、根系和果实需要吸收的养分总量，除以鲜果产量求得。

龙眼在建造整个有机体（包括叶片、枝条、根系和果实），全年每株需要吸收的养分量：氮 341.3～405.4 克、五氧化二磷 56.8～92.4 克、氧化钾 316.4～440.7 克。

如果包括消耗在开花的养分在内，即花、果、叶、枝、根全年吸收的养分为：氮 579.9～642.0 克、五氧化二磷 83.8～119.4 克、氧化钾 674.3～798.6 克。

（3）土壤有效养分供应量 按氮为吸收量的 1/3，磷为吸收量的 1/2，钾为吸收量的 1/2。

（4）肥料利用率 氮肥为 35%～45%，磷肥为 20%～30%，钾肥为 40%～55%。

按上述参数，带入下面公式进行计算，就可求得施肥量（表 8-10）：

施肥量＝（年吸收养分量－土壤有效养分供应量）/肥料利用率

表 8-10 龙眼树体年吸收养分量及施肥量推荐表（克/株）

项目	氮	五氧化二磷	氧化钾
年吸收量（叶、枝、根、果）	341.3～405.4	56.8～92.4	316.4～440.7
年施肥量（叶、枝、根、果）	457.7～539.8	148.5～153.8	395.5～550.9
年吸收量（花、叶、枝、根、果）	579.9～642.0	83.8～119.4	674.3～798.6
年施肥量（花、叶、枝、根、果）	773.2～855.3	193.5～198.8	842.9～998.3

2. **根据龙眼枝树龄确定** 龙眼对营养元素的需求对不同树龄有较大的差

异，应根据树龄确定施肥量，幼年树期应随着树龄增长，逐年增加养分的施肥量（表 8 - 11）。

表 8 - 11　龙眼树不同树龄施肥量推荐表（千克/株）

树龄（年）	施肥量			N：P_2O_5：K_2O
	氮	五氧化二磷	氧化钾	
1	0.02～0.03	0.01	0.02	1：(0.5～0.75)：(0.6～1.0)
2～3	0.04～0.08	0.02～0.04	0.04～0.08	1：(0.2～0.5)：1.0
4～5	0.24～0.40	0.12～0.20	0.24～0.40	1：(0.2～0.5)：1.0
6～7	0.50～0.64	0.20～0.32	0.40～0.64	1：(0.4～0.53)：(0.8～1.0)
8～10	0.65～0.80	0.35～0.40	0.60～0.80	1：(0.5～0.54)：(0.92～1.0)
11～25	0.92～1.60	0.32～0.63	0.60～1.65	1：0.5：(0.65～1.1)
26～50	1.2～1.8	0.4～0.7	1.15～1.65	1：(0.35～0.56)：(0.92～0.97)
>50	1.60～1.85	0.35～0.85	0.90～1.65	1：(0.30～0.67)：(0.82～0.90)

3. 不同产区施肥推荐　龙眼由于立地条件、土壤、气候、栽培特点、品种、产量、树龄、树势等不同，各地推荐的施肥量差异也很大（表 8 - 12）。

表 8 - 12　龙眼树不同产区成年树施肥量推荐表（千克/株）

产区	施肥量			N：P_2O_5：K_2O
	氮	五氧化二磷	氧化钾	
台湾嘉义	0.9	1.1	1.1	1：1.2：1.2
广西崇左	1.05～1.4	0.25～0.6	0.7～1.2	1：(0.2～0.5)：(0.6～1)
广西邕宁	0.8～0.95	0.4～0.5	0.9～1	1：(0.5～0.53)：(1.06～1.13)
福建同安	0.8～1.6	0.6～0.73	1.05～1.23	1：(0.46～0.75)：(0.77～1.33)
福建南安	0.92～1.6	0.32～0.63	0.60～1.05	1：(0.35～0.39)：(0.65～0.66)
福建泉州	1.25～1.85	0.65～0.95	1.15～1.65	1：(0.52～0.53)：(0.92～0.97)
福建莆田	1.6～1.85	0.35～0.85	0.75～1.65	1：(0.585～0.67)：(0.89～1.25)
泰国	2.4	2.0	1.47	1：0.83：0.61

4. 叶片分析诊断 目前我国对龙眼叶片诊断的采样部位是：3～5 月龄秋梢顶部倒数第二复叶的第 2～3 对小叶（一般为 12 月）。表 8-13 为我国主要龙眼品种叶片诊断的适宜参考值，可作为解析叶片分析结果时参考使用。龙眼常见营养缺素症及补救方法如表 8-14。

表 8-13 龙眼叶片营养元素的适宜指标参考值

元素	大乌圆	水涨	福眼	乌龙岭
N（%）	1.6～2.0	1.4～1.9	1.5～2.0	1.7～1.96
P_2O_5（%）	0.104～0.197	0.10～0.18	0.10～0.17	0.11～0.20
K_2O（%）	0.383～0.80	0.5～0.9	0.4～0.8	0.6～0.8
Ca（%）	0.43～2.42	0.9～2.0	0.7～1.7	1.5～2.5
Mg（%）		0.13～0.30	0.14～0.30	0.2～0.3
B（毫克/千克）		15～40		
Fe（毫克/千克）		30～100		
Mn（毫克/千克）	75～395	40～200		
Zn（毫克/千克）		10～400		
Cu（毫克/千克）		4～10		

表 8-14 龙眼常见缺素症及补救措施

营养元素	缺素症状	补救措施
氮	老叶变黄，叶变薄，叶缘卷曲，易脱落，花穗短而弱，果实少	叶面喷施 0.5% 尿素溶液或硝酸铵溶液 2～3 次
磷	老叶叶尖和叶缘干枯，显棕褐色，并向主脉发展，枝梢生长细弱，果汁少，酸度大	叶面喷施 1% 磷酸二氢钾或磷酸铵溶液 2～3 次
钾	老叶叶片褐绿，叶尖有枯斑，并沿叶缘发展，叶片易脱落，坐果少，甜度低	叶面喷施 0.5%～1% 磷酸二氢钾溶液 2～3 次
钙	新叶片小，叶缘干枯，易折断，老叶较脆，枝梢顶端易枯死，根系发育不良，易折断，坐果少，果实耐贮性差	叶面喷施 0.5% 硝酸钙或螯合钙溶液 2～3 次

（续）

营养元素	缺素症状	补救措施
镁	老叶叶肉显淡黄色，叶脉仍显绿色，显"鱼骨状失绿"，叶片易脱落	叶面喷施 0.5％硫酸镁或硝酸镁溶液 2～3 次
硫	老熟叶片沿叶脉出现坏死，显褐灰色，叶片质脆，易脱落	叶面喷施 0.5％硫酸钾或硫酸镁溶液 2～3 次
锌	顶端幼芽易发生簇生小叶，叶片显青铜色，枝条下部叶片显叶脉间失绿，叶片小，果实小	叶面喷施 0.2％～0.3％硫酸锌或螯合锌溶液 2～3 次
硼	生长点坏死，幼梢节间变短，叶脉坏死或木栓化，叶片厚、质脆，花粉发育不良，坐果少	叶面喷施 0.2％～0.3％硼砂或硼酸溶液 2～3 次

三、无公害龙眼树营养套餐肥料组合

1. **基肥** 根据测土施肥配方，以氮、磷、钾为基础，添加腐殖酸、有机型螯合微量元素、增效剂、土壤调理剂等，生产含锌、锰、硼、铁、铜等龙眼树有机型专用肥，根据当地龙眼树施肥现状，综合各地龙眼树配方肥配制资料，基础肥料选用及用量（1 吨产品）如下：建议氮、磷、钾总养分量为30％，氮、磷、钾比例分别为 1：0.42：1.08。硫酸铵 100 千克、尿素198 千克、磷酸一铵 46 千克、过磷酸钙 150 千克、钙镁磷肥 15 千克、氯化钾 216 千克、硼砂 15 千克、氨基酸螯合锌锰铁钼 21 千克、硝基腐殖酸100 千克、氨基酸 67 千克、生物制剂 30 千克、增效剂 12 千克、土壤调理剂 30 千克。

也可选用腐殖酸含促生菌生物复混肥（20-0-10）、腐殖酸涂层长效肥（15-6-12）、腐殖酸高效缓释复混肥（15-5-20）等。

2. **生育期追肥** 追肥可采用腐殖酸包裹尿素、增效尿素、腐殖酸型过磷酸钙、缓释磷酸二铵、腐殖酸含促生菌生物复混肥（20-0-10）、腐殖酸涂层长效肥（15-6-12）、腐殖酸高效缓释复混肥（15-5-20）、硫基长效水溶性滴灌肥（10-15-25）等。

3. **根外追肥** 可根据龙眼树生育情况，酌情选用含腐殖酸水溶肥、含氨基酸水溶肥、含海藻酸水溶肥、氨基酸螯合微量元素水溶肥、大量元素水溶肥、活力钙叶面肥、活力硼叶面肥、活力钾叶面肥等。

四、无公害龙眼树营养套餐施肥技术规程

本规程以龙眼树高产、优质、无公害、环境友好为目标，选用有机无机复合肥料、长效缓释肥料、有机活性水溶肥料进行施用，各地在具体应用时，可根据当地龙眼树龄及树势、测土配方推荐用量进行调整。

1. 龙眼幼年树营养套餐施肥技术规程　龙眼幼龄树生长迅速，应以"勤施薄施、梢期多施"为原则，着重培养各次枝梢，以增强树势，培养强大树冠骨架，增加生长量，迅速扩大树冠，引根深生，为早产丰产稳产打下基础。

（1）定植肥　在栽种穴或坑底部施以表土、石灰1～1.5千克、无害化处理过的有机肥料20～50千克、绿肥10千克等的混合肥至穴深约2/3左右，穴上部施以生物有机肥1～2千克、龙眼树有机型专用肥1～1.5千克、石灰粉1千克，最后用表土回盖在有机肥上并高出穴面约20厘米左右，以备幼苗栽种。

（2）定植1个月后施肥　每株用30%的无害化处理过的腐熟人粪尿淋在龙眼树根际部位，以后每隔2～3个月施肥1次，全年施肥4～6次。每次在新梢伸长基本停止、叶色由红转绿时，在幼树两侧挖穴，选用下列肥源之一：①株施生物有机肥1～2千克（无害化处理过的有机肥料5～10千克）、龙眼树有机型专用肥0.1～0.2克或腐殖酸涂层长效肥（15-6-12）50～70克；②株施生物有机肥1～2千克（无害化处理过的有机肥料5～10千克）、含促生真菌生物复混肥（20-0-10）0.1～0.2克、腐殖酸型过磷酸钙0.1千克。

同时，叶面喷施500～1 000倍含腐殖酸水溶肥或500～1 000倍含氨基酸水溶肥。

（3）2年生幼树追肥　为促进幼树迅速生长，需扩穴施肥，并每年追肥4～5次。

① 扩穴施肥。每株分层施入：生物有机肥3～5千克（无害化处理过的有机肥料30～50千克）、生石灰1～1.5千克、龙眼树有机型专用肥1～2克；或生物有机肥3～5千克（无害化处理过的有机肥料30～50千克）、生石灰1～1.5千克、腐殖酸涂层长效肥（15-6-12）1～2克；或生物有机肥3～5千克（无害化处理过的有机肥料30～50千克）、生石灰1～1.5千克、腐殖酸高效缓释复混肥（15-5-20）0.7～1.0千克。

② 根际追肥。每年追肥4～5次。每次在幼树两侧挖穴，株施生物有机肥

1～2千克（无害化处理过的有机肥料10～20千克）、龙眼树有机型专用肥0.5～1千克；或株施生物有机肥1～2千克（无害化处理过的有机肥料10～20千克）、腐殖酸涂层长效肥（15-6-12）0.5～1千克；或株施生物有机肥1～2千克（无害化处理过的有机肥料10～20千克）、腐殖酸高效缓释复混肥（15-5-20）0.3～0.5千克。

③ 根外追肥。在夏、秋梢期，叶面喷施500～1 000倍腐殖酸水溶肥（500～1 000倍氨基酸水溶肥）、1 500倍活力钾叶面肥2次，间隔期20天。

（4）3年生幼树追肥　龙眼树树冠接近形成，施肥主要是在春梢、花期、幼果和攻梢等时期施肥。

① 春梢肥。在春梢萌发动时，株施生物有机肥3～5千克（无害化处理过的有机肥料30～50千克）、龙眼树有机型专用肥1.0～1.5千克；或株施生物有机肥3～5千克（无害化处理过的有机肥料30～50千克）、腐殖酸涂层长效肥（15-6-12）1.0～1.5千克；或株施生物有机肥3～5千克（无害化处理过的有机肥料30～50千克）、腐殖酸高效缓释复混肥（15-5-20）0.8～1.2千克。

② 根外追肥。在花期、幼果期和攻梢期，分别叶面喷施500～1 000倍含腐殖酸水溶肥（500～1 000倍含氨基酸水溶肥）、1 500倍活力钾叶面肥、1 500倍活力钙叶面肥1次。

③ 秋扩穴增肥。扩穴增肥是在树冠滴水线外（距主干1～1.5米）的两边或四边挖长1米、宽深各0.5米的扩穴沟，然后分层压入20～30千克绿肥、无害化处理过的有机肥料20～30千克厩肥、50～100千克河泥等，压青绿肥时还要撒施适量1～2千克石灰。

2. 结果龙眼树营养套餐施肥技术规程　龙眼树4年生树冠基本形，已开始开花结果，进入结果期。围绕培育龙眼树优良秋梢结果母枝，促进花芽分化、发育和壮大果实等目标，龙眼结果树一般施3次肥：采果肥、促花肥和壮果肥。

（1）采果肥　采果肥宜在收果前7～10天或收果后马上进行，目的是龙眼树迅速恢复树势，促进秋梢早萌发、生长充实壮旺。

（2）促花肥　一般在疏花疏穗后、现蕾开花前施用，目的是在于促进花芽分化、花穗壮旺、花器发育及开花良好，从而减少生理落果，提高坐果率。促花肥以氮、磷、钾肥为主，最好能配合施优质腐熟有机肥。

（3）壮果肥　一般在开花后至第二次生理落果前，即在开花后30～50天内施用。此期要加大钾肥施用比例。

施肥数量必须根据龙眼不同树龄、树体大小、生长结果状况、土壤条件等有所不同。一般树龄长、树冠大、开花结果多、树势弱、土壤条件差、有机肥用量少的龙眼树，施肥量适当要增加；反之，树龄短、树冠小、开花结果少、土壤条件好、有机肥施用量大的龙眼树，则施肥量应降低。正常情况下，不同树龄的龙眼树各时期施肥可选择表8-15中的配方，在应用时，应根据以上原则酌情增加或减少。

表8-15　结果龙眼树不同生育期的营养套餐施肥配方推荐（千克/株）

树龄	施肥期	配方 （根据当地肥源，选择下列配方之一）
4年生	采果肥	（1）株施生物有机肥4～6千克（无害化处理过的有机肥料40～60千克）、龙眼树有机型专用肥1.0～1.2千克； （2）株施生物有机肥4～6千克（无害化处理过的有机肥料40～60千克）、腐殖酸涂层长效肥（15-6-12）1.0～1.2千克； （3）株施生物有机肥4～6千克（无害化处理过的有机肥料40～60千克）、腐殖酸高效缓释复混肥（15-5-20）0.8～1.0千克； （4）株施生物有机肥4～6千克（无害化处理过的有机肥料40～60千克）、含促生真菌生物复混肥（20-0-10）1.0～1.2克、腐殖酸型过磷酸钙1.0千克； （5）株施生物有机肥4～6千克（无害化处理过的有机肥料40～60千克）、增效尿素0.35～0.45千克，腐殖酸型过磷酸钙0.32～0.38千克，大粒钾肥0.13～0.2千克，硫酸镁0.05～0.075千克
	促花肥	（1）株施龙眼树有机型专用肥0.5～0.7千克； （2）株施腐殖酸涂层长效肥（15-6-12）0.5～0.7千克； （3）株施腐殖酸高效缓释复混肥（15-5-20）0.4～0.6千克； （4）株施含促生真菌生物复混肥（20-0-10）0.5～0.7克、腐殖酸型过磷酸钙0.3千克； （5）增效尿素0.15～0.2千克，腐殖酸型过磷酸钙0.27～0.32千克，大粒钾肥0.1～0.13千克
	壮果肥	（1）株施龙眼树有机型专用肥0.7～0.9千克； （2）株施腐殖酸涂层长效肥（15-6-12）0.7～0.9千克； （3）株施腐殖酸高效缓释复混肥（15-5-20）0.5～0.7千克； （4）株施含促生真菌生物复混肥（20-0-10）0.6～0.8克、腐殖酸型过磷酸钙0.5千克； （5）增效尿素0.20～0.25千克，腐殖酸型过磷酸钙0.4～0.5千克，大粒钾肥0.2～0.3千克

（续）

树龄	施肥期	配方 （根据当地肥源，选择下列配方之一）
5～6 年生	采果肥	（1）株施生物有机肥5～7千克（无害化处理过的有机肥料50～70千克）、龙眼树有机型专用肥1.2～1.5千克； （2）株施生物有机肥5～7千克（无害化处理过的有机肥料50～70千克）、腐殖酸涂层长效肥（15-6-12）1.2～1.5千克； （3）株施生物有机肥5～7千克（无害化处理过的有机肥料50～70千克）、腐殖酸高效缓释复混肥（15-5-20）1.0～1.2千克； （4）株施生物有机肥5～7千克（无害化处理过的有机肥料50～70千克）、含促生真菌生物复混肥（20-0-10）1.2～1.5克、腐殖酸型过磷酸钙1.5千克； （5）株施生物有机肥5～7千克（无害化处理过的有机肥料50～70千克）、增效尿素0.53～0.68千克，腐殖酸型过磷酸钙0.48～0.58千克，大粒钾肥0.2～0.32千克，硫酸镁0.1～0.15千克
	促花肥	（1）株施龙眼树有机型专用肥0.7～0.9千克； （2）株施腐殖酸涂层长效肥（15-6-12）0.7～0.9千克； （3）株施腐殖酸高效缓释复混肥（15-5-20）0.6～0.8千克； （4）株施含促生真菌生物复混肥（20-0-10）0.7～0.9克、腐殖酸型过磷酸钙0.5千克； （5）增效尿素0.23～0.32千克，腐殖酸型过磷酸钙0.4～0.48千克，大粒钾肥0.15～0.2千克
	壮果肥	（1）株施龙眼树有机型专用肥0.8～1.0千克； （2）株施腐殖酸涂层长效肥（15-6-12）0.8～1.0千克； （3）株施腐殖酸高效缓释复混肥（15-5-20）0.6～0.8千克； （4）株施含促生真菌生物复混肥（20-0-10）0.7～0.9千克、腐殖酸型过磷酸钙0.7千克； （5）增效尿素0.30～0.38千克，腐殖酸型过磷酸钙0.6～0.75千克，大粒钾肥0.3～0.4千克
7～8 年生	采果肥	（1）株施生物有机肥6～8千克（无害化处理过的有机肥料60～80千克）、龙眼树有机型专用肥1.4～1.6千克； （2）株施生物有机肥6～8千克（无害化处理过的有机肥料60～80千克）、腐殖酸涂层长效肥（15-6-12）1.4～1.6千克； （3）株施生物有机肥6～8千克（无害化处理过的有机肥料60～80千克）、腐殖酸高效缓释复混肥（15-5-20）1.2～1.5千克； （4）株施生物有机肥6～8千克（无害化处理过的有机肥料60～80千克）、含促生真菌生物复混肥（20-0-10）1.4～1.7千克、腐殖酸型过磷酸钙1.7千克； （5）株施生物有机肥6～8千克（无害化处理过的有机肥料60～80千克）、增效尿素0.8～1千克，腐殖酸型过磷酸钙0.7～0.87千克，大粒钾肥0.3～0.45千克，硫酸镁0.15～0.2千克

（续）

树龄	施肥期	配方 （根据当地肥源，选择下列配方之一）
7～8 年生	促花肥	（1）株施龙眼树有机型专用肥 0.8～1.0 千克； （2）株施腐殖酸涂层长效肥（15-6-12）0.8～1.0 千克； （3）株施腐殖酸高效缓释复混肥（15-5-20）0.7～0.9 千克； （4）株施含促生真菌生物复混肥（20-0-10）0.8～1.0 克、腐殖酸型过磷酸钙 0.8 千克； （5）增效尿素 0.35～0.45 千克，腐殖酸型过磷酸钙 0.6～0.72 千克，大粒钾肥 0.23～0.3 千克
	壮果肥	（1）株施龙眼树有机型专用肥 1.0～1.2 千克； （2）株施腐殖酸涂层长效肥（15-6-12）1.0～1.2 千克； （3）株施腐殖酸高效缓释复混肥（15-5-20）0.8～1.0 千克； （4）株施含促生真菌生物复混肥（20-0-10）1.0～1.2 克、腐殖酸型过磷酸钙 1.0 千克； （5）增效尿素 0.45～0.57 千克，腐殖酸型过磷酸钙 0.9～1 千克，大粒钾肥 0.5～0.6 千克
9～10 年生	采果肥	（1）株施生物有机肥 7～9 千克（无害化处理过的有机肥料 70～90 千克）、龙眼树有机型专用肥 1.6～1.8 千克； （2）株施生物有机肥 7～9 千克（无害化处理过的有机肥料 70～90 千克）、腐殖酸涂层长效肥（15-6-12）1.6～1.8 千克； （3）株施生物有机肥 7～9 千克（无害化处理过的有机肥料 70～90 千克）、腐殖酸高效缓释复混肥（15-5-20）1.5～1.7 千克； （4）株施生物有机肥 7～9 千克（无害化处理过的有机肥料 60～80 千克）、含促生真菌生物复混肥（20-0-10）1.7～1.9 克、腐殖酸型过磷酸钙 2 千克； （5）株施生物有机肥 7～9 千克（无害化处理过的有机肥料 70～90 千克）、增效尿素 1～1.3 千克，腐殖酸型过磷酸钙 0.9～1.2 千克，大粒钾肥 0.4～0.6 千克，硫酸镁 0.2～0.3 千克
	促花肥	（1）株施龙眼树有机型专用肥 1.0～1.2 千克； （2）株施腐殖酸涂层长效肥（15-6-12）1.0～1.2 千克； （3）株施腐殖酸高效缓释复混肥（15-5-20）0.9～1.1 千克； （4）株施含促生真菌生物复混肥（20-0-10）1.0～1.2 克、腐殖酸型过磷酸钙 0.8 千克； （5）增效尿素 0.46～0.59 千克，腐殖酸型过磷酸钙 0.78～0.94 千克，大粒钾肥 0.3～0.4 千克
	壮果肥	（1）株施龙眼树有机型专用肥 1.2～1.5 千克； （2）株施腐殖酸涂层长效肥（15-6-12）1.2～1.5 千克； （3）株施腐殖酸高效缓释复混肥（15-5-20）1.0～1.2 千克； （4）株施含促生真菌生物复混肥（20-0-10）1.20～1.5 克、腐殖酸型过磷酸钙 1.2 千克； （5）增效尿素 0.59～0.74 千克，腐殖酸型过磷酸钙 1.2～1.3 千克，大粒钾肥 0.6～0.75 千克

（续）

树龄	施肥期	配方 （根据当地肥源，选择下列配方之一）
11～15 年生	采果肥	（1）株施生物有机肥 10～15 千克（无害化处理过的有机肥料 100～150 千克）、龙眼树有机型专用肥 2.0～2.5 千克； （2）株施生物有机肥 10～15 千克（无害化处理过的有机肥料 100～150 千克）、腐殖酸涂层长效肥（15-6-12）1.8～2.2 千克； （3）株施生物有机肥 10～15 千克（无害化处理过的有机肥料 100～150 千克）、腐殖酸高效缓释复混肥（15-5-20）1.8～2.2 千克； （4）株施生物有机肥 10～15 千克（无害化处理过的有机肥料 100～150 千克）、含促生真菌生物复混肥（20-0-10）1.9～2.3 克、腐殖酸型过磷酸钙 2.2 千克； （5）株施生物有机肥 10～15 千克（无害化处理过的有机肥料 100～150 千克）、增效尿素 1.2～1.5 千克，腐殖酸型过磷酸钙 1.0～1.35 千克，大粒钾肥 0.45～0.68 千克，硫酸镁 0.3～0.4 千克
	促花肥	（1）株施龙眼树有机型专用肥 1.2～1.5 千克； （2）株施腐殖酸涂层长效肥（15-6-12）1.2～1.5 千克； （3）株施腐殖酸高效缓释复混肥（15-5-20）1.1～1.3 千克； （4）株施含促生真菌生物复混肥（20-0-10）1.2～1.4 克、腐殖酸型过磷酸钙 1.2 千克； （5）增效尿素 0.5～0.68 千克，腐殖酸型过磷酸钙 0.9～1 千克，大粒钾肥 0.35～0.45 千克
	壮果肥	（1）株施龙眼树有机型专用肥 1.5～2.0 千克； （2）株施腐殖酸涂层长效肥（15-6-12）1.5～2.0 千克； （3）株施腐殖酸高效缓释复混肥（15-5-20）1.3～1.6 千克； （4）株施含促生真菌生物复混肥（20-0-10）1.5～2.0 克、腐殖酸型过磷酸钙 1.2 千克； （5）增效尿素 0.58～0.85 千克，腐殖酸型过磷酸钙 1.35～1.5 千克，大粒钾肥 0.8～1 千克
>15 年生	采果肥	（1）株施生物有机肥 15～20 千克（无害化处理过的有机肥料 150～200 千克）、龙眼树有机型专用肥 2.3～2.8 千克； （2）株施生物有机肥 15～20 千克（无害化处理过的有机肥料 150～200 千克）、腐殖酸涂层长效肥（15-6-12）2.0～2.5 千克； （3）株施生物有机肥 15～20 千克（无害化处理过的有机肥料 150～200 千克）、腐殖酸高效缓释复混肥（15-5-20）2.0～2.5 千克； （4）株施生物有机肥 15～20 千克（无害化处理过的有机肥料 150～200 千克）、含促生真菌生物复混肥（20-0-10）2.2～2.7 克、腐殖酸型过磷酸钙 2.5 千克； （5）株施生物有机肥 15～20 千克（无害化处理过的有机肥料 150～200 千克）、增效尿素 1.5～2.5 千克，腐殖酸型过磷酸钙 1.5～2.5 千克，大粒钾肥 0.8～1.5 千克，硫酸镁 0.5 千克

（续）

树龄	施肥期	配方 （根据当地肥源，选择下列配方之一）
>15 年生	促花肥	（1）株施龙眼树有机型专用肥 1.5～1.8 千克； （2）株施腐殖酸涂层长效肥（15-6-12）1.5～1.8 千克； （3）株施腐殖酸高效缓释复混肥（15-5-20）1.3～1.6 千克； （4）株施含促生真菌生物复混肥（20-0-10）1.4～1.8 克、腐殖酸型过磷酸钙 1.5 千克； （5）增效尿素 0.6～0.9 千克，腐殖酸型过磷酸钙 1～1.25 千克，大粒钾肥 0.5～0.7 千克
	壮果肥	（1）株施龙眼树有机型专用肥 1.7～2.2 千克； （2）株施腐殖酸涂层长效肥（15-6-12）1.7～2.2 千克； （3）株施腐殖酸高效缓释复混肥（15-5-20）1.5～1.9 千克； （4）株施含促生真菌生物复混肥（20-0-10）1.7～2.2 克、腐殖酸型过磷酸钙 1.5 千克； （5）增效尿素 0.7～1 千克，腐殖酸型过磷酸钙 1.4～1.8 千克，大粒钾肥 1～1.5 千克

结果龙眼树的施肥方法主要是环状沟施（沟深 15～20 厘米）、放射状沟施（沟深 20～30 厘米）、条状沟施（沟深 20～30 厘米）等方法。

（4）根外追肥　结果龙眼树根外追肥一般在春梢老熟前期、开花或盛花期、幼果期、秋梢老熟期等施用。

① 春梢老熟前期。叶面喷施 500～1 000 倍腐殖酸水溶肥或 500～1 000 倍氨基酸水溶肥。

② 开花期。叶面喷施 500～1 000 倍腐殖酸水溶肥（500～1 000 倍氨基酸水溶肥）、1 500 倍活力硼叶面肥、800～1 000 倍氨基酸螯合复合微量元素肥料。

③ 幼果期。叶面喷施 500～1 000 倍腐殖酸水溶肥（500～1 000 倍氨基酸水溶肥）、1 500 倍活力钙叶面肥、1 500 倍活力钾叶面肥 2 次，间隔 15 天。

④ 秋梢老熟期。叶面喷施 500～1 000 倍腐殖酸水溶肥（500～1 000 倍氨基酸水溶肥）、600～800 倍大量元素水溶肥 2 次，间隔 20 天。

3. **龙眼衰弱树营养套餐施肥技术规程**　改造弱树的途径是：断根复壮，恢复树冠，因此在施肥上采取改土促根、调整不同养分施用比例，促进枝梢生长方法进行。

（1）培肥改土　在衰弱树冠滴水线内侧挖深、宽各 40～50 厘米的壕沟，适当切断部分根系，并剪平粗根伤口，任其暴露数天，然后每株施入生物有机肥 10～12 千克（无害化处理过腐熟有机肥 100～150 千克）、腐殖酸型过磷酸钙1～2千克、石灰1.5～2千克等混合肥料，一层肥一层土，分2～3层将土、肥和杂草、绿肥等回入沟中，最后回填泥土略高于原土面20厘米。

（2）促花肥　花前施促进花芽分化肥，根据肥源，株施下列肥料组合之一：①株施生物有机肥15～25千克（无害化处理过的有机肥料150～250千克）、龙眼树有机型专用肥1.5～2.5千克、增效尿素0.3～0.5千克；②株施生物有机肥15～25千克（无害化处理过的有机肥料150～250千克）、腐殖酸涂层长效肥（15-6-12）1.2～2.0千克、增效尿素0.3～0.5千克；③株施生物有机肥15～25千克（无害化处理过的有机肥料150～250千克）、腐殖酸高效缓释复混肥（15-5-20）1.2～2.0千克、增效尿素0.3～0.5千克；④株施生物有机肥15～25千克（无害化处理过的有机肥料150～250千克）、含促生真菌生物复混肥（20-0-10）1.5～2.5千克、腐殖酸型过磷酸钙1.5千克、增效尿素0.3～0.5千克；⑤株施生物有机肥15～25千克（无害化处理过的有机肥料150～250千克）、增效尿素1.0～1.5千克、腐殖酸型过磷酸钙1.5～2千克、大粒钾肥1.0～1.5千克。

（3）幼果肥　根据肥源，株施下列肥料组合之一：①株施生物有机肥5～10千克（无害化处理过的有机肥料50～80千克）、龙眼树有机型专用肥或腐殖酸涂层长效肥（15-6-12）2.5～3.0千克；②株施生物有机肥5～10千克（无害化处理过的有机肥料50～80千克）、腐殖酸高效缓释复混肥（15-5-20）2.0～2.5千克；③株施生物有机肥5～10千克（无害化处理过的有机肥料50～80千克）、含促生真菌生物复混肥（20-0-10）2.5～3.0千克、腐殖酸型过磷酸钙2.5千克；④株施生物有机肥5～10千克（无害化处理过的有机肥料50～80千克）、增效尿素2.0～2.5千克、腐殖酸型过磷酸钙2.5～3千克、大粒钾肥1.5～2千克。

（4）攻秋梢肥　采果前施攻秋梢肥，根据肥源，株施下列肥料组合之一：①株施无害化处理过的优质粪水100千克、龙眼树有机型专用肥2.0～2.5千克、增效尿素0.5～1千克；②株施无害化处理过的优质粪水100千克、腐殖酸涂层长效肥（15-6-12）或腐殖酸高效缓释复混肥（15-5-20）2.0～2.5千克、增效尿素0.5～1千克；③株施无害化处理过的优质粪水100千克、含促生真菌生物复混肥（20-0-10）2.0～2.5千克、腐殖酸型过磷酸钙2.5千克、增效尿素0.5～1千克；④株施无害化处理过的优质粪水100千克、增效尿素1.5～2.0千克、腐殖酸型过磷酸钙1.5～2千克、大粒钾肥1.5～2千克。

（5）攻梢壮梢肥　采果后及时施肥，株施无害化处理过的优质粪水100千克、增效尿素1.0～1.5千克。

（6）根外追肥　在春、夏、秋梢期分别进行 2～3 次叶面追肥。

① 春梢期。叶面喷施 500～1 000 倍腐殖酸水溶肥（500～1 000 倍氨基酸水溶肥）、1 500 倍活力硼叶面肥。

② 夏梢期。叶面喷施 500～1 000 倍腐殖酸水溶肥（500～1 000 倍氨基酸水溶肥）、1 500 倍活力钾叶面肥。

③ 秋梢期。叶面喷施 500～1 000 倍腐殖酸水溶肥（500～1 000 倍氨基酸水溶肥）、1 500 倍活力钙叶面肥、600～800 倍大量元素水溶肥 2 次，间隔20 天。

第三节　椰子树测土配方与营养套餐施肥技术

椰子，别名胥余、越王头、椰瓢，为棕榈科椰子属常绿果树，是典型的热带果树，饮料类树种。我国海南、云南、台湾、广东、广西、福建、浙江等地均有栽培，我国最适栽培地区只限于海南。

一、椰子树的营养需求特点

1. **椰子树营养特性**　椰子树为须根系，从茎基部的圆锥体向四周放射状生出数量众多的、大小相近似的根，统称主要根。主要根产生侧根，侧根又生分根和再分根，统称营养根，主要吸收养分。由主要根和小根产生带白色的尖形小突起称为呼吸根，它能有效促进根内气体交换。

椰子树的根没有根毛。早期生长的主要根，主要向下生长，随着树龄增长，渐向侧面伸长，多数分布于 20～80 厘米土层中。由茎的地上部分长出的气根，接触土壤后能伸长而起吸收作用。营养根大多分布在茎干周围 2 米范围内的 20～50 厘米土层中。主要根的寿命在 30 年以上，营养根的寿命较短，细弱小根每年干旱季节都会死亡。地下干旱根系分布深，地下湿润根系分布浅。在滨海地带，根系往往长成长条或集中在一小块上，同时地上茎长出气根。

椰子树能在多种土壤中生长，以滨海冲积土和河岸冲土为最好，其次为沙壤土，砾土、黏土最差。地下水位在 1～2.5 米较适宜，土壤 pH5.2～8.3 均能生长，以中性土较好，偏酸产量低。

2. **椰子树叶片养分含量动态**　椰子树叶片含氮量在 0.92%～1.83%，叶片含氮量随着叶龄的增加而呈下降趋势，不同叶序间变化平缓。叶片含磷量在1.33%～1.71%，叶片含磷量随着叶龄的增加而呈下降趋势，不同叶序间变化平缓。叶片含钾量在 0.24%～1.69%，叶片含钾量随着叶龄的增加而呈下降趋势，幼叶含钾量最高，老叶含量最低，3～18 片叶变化幅度较大，之后变化平缓。叶片中钙的含量在 0.07%～1.16%，随着叶龄增加呈上升趋势，幼叶含钙量最低，老叶含钙量最高。叶片中镁的含量在 0.11%～0.25%，其含量变化与叶龄的增加没有明显的关系。叶片中钠的含量在 0.016%～0.047%，其含量变化与叶龄的增加没有明显的关系。

3. 椰子树需肥特点 椰子树正常生长发育需要 16 种必需营养元素，但以氮、磷、钾的吸收量最多。据吉尤斯研究报道，每亩椰子（10～11 株）产椰果 470 个左右，每年从土壤中吸收氮 6.13 千克、磷 2.73 千克、钾 9.13 千克，氮、磷、钾吸收比例为 1∶0.45∶1.49。印度学者研究报道，每亩 12 株椰子树，每株产椰果 100 个，每年从土壤中吸收氮 10.5 千克、磷 1.87 千克、钾 19.2 千克，氮、磷、钾吸收比例为 1∶0.18∶1.83。总的来说，椰子树需要钾最多，氮次之，磷较少。

椰子树对钠、氯等元素需要比较敏感，钠是否是椰子树所必需的元素，目前尚无定论，但大量文献研究表明施用氯化钠可显著促进椰子树的生长及产量的提高。

二、椰子树测土施肥配方

目前很多椰农仍受传统重种轻管指导思想的影响，对椰子树的田间施肥管理不够重视，很少采取科学施肥、清除杂草和病虫害防治等田间管理措施。而目前有关椰子树测土配方施肥的研究报道也很少。

1. 借鉴国外施肥推荐

（1）牙麦加 椰子树施肥推荐如表 8-16。

表 8-16 牙麦加椰子树施肥推荐

序号	树龄	单株施肥量
1	定植后 6 周	225 克硫酸铵
2	6 个月龄	225 克复合肥（12-10-18、10-5-20、14-7-28、12-8-30）
3	1 年	450 克硫酸铵
4	2 年	450 克复合肥、450 克硫酸铵

（续）

序号	树龄	单株施肥量
5	3 年	675 克复合肥、675 克硫酸铵
6	4 年	900 克复合肥、900 克硫酸铵
7	5 年～产果	1 125 克复合肥、1 125 克硫酸铵
8	初结果树	1 125 克复合肥、1 125 克硫酸铵
9	成龄树：每个新花序仅有少量雌花（少于 20 个）的植株	1 125 克复合肥、1 125 克硫酸铵
10	成龄树：每个新花序有少 20 个雌花的植株	1 125 克复合肥、1 125 克硫酸铵

（2）巴西　推荐氮、磷、钾复合肥养分含量为 5 - 15 - 15，单株施肥量：1～2 年生的 600～800 克，2～3 年生的 800～1 000 克，4～5 年生的 1 500～2 000 克，5 年生以上的 3 千克。

（3）委内瑞拉　根据灌溉情况，椰子树施肥推荐如表 8 - 17。

表 8 - 17　委内瑞拉椰子树施肥推荐

肥料	灌溉	未灌溉
氮	250 克/株	188 克/株
五氧化二磷	80 克/株	55 克/株
氧化钾	500 克/株	666 克/株

（4）法国　根据树龄，椰子树施肥推荐如表 8 - 18。

表 8 - 18　法国椰子树施肥推荐（千克/株）

树龄	硫酸铵	磷酸二钙	氯化钾
3 年生以下	0.30	0.40	0.25
3 年生至产果	0.50	—	0.50
产果植株	—	—	1～1.5

（5）印度　印度各邦椰子树施肥推荐如表 8 - 19。

表8-19　印度各邦椰子树施肥推荐（千克/株）

产区	氮	五氧化二磷	氧化钾
果阿	0.38	0.38	0.72
喀拉拉：沙土和沙壤土	0.56	0.28	1
喀拉拉：砖红壤和黏壤土	0.56	0.56	1
马哈拉施特拉	0.35	0.25	0.50
泰米尔纳德	0.30	0.30	0.60

（6）斯里兰卡　根据土壤肥力，椰子树施肥配方推荐如表8-20，施肥量推荐如表8-21。

表8-20　斯里兰卡推荐的三种混合肥配方

混合肥	混合肥中的养分（%）		
	氮	五氧化二磷	氧化钾
A	10.3	6.9	15.0
B	10.3	6.1	16.7
C	10.3	5.5	18.0

表8-21　斯里兰卡椰子树施肥推荐（克/株）

土壤肥力	氮	五氧化二磷	氧化钾
肥沃	372	250	545
中等	422	250	681
贫瘠	468	250	817
一般平均	422	250	681

2. **根据土壤肥力确定**　目前，我国的椰子树主要分布在海南东部和南部沿海一带的滨海松沙土、海积潮沙土、花岗岩砖红壤及玄武岩砖红壤等土壤上，土壤养分非常贫乏，氮、磷、钾含量很低。因此高产椰园基本没有，多为中低肥力地块。

根据土壤有机质、碱解氮、有效磷、速效钾含量确定土壤肥力分级，然后根据不同肥力水平确定施肥量。如表8-22椰子园的土壤肥力分级，表8-23

为椰子园不同肥力水平推荐施肥量。

表 8 - 22　椰子园土壤肥力分级

肥力水平	有机质（克/千克）	碱解氮（毫克/千克）	有效磷（毫克/千克）	速效钾（毫克/千克）
低	<5	<60	<5	<50
中	5～10	60～120	5～20	50～150

表 8 - 23　椰子园不同肥力水平推荐施肥量

肥力等级	推荐施肥量（千克/株）		
	纯氮	五氧化二磷	氧化钾
低肥力	0.5～0.6	0.15～0.20	0.55～0.65
中肥力	0.6～0.7	0.20～0.25	0.65～0.70

　　3. 叶片分析诊断　成龄椰子树采第一片展开叶往下数第 14 片叶，幼龄椰子树采冠层中部相对稳定的叶片。分别采取复叶中部的 3～5 对小叶（裂片），并根据需要量多少取中间 20～30 厘米作为样品分析。各种养分临界指标如表8 - 24，如果某元素低于临界指标数值时，施肥就会有效果。椰子树常见营养缺素症及补救方法如表 8 - 25。

表 8 - 24　椰子树叶片营养元素的临界指标参考值

元素	氮（%）	磷（%）	钾（%）	钙（%）	镁（%）	铁（毫克/千克）	锰（毫克/千克）	铜（毫克/千克）
指标	1.8～2.0	0.12	0.8～1.0	0.5	0.3	50	60	2

表 8 - 25　椰子树常见缺素症及补救措施

营养元素	缺素症状	补救措施
氮	叶簇不同程度变黄，生长受抑制；严重时老叶完全变成金黄色，雌花减少；后期茎干顶部变细，似笔尖状；树冠仅有少量短小的叶片，最终椰子树变光秃	叶面喷施或树体注射1%～2%尿素溶液或硝酸铵溶液 2～3 次
磷	生长减慢，叶子变小，严重时小叶发黄且硬化	叶面喷施 1%～1.5%过磷酸钙水浸液 2～3 次

（续）

营养元素	缺素症状	补救措施
钾	初期症状为叶中脉出现两条纵向锈色斑点，叶片轻微发黄，小叶尖端明显变黄。叶片变黄多集中在叶缘部位，变黄叶面会很快坏死。早期特征是树冠心部的叶子变黄，后期较老的叶子也变黄干枯，树干上可见枯死的悬垂叶片。树干细长，小叶变短，花序、坐果及椰果数量减少	叶面喷施 1.0%～1.5% 硫酸钾钾溶液 2～3 次
钙	小叶变黄，小叶尖端有黄色至橙色环状坏死斑点，后蔓延至整片小叶。叶片逐渐干枯，心部的叶比老叶较早出现症状	叶面喷施 0.2%～0.3% 硝酸钙或螯合钙溶液 2～3 次
镁	多发在幼龄椰子树和幼苗上，外轮叶子变黄，严重时小叶变黄加剧，尖端坏死，叶面产生许多褐色斑渍，致使成熟叶片过早凋萎	叶面喷施 1%～2% 硫酸镁或硝酸镁溶液 2～3 次
氯	叶片变黄，较老的叶子出现斑纹，叶外缘和小叶尖端干枯；果型小	叶面喷施 0.2%～0.5% 氯化钾溶液 2～3 次
锰	新叶失绿、皱缩、变小，并伴有坏死斑出现。后期，叶片枯萎、卷曲，呈现烧焦状，叶片严重变小，最后叶片脱落，顶芽死亡	叶面喷施 0.2%～0.3% 硫酸锰溶液 2～3 次

三、无公害椰子树营养套餐肥料组合

1. 基肥　根据测土施肥配方，以氮、磷、钾为基础，添加腐殖酸、有机型螯合微量元素、增效剂、土壤调理剂等，生产含锌、锰、硼、铁、铜等椰子树有机型专用肥，根据当地椰子树施肥现状，综合各地椰子树配方肥配制资料，基础肥料选用及用量（1 吨产品）如下：建议氮、磷、钾总养分量为 30%（10.5 - 4.5 - 15），氮、磷、钾比例分别为 1∶0.43∶1.43。氯化铵 200 千克、尿素 111 千克、磷酸一铵 25 千克、过磷酸钙 180 千克、钙镁磷肥 20 千克、氯化钾 250 千克、硼砂 15 千克、氨基酸螯合锌锰铁 20 千克、七水硫酸镁 100 千克、氨基酸 27 千克、生物制剂 20 千克、增效剂 12 千克、土壤调理剂 20 千克。

也可选用腐殖酸含促生菌生物复混肥（20 - 0 - 10）、腐殖酸涂层长效肥（18 - 10 - 17）、腐殖酸高效缓释复混肥（12 - 10 - 18）等。

2. 生育期追肥　追肥可采用腐殖酸包裹尿素、增效尿素、腐殖酸型过磷酸钙、缓释磷酸二铵、腐殖酸含促生菌生物复混肥（20-0-10）、腐殖酸涂层长效肥（18-10-17）、腐殖酸高效缓释复混肥（12-10-18）等。

3. 根外追肥 可根据椰子幼树生育情况，酌情选用含腐殖酸水溶肥、含氨基酸水溶肥、含海藻酸水溶肥、氨基酸螯合微量元素水溶肥、大量元素水溶肥、活力钙叶面肥、活力硼叶面肥、活力钾叶面肥等。

四、无公害椰子树营养套餐施肥技术规程

本规程以椰子高产、优质、无公害、环境友好为目标，选用有机无机复合肥料、长效缓释肥料、有机活性水溶肥料进行施用，各地在具体应用时，可根据当地椰子树树龄及树势、测土配方推荐用量进行调整。

1. 椰子幼树营养套餐施肥技术规程

（1）定植肥 在植前必须在植穴中施足基肥，一般株施生物有机肥5～7千克（无害化处理过的腐熟有机肥30～50千克）、椰子树有机型专用肥0.3～0.5千克。施肥时，必须连同表土混匀回穴，填至植穴的2/3，用脚把椰苗及表土踩结实，再回5～10厘米厚的表土，当天淋透一次定根水。

（2）定植当年追肥 6月龄的椰子树，根据当地肥源，选取下列组合之一：①株施椰子树有机型专用肥0.4～0.5千克；②株施腐殖酸含促生菌生物复混肥（20-0-10）0.4～0.5千克，腐殖酸型过磷酸钙0.2～0.3千克；③株施腐殖酸涂层长效肥（18-10-17）0.3～0.4千克；④株施腐殖酸高效缓释复混肥（12-10-18）0.3～0.5千克；⑤株施增效尿素0.1～0.15千克、腐殖酸型过磷酸钙0.2～0.3千克、氯化钾0.2～0.3千克。

（3）1～5年生幼树施肥

① 3～4月和8～9月。根据当地肥源，选取下列组合之一：每次每株施生物有机肥5～10千克，或每株每次施无害化处理过的鸡粪5～10千克，或每株每次施无害化处理过的猪粪10～15千克，或每株每次施无害化处理过的牛粪20～30千克。可采用侧沟或环状沟施肥。

② 在椰子树生长旺季。每2～3月施肥1次，挖浅沟施，深约10厘米，施后覆土。

1年生椰子幼树，根据肥源，每年每株施：椰子树有机型专用肥0.8～1千克，或腐殖酸含促生菌生物复混肥（20-0-10）0.8～1千克，或腐殖酸涂层长效肥（18-10-17）0.6～0.8千克，或腐殖酸高效缓释复混肥（12-10-18）0.5～0.7千克，或增效尿素0.2～0.3千克、腐殖酸型过磷酸钙0.3～0.5千克、氯化钾0.4～0.6千克。

以后每年适当增加肥料用量，5年生椰子幼树，根据肥源，每年每株施：椰子树有机型专用肥2～3千克，或腐殖酸含促生菌生物复混肥（20-0-10）2～3千克，或腐殖酸涂层长效肥（18-10-17）1.5～2.5千克，或腐殖酸高效缓释复混肥（12-10-18）1.5～2.5千克，或增效尿素0.6～0.8千克、腐殖酸型过磷酸钙0.5～1千克、氯化钾0.8～1千克。

（4）根外追肥　椰子幼树株高还能进行根外追肥，可进行根外追肥3～4次。

①3～4月。叶面喷施500～1000倍腐殖酸水溶肥（500～1000倍氨基酸水溶肥）、1500倍活力钙叶面肥2次，间隔期15天。

②8～9月。叶面喷施500～1000倍腐殖酸水溶肥（500～1000倍氨基酸水溶肥）、600～800倍大量元素水溶肥2次，间隔期20天。

2. 椰子成龄树营养套餐施肥技术规程

（1）基肥　3～4月和8～9月，挖长100厘米、宽40厘米、深40厘米的长方形沟施。根据当地肥源，选取下列组合之一：①每次每株施生物有机肥15～20千克；②每株每次施无害化处理过的鸡粪15～20千克；③每株每次施无害化处理过的猪粪30～40千克；④每株每次施无害化处理过的牛粪60～80千克。

（2）追肥　在椰子树生长旺季，每年施复合肥3～4次，挖浅沟施，深约10厘米，施后覆土。根据当地肥源，选取下列组合之一：①每年每株施椰子树有机型专用肥2～3.5千克；②每年每株施腐殖酸含促生菌生物复混肥（20-0-10）2～3.5千克、腐殖酸型过磷酸钙1～1.5千克；③每年每株施腐殖酸涂层长效肥（18-10-17）1.7～3千克；④每年每株施腐殖酸高效缓释复混肥（12-10-18）2～3千克；⑤每年每株施增效尿素1～1.5千克、腐殖酸型过磷酸钙1～1.5千克、氯化钾2～3千克。

第九章
核果类常绿果树测土配方与营养套餐施肥技术

核果属于单果，常见于蔷薇科、鼠李科等类群植物中。典型的核果由膜果皮、果肉、果核组成。常绿果树中的核果类果树主要有杧果、杨梅、枇杷等。

第一节　杧果树测土配方与营养套餐施肥技术

杧果列为世界 5 种热带名果之一，在我国热带和暖热带广泛种植，我国的主产区有海南、广东、广西、福建、云南、台湾等地。杧果属常绿大乔木，树高 10～27 米，最高可达 40 米。寿命极长，可达 500 年，100 多年的大树很常见。树形和带红、紫色的嫩叶，相当美观，是南方很好的观赏树种。

一、杧果树的营养需求特点

1. **杧果需肥量**　杧果树体高大，根系发达，需肥量大。据研究资料，每亩产 1 061 千克鲜果，树体需从土壤中吸走氮 104 千克、五氧化二磷 27.5 千克、氧化钾 119 千克、钙 88 千克、镁 47 千克、锰 871 克、硼 174 克、锌 375 克、铜 435 克、铁 976 克，养分吸收比例氮∶磷∶钾∶钙∶镁为 1∶0.26∶1.14∶0.85∶0.45。据测定，生产 1 000 千克鲜果吸收养分量氮 3.23 千克、五氧化二磷 0.85 千克、氧化钾 3.82 千克、钙 0.289 千克、镁 0.196 千克；果实吸收养分比例氮∶磷∶钾∶钙∶镁为 1∶0.26∶1.18∶0.09∶0.06。杧果产量越高，修剪程度越重，所需养分就越多；随着树龄增加，吸收养分也随之增加。

2. **杧果树各生育期养分变化动态**　研究表明，紫花杧随着秋梢的生长和老熟，叶片中的氮、磷、钾、钙、镁、锌、硼等含量逐渐升高，至秋梢成熟时达到最高峰。进入开花期，叶中养分转移至花穗，开花期间 1 个多月内叶片养分大幅度下降，以氮、磷、硼、锌、钙养分消耗较多。至幼果期叶片养分下降趋缓，在第二次生理落果期，果实氮、磷、硼含量明显上升，而钾、镁、钙浓度的增加相对较缓。果实快速膨大期，氮、磷、硼浓度下降，而钾、镁、钙则明显上升，达最高值。果实成熟后，果实中各种矿质养分又显著下降。

对秋梢中养分含量测定结果：从秋梢萌动至老熟后，氮、磷、钾、钙、镁等养分积累最多，分别占全生育期的 46%、34.4%、34.1%、55.9% 和 47.8%；从秋梢老熟至花芽分化至盛花期，氮、磷、钾、钙、镁吸收量分别占全生育期的 32.9%、52.7%、15.3%、20.6% 和 23.6%；从盛花期至收获期，氮、磷、钾、钙吸收量分别占全生育期的 10.4%、12.9%、50.6% 和 28.6%。可见氮、磷、钾在盛花期之前吸收较多，钾、钙、镁以秋梢老熟前和坐果期吸收较多。

二、杧果树测土施肥配方

1. 根据土壤肥力确定 根据杧果园有机质、碱解氮、有效磷、速效钾含量确定土壤肥力分级，然后根据不同肥力水平确定施肥量。如表 9-1 为杧果园的土壤肥力分级，表 9-2 为杧果园不同肥力水平推荐施肥量。

表 9-1 杧果园土壤肥力分级

肥力水平	有机质 （克/千克）	碱解氮 （毫克/千克）	有效磷 （毫克/千克）	速效钾 （毫克/千克）
低	<5	<60	<5	<50
中	5～20	60～120	5～20	50～150
高	>20	>120	>20	>150

表 9-2 杧果园不同肥力水平推荐施肥量

肥力等级	推荐施肥量（千克/亩）		
	纯氮	五氧化二磷	氧化钾
低肥力	12～17	6～9	16～19
中肥力	17～22	9～12	19～22
高肥力	22～30	12～15	22～25

2. 不同产区施肥试验确定 杧果树由于立地条件、土壤、气候、栽培特点、品种、产量、树龄、树势等不同，各地推荐的施肥量差异也很大。

（1）谭永贞等（2009）提出广西产区杧果树亩施肥量：氮 30 千克、五氧化二磷 17 千克、氧化钾 22 千克。生产上一般按氮、磷、钾比例为 1：0.5：（0.5～1）确定。

（2）刘清国等（2013）根据"3414"试验提出贵州产区杧果树株施肥量：尿素合理施肥量为 0.87～1.30 千克，最佳施肥量为 1.10 千克；钙镁磷肥合理施肥量为 1.11～2.67 千克，最佳施肥量为 2.15 千克；氯化钾合理施肥量为 0.67～1.00 千克，最佳施肥量为 0.95 千克。

（3）周修冲等（2000）提出广东产区杧果树亩产 1 000 千克水平，株施肥量：氮 400 克、五氧化二磷 125 克、氧化钾 320 克、镁 40 克、硫 40～80 克。

（4）潘启城等（2009）提出广西丘陵地区杧果树每生产 1 000 千克果实，亩施肥为：氮 25.8 千克、五氧化二磷 9.3 千克、氧化钾 29.8 千克、氧化钙 12.5 千克、氧化镁 5.0 千克。

（5）张文等（2012）提出海南产区杧果树亩施肥量为：氮 24 千克、五氧化二磷 17 千克、氧化钾 19 千克、镁 3.8 千克。

（6）麦全法等（2009）提出海南农垦产区中低肥力水平下，杧果树亩施肥量为：氮 11.26～17.64 千克、五氧化二磷 6.64～8.53 千克、氧化钾 15.88～29.64 千克。

3. **营养失调诊断**　杧果树常见营养缺素症及补救方法如表 9 - 3。

表 9 - 3　杧果树常见缺素症及补救措施

营养元素	缺素症状	补救措施
氮	枝软叶黄，叶片黄化，顶部嫩叶变小、失绿、无光泽；严重时叶尖和叶缘出现坏死斑点。成年树提早开花，但花朵少，坐果率低，果实小	叶面喷施 0.5% 尿素溶液或硝酸铵溶液 2～3 次
磷	下部老叶的叶脉间先出现坏死褐色斑点或花青素沉积斑块，叶变黄，最后变为紫褐色干枯脱落，顶部抽生出的嫩叶小且硬，两边叶缘向上卷，植株生长缓慢。严重时，树体生长迟缓，分枝少，叶小，花芽分化不良，果实成熟晚，产量低	叶面喷施 0.5%～1% 磷酸二氢钾或磷酸铵溶液 2～3 次
钾	下部老叶先出现症状，老叶的叶缘先出现黄斑，叶片逐渐变黄，发病后期导致叶片坏死干枯。严重时顶部嫩叶变小。叶片伸展后叶缘出现水渍状坏死或不规则黄色斑点，整叶变黄	叶面喷施 0.5%～1% 磷酸二氢钾溶液 2～3 次
钙	叶片黄绿色，且顶部叶片先黄化。严重时，老叶沿叶缘部分带有褐色伤状，且叶片卷曲；顶芽变现干枯，花朵萎缩	叶面喷施 2% 硝酸钙或螯合钙溶液 2～3 次
镁	老叶从叶缘开始黄化，中脉缺绿，新叶表现不明显	叶面喷施 0.1% 硫酸镁或硝酸镁溶液 2～3 次

（续）

营养元素	缺素症状	补救措施
硫	叶肉深绿，叶缘干枯，新叶未成熟就先脱落	结合缺硫、锰喷施硫酸盐溶液
锰	老叶症状不明显，新叶叶肉变黄，叶脉仍为绿色，整片叶片形成网络，侧脉仍然保持绿色	叶面喷施 0.2%～0.3%硫酸锰溶液 2～3 次
锌	成熟叶片的叶尖出现不规则棕色斑点，随着斑点扩大最后合并成大斑块，形成整片坏死。幼叶向下反卷，叶片成熟后变厚而脆，叶小且皱，最后主枝节间缩短，有大量带有小而变形叶片的侧枝发生	叶面喷施 0.2%～0.3%硫酸锌或螯合锌溶液 2～3 次
硼	成熟叶片黄化而变小，黄化部分逐渐变为深棕色坏死；幼叶叶缘的叶肉有棕色斑点出现，随着生长发育逐渐枯萎凋谢；主枝生长点坏死，大量抽生侧枝，侧枝生长点逐渐坏死，生长完全受阻。花粉管不能伸长，影响受精，坐果率低。幼果畸形，果肉部分木栓化，呈褐黑色，出现裂果现象，严重时成熟后果肉硬化，出现水渍状斑点，有些果肉呈海绵状，并有中空现象，但外观并无任何迹象	叶面喷施 0.2%～0.3%硼砂或硼酸溶液 2～3 次
铁	幼叶缺绿呈黄绿色，生长缓慢，幼叶逐渐黄化脱落，新梢生长受阻	叶面喷施 0.2%～0.3%硫酸亚铁溶液 2～3 次

三、无公害杧果树营养套餐肥料组合

1. **基肥**　根据测土施肥配方，以氮、磷、钾为基础，添加腐殖酸、有机型螯合微量元素、增效剂、土壤调理剂等，生产含锌、锰、硼、铁、铜等杧果树有机型专用肥，根据当地杧果树施肥现状，综合各地杧果树配方肥配制资料，基础肥料选用及用量（1 吨产品）如下：建议氮、磷、钾总养分量为 30%（13.5 - 2.5 - 14），氮、磷、钾比例分别为 1：0.24：1.04。硫酸铵 100 千克、尿素 248 千克、过磷酸钙 135 千克、钙镁磷肥 20 千克、氯化钾 233 千克、硼砂 15 千克、氨基酸螯合锌锰铁钙 20 千克、七水硫酸镁 90 千克、硝基腐殖酸 84 千克、生物制剂 20 千克、增效剂 10 千克、土壤调理剂 25 千克。

也可选用腐殖酸含促生菌生物复混肥（20 - 0 - 10）、腐殖酸涂层长效肥

（15－6－12）、腐殖酸高效缓释复混肥（15－5－20）等。

2. 生育期追肥 追肥可采用腐殖酸包裹尿素、增效尿素、腐殖酸型过磷酸钙、缓释磷酸二铵、腐殖酸含促生菌生物复混肥（20－0－10）、腐殖酸涂层长效肥（15－6－12）、腐殖酸高效缓释复混肥（15－5－20）、硫基长效水溶性滴灌肥（10－15－25）等。

3. 根外追肥 可根据杧果树生育情况，酌情选用含腐殖酸水溶肥、含氨基酸水溶肥、含海藻酸水溶肥、氨基酸螯合微量元素水溶肥、大量元素水溶肥、活力钙叶面肥、活力硼叶面肥、活力钾叶面肥等。

四、无公害杧果树营养套餐施肥技术规程

本规程以杧果高产、优质、无公害、环境友好为目标，选用有机无机复合肥料、长效缓释肥料、有机活性水溶肥料进行施用，各地在具体应用时，可根据当地杧果树龄及树势、测土配方推荐用量进行调整。

1. 杧果幼树营养套餐施肥技术规程 杧果幼树施肥着重促进营养生长，使根系发达，增加枝条数，扩大树冠面积，为早结果、早丰产创造条件，施肥以氮、磷为主，适当施用钾肥，尽可能多施用有机肥，加强土壤培肥，注重果园土壤的改良，为结果打下基础。

（1）定植肥 定植前 2～3 个月挖穴，常规穴按长 80 厘米、宽 70 厘米、深 60 厘米。每穴放入无害化处理过的有机肥料 20～30 千克、绿肥 25 千克、杧果树有机型专用肥 0.5～1 千克、生石灰 0.5～1 千克，做到土肥融合，最后用表土回盖在有机肥上并高出穴面约 20 厘米左右，以备幼苗栽种。

（2）定植当年 杧果定植后 1～2 个月开始抽生新梢，以后约 2 个月抽生 1 次梢，每次抽梢后都可追肥一次。每次每株用 50 千克水加入硫基长效水溶性滴灌肥（10－15－25）100～120 克、增效尿素 20～30 克或无害化处理过稀粪水 5 千克进行淋水施肥，并叶面喷施 500～1 000 倍腐殖酸水溶肥或 500～1 000倍含氨基酸水溶肥。

（3）定植第二年 根据土壤质地，灵活追施肥料、扩穴施肥、喷施叶面肥料。

① 土壤为砂土。每梢一次肥，每次用量为：每株用 50 千克水加入硫基长效水溶性滴灌肥（10－15－25）150～200 克、增效尿素 50～100 克或稀粪水 10 千克进行淋水施肥。春梢、夏梢、秋梢萌动前分别施入一次有机肥，每株生物有机肥 1～2 千克（无害化处理过的有机肥料 10～15 千克）、大粒钾肥

100～120 克。

②　土壤为壤土或轻黏土。3 月、5 月、7 月、9 月各施肥一次，每次用量为：每株用 50 千克水加入硫基长效水溶性滴灌肥（10 - 15 - 25）200～250 克、增效尿素 100～150 克进行淋水施肥。春梢、夏梢、秋梢萌动前分别施入一次有机肥，每株生物有机肥 1～2 千克（无害化处理过的有机肥料 10～15 千克）、腐殖酸型过磷酸钙 0.5～1 千克。

③　定植后第二年。秋季结合扩穴，株施生物有机肥 3～5 千克（无害化处理过的有机肥料 30～50 千克）、杧果树有机型专用肥 0.5～0.7 千克；或株施生物有机肥 3～5 千克（无害化处理过的有机肥料 30～50 千克）、含促生真菌生物复混肥（20 - 0 - 10）0.5～0.7 千克、腐殖酸型过磷酸钙 1 千克；或株施生物有机肥 3～5 千克（无害化处理过的有机肥料 30～50 千克）、腐殖酸高效缓释复混肥（15 - 5 - 20）0.2～0.3 千克，或株施生物有机肥 3～5 千克（无害化处理过的有机肥料 30～50 千克）、腐殖酸涂层长效肥（15 - 6 - 12）0.4～0.6 千克。

④　春梢、夏梢、秋梢萌发时。每次叶面喷施 500～1 000 倍腐殖酸水溶肥或 500～1 000 倍氨基酸水溶肥。

（4）定植第三年　根据土壤质地，灵活追施肥料、扩穴施肥、喷施叶面肥料。

①　土壤为砂土。每梢一次肥，每次用量为：每株用 50 千克水加入硫基长效水溶性滴灌肥（10 - 15 - 25）200～300 克、增效尿素 150～200 克、大粒钾肥 100～120 克进行淋水施肥。春梢、夏梢、秋梢萌动前分别施入一次有机肥，每株生物有机肥 2～3 千克（无害化处理过的有机肥料 15～20 千克）、腐殖酸型过磷酸钙 0.5～1 千克、石灰 0.5 千克。

②　土壤为壤土或轻黏土。3 月、5 月、7 月、9 月各施肥一次，每次用量为：每株用 50 千克水加入硫基长效水溶性滴灌肥（10 - 15 - 25）250～300 克、增效尿素 150～200 克、大粒钾肥 150～200 克进行淋水施肥。春梢、夏梢、秋梢萌动前分别施入一次有机肥，每株生物有机肥 2～3 千克（无害化处理过的有机肥料 15～20 千克）、腐殖酸型过磷酸钙 0.5～1 千克、石灰 0.5 千克。建议稀薄无害化处理过腐熟粪水与化肥交替施用，每株施粪水 15～20 千克。

③　春梢、夏梢、秋梢萌发时。每次叶面喷施 500～1 000 倍腐殖酸水溶肥或 500～1 000 倍氨基酸水溶肥。

2. 杧果结果树营养套餐施肥技术规程　杧果树一般在定植后第三年开始结果，第四年正式投产。杧果结果树施肥的目的是促进结果，提高产量和果实品质，注意调整树体营养，维持土壤肥力。肥料的用量、种类和施肥时期均不同于幼树。

(1) 采果前后肥　一般占施肥量的 40%，其中有机肥占 80%，磷肥全部，其他肥占 40%，在树两侧滴水线内挖宽 30 厘米、深 40 厘米的沟一条，每年交替，将树盘杂草填入沟底。根据肥源，每株施肥可选取下面组合之一：①株施生物有机肥 2～3 千克（无害化处理过的有机肥料 20～30 千克）、杧果树有机型专用肥 1.0～1.5 千克、生石灰 0.5～1 千克、硫酸镁 0.2～0.3 千克；②株施生物有机肥 2～3 千克（无害化处理过的有机肥料 20～30 千克）、含促生真菌生物复混肥（20 - 0 - 10）1.0～1.5 千克、腐殖酸型过磷酸钙 1 千克、生石灰 0.5～1 千克、硫酸镁 0.2～0.3 千克；③株施生物有机肥 2～3 千克（无害化处理过的有机肥料 20～30 千克）、腐殖酸高效缓释复混肥（15 - 5 - 20）0.8～1.0 千克、生石灰 0.5～1 千克、硫酸镁 0.2～0.3 千克；④株施生物有机肥 2～3 千克（无害化处理过的有机肥料 20～30 千克）、腐殖酸涂层长效肥（15 - 6 - 12）0.9～1.2 千克、生石灰 0.5～1 千克、硫酸镁 0.2～0.3 千克；⑤株施生物有机肥 2～3 千克（无害化处理过的有机肥料 20～30 千克）、杧果树有机型专用肥 0.5～0.7 千克、增效尿素 0.1～0.2 千克、腐殖酸型过磷酸钙 0.5～1 千克、生石灰 0.5～1 千克、硫酸镁 0.2～0.3 千克。

(2) 催花肥　占总施肥量的 10%～15%，一般在秋梢老熟雨季结束前结合断根施入。根据肥源，每株施肥可选取下面组合之一：①株施生物有机肥 1～2 千克（无害化处理过的有机肥料 10～15 千克）、杧果树有机型专用肥 0.2～0.5 千克或腐殖酸高效缓释复混肥（15 - 5 - 20）0.1～0.3 千克；②株施生物有机肥 1～2 千克（无害化处理过的有机肥料 10～15 千克）、含促生真菌生物复混肥（20 - 0 - 10）0.3～0.5 千克、腐殖酸型过磷酸钙 0.5 千克；③株施生物有机肥 1～2 千克（无害化处理过的有机肥料 10～15 千克）、腐殖酸涂层长效肥（15 - 6 - 12）0.2～0.4 千克。

(3) 谢花肥　开花后期至谢花时施用，一般占总施肥量的 10%～20%。根据肥源，每株施肥可选取下面组合之一：①杧果树有机型专用肥 0.3～0.5 千克；②含促生真菌生物复混肥（20 - 0 - 10）0.3～0.5 千克、腐殖酸型过磷酸钙 0.5 千克；③腐殖酸高效缓释复混肥（15 - 5 - 20）0.2～0.4 千克；④腐殖酸涂层长效肥（15 - 6 - 12）0.2～0.5 千克；⑤增效尿素 0.1～0.2 千克、腐殖酸型过磷酸钙 0.3～0.5 千克、大粒钾肥 0.2～0.4 千克。

(4) 壮果肥　一般在谢花后 30～40 天施用，约占总施肥量的 30%～35%。根据肥源，每株施肥可选取下面组合之一：①株施花生饼肥 0.2～

0.5千克、无害化处理过的腐熟粪水15～20千克、杧果树有机型专用肥0.6～0.8千克；②株施花生饼肥0.2～0.5千克、无害化处理过的腐熟粪水15～20千克、促生真菌生物复混肥（20-0-10）0.6～0.9千克；③株施花生饼肥0.2～0.5千克、无害化处理过的腐熟粪水15～20千克、腐殖酸高效缓释复混肥（15-5-20）0.5～0.7千克或腐殖酸涂层长效肥（15-6-12）0.5～0.8千克。

（5）根外追肥 在秋梢转绿期、花蕾期、幼果发育期各叶面喷肥2～3次，间隔期10～15天。

① 秋梢转绿期。叶面喷施500～1000倍腐殖酸水溶肥（500～1000倍氨基酸水溶肥）、600～800倍大量元素水溶肥。

② 花蕾期。叶面喷施500～1000倍腐殖酸水溶肥（500～1000倍氨基酸水溶肥）、1500倍活力硼叶面肥、600～800倍氨基酸螯合锌水溶肥。

③ 幼果发育期。叶面喷施500～1000倍腐殖酸水溶肥（500～1000倍氨基酸水溶肥）、1500倍活力钾叶面肥、1500倍活力钙叶面肥。

第二节 杨梅树测土配方与营养套餐施肥技术

杨梅，又名树梅、龙晴、朱红、圣生梅等，原产我国东南部热带、亚热带湿润气候的山区，主要分布在长江流域以南、海南岛以北，即北纬20°～31°。杨梅是我国特产水果，一般多栽植在远离城市的山区，极少或没有大气污染，栽培管理粗放，病虫害较少，具有"绿色水果"之美誉。浙江、湖南、广东、福建是我国杨梅的四大主产区，另外江西、广西、重庆、贵州、台湾等地也有种植。

一、杨梅树的营养需求特点

1. **杨梅的菌根与矿质营养特性** 杨梅根系较浅，主根不明显，侧根与须根发达，细根多分布在50厘米土层范围内，30厘米内根系占总根量的60%，根系的水平分布大于树冠直径1倍以上。

杨梅是一种"菌根"果树，其根系能与Frankia菌共生形成固氮根瘤菌，通过共生体系固定大气中的氮素，改善根系周围的土壤肥力。由于杨梅和Frankia菌及菌根真菌共生的特点，使其具有特殊的利用氮和磷的能力，因此表现出杨梅对钾的特殊需求。据研究，杨梅菌根中的Frankia菌固氮量可满足杨梅营养生长的20%～25%的需氮量，将土壤的有机磷降解为有效磷供根系吸收，一般可满足营养生长对磷需求量的30%。

杨梅根系由于其自身放线菌的存在，对矿质营养的需求尤其自身的特殊性，对氮、磷、钾的需求也表现出特殊性。杨梅所需的氮素和磷素可以通过菌根中的放线菌的共生固氮和提高土壤中磷的有效性而得到基本满足；钾对其结瘤具有重要作用。硫及微量元素硼、钼能促进杨梅的固氮。

2. **杨梅的需肥特性** 据张跃建（1999）研究，东魁杨梅每1 000千克果实含氮1.3～1.4千克、五氧化二磷0.05千克、氧化钾1.4～1.5千克，果实中氮、磷、钾比例为1：0.05：1.30。12年生结果树中，叶片中氮、磷、钾含量比例为1：0.06：0.83，根的氮、磷、钾含量比例为1：0.06：1.06，枝的氮、磷、钾含量比例为1：0.05：1。

未结果幼树（18株/亩）年养分吸收量为氮2.62千克、五氧化二磷0.37千克、氧化钾2.42千克，氮、磷、钾比例为1：0.14：0.92。结果成年树（18株/亩，产量1 350千克/亩）年养分吸收量为氮9.4千克、五氧化二磷0.9千克、氧化钾10.6千克，氮、磷、钾比例为1：0.10：1.13。

由上可见，无论是幼年树还是成年树，杨梅果实、根、枝、叶中磷的含量较低，仅占总量的2.7%和2.3%，而对钾的需要量多，约占总量的44.7%和50.7%。杨梅树对磷需求量特别低，而对钾的需要量多是杨梅营养特性的一大特点。杨梅虽然也需要较多的氮，但因杨梅的菌根特性，本身能合成并供给20%～25%的需氮量。

杨梅每1 000千克果实需要的氮、磷、钾普遍较其他南方果树少。与温州蜜橘相比，氮、钾为温州蜜橘果实的1/2，镁为温州蜜橘果实的1/3，磷和钙为温州蜜橘果实的1/8。

应当指出的是，杨梅对磷的需要量很低，尤其是成年树，施用磷肥过多，会造成开花结果过多、果小、味酸、核大、品质下降，甚至造成树皮开裂等，但磷又是形成花芽原基的必需物质，因此，根据需要适当施用还是必要的，尤其是初生旺长树不易成花的情况下，适当施用磷肥，有利于促进花芽的分化，增加花量，促进结果。但在施用时注意不能单独过量施用，采取隔年施。

二、杨梅树测土施肥配方

1. **根据土壤肥力确定** 根据杨梅园有机质、碱解氮、有效磷、速效钾含量确定土壤肥力分级，然后根据不同肥力水平确定施肥量。如表9-4为杨梅园的土壤肥力分级，表9-5为杨梅园不同肥力水平推荐施肥量。

表9-4 杨梅园土壤肥力分级

肥力水平	有机质 （克/千克）	碱解氮 （毫克/千克）	有效磷 （毫克/千克）	速效钾 （毫克/千克）
低	<5	<60	<5	<50
中	5～20	60～120	5～20	50～150
高	>20	>120	>20	>150

表9-5 杨梅园不同肥力水平推荐施肥量

肥力等级	推荐施肥量（千克/亩）		
	纯氮	五氧化二磷	氧化钾
低肥力	12～14	2～3	11～13
中肥力	14～16	3～4	12～14
高肥力	16～18	4～5	13～15

2. 不同产区施肥试验确定 杨梅树由于立地条件、土壤、气候、栽培特点、品种、产量、树龄、树势等不同，各地推荐的施肥量差异也很大。

（1）周斌等（2007）利用养分平衡法提出江西产区杨梅树亩施肥量：氮16.55千克、五氧化二磷1.85千克、氧化钾13.69千克。生产上一般按氮、磷、钾比例为1∶0.5∶（0.5～1）确定。

（2）郭秀珠等（2015）利用浙江省亚热带作物研究所与山东金正大生态工程有限公司合作研究生产适合浙江省杨梅施用3种配方杨梅专用肥，总养分均为39%，氮、磷、钾配方比例为：11-5-23、16-6-17、15-4-20，并经过试验均比三元复合肥（16-16-16）效果好，并以3号和1号配方较好。

（3）权伟等（2014）利用养分平衡法提出浙江省温州市杨梅产区杨梅树亩产800千克水平施肥量：氮16.87千克、五氧化二磷3.57千克、氧化钾13.96千克。

（4）张跃建（1999）提出未结果杨梅幼树亩施肥量为：氮3.5千克、五氧化二磷0.9千克、氧化钾3.0千克，氮、磷、钾比例为1∶0.25∶0.85；结果成年杨梅树亩施肥量为：氮9.2～10.6千克、五氧化二磷2.3千克、氧化钾12.3千克，氮、磷、钾比例为1∶（0.21～0.25）∶（1.16～1.25）。

3. 营养失调诊断 杨梅树常见营养缺素症及补救方法如表9-6。

表9-6 杨梅树常见缺素症及补救措施

营养元素	缺素症状	补救措施
氮	叶片发黄变小、较薄，枝梢生长不良且发生数减少，翌年结果枝减少，树势衰弱，大小年更明显	叶面喷施0.3%～0.5%尿素溶液或硝酸铵溶液2～3次
磷	新梢和根系生长减弱，叶片变小且缺乏光泽，严重时引起早期落叶，花芽分化不良，果实色泽不鲜艳，含糖量低，品质差	叶面喷施0.5%～1%磷酸二氢钾或磷酸铵溶液2～3次
钾	老叶的叶尖和叶缘先黄化，但不枯焦，果实小，着色差，品质劣，产量低	叶面喷施0.5%～1%磷酸二氢钾溶液2～3次
钙	土壤理化性状变劣，树体生长弱，果实品质差	叶面喷施1%硝酸钙或螯合钙溶液2～3次
镁	较老叶叶尖或叶缘开始黄化，并向叶脉间蔓延，叶缘两侧的中部出现黄色条斑，最后整个叶片只有基部留下一个界限明显的绿色"倒V"字形。严重时叶片全部黄化，提早落叶，树体生长受阻	叶面喷施0.1%～0.2%硫酸镁或硝酸镁溶液2～3次
锰	叶脉间失绿，新叶具有明显的网状绿色叶脉，叶片大小正常，无光泽；严重时全叶发黄，提早落叶，植株矮化	叶面喷施0.1%～0.3%硫酸锰溶液2～3次
锌	植株矮小，节间短，叶小，叶片丛生，叶脉间失绿发白	叶面喷施0.2%～0.3%硫酸锌或螯合锌溶液2～3次
硼	枝条顶端小叶簇生、新梢焦枯或多年生枝条枯死，着花着果不良，产量低	叶面喷施0.2%～0.3%硼砂或硼酸溶液2～3次
钼	叶脉间黄化，植株矮小，严重时致死	叶面喷施0.01%～0.03%钼酸铵或钼酸钠溶液2～3次
铜	初期叶片大，叶色暗绿，新梢长软，略带弯曲。严重时梢尖和叶尖枯萎，花器发育不良	叶面喷施0.1%～0.2%硫酸铜溶液2～3次

三、无公害杨梅树营养套餐肥料组合

1. **基肥** 根据测土施肥配方，以氮、磷、钾为基础，添加腐殖酸、有机型螯合微量元素、增效剂、土壤调理剂等，生产含锌、锰、硼、铁、铜等杨梅树有机型专用肥，根据当地杨梅树施肥现状，综合各地杨梅树配方肥配制资料，基础肥料选用及用量（1 吨产品）如下：建议氮、磷、钾总养分量为 30%（8 - 6 - 16），氮、磷、钾比例分别为 1 : 0.44 : 2。硫酸铵 100 千克、尿素 106 千克、磷酸一铵 65 千克、过磷酸钙 150 千克、钙镁磷肥 15 千克、氯化钾 267 千克、硼砂 15 千克、氨基酸螯合锌锰 15 千克、硝基腐殖酸 150 千克、氨基酸 39 千克、生物制剂 25 千克、增效剂 13 千克、土壤调理剂 40 千克。

也可选用腐殖酸含促生菌生物复混肥（20 - 0 - 10）、腐殖酸型杨梅专用长效肥（15 - 4 - 20、11 - 5 - 23、16 - 6 - 17）、腐殖酸高效缓释复混肥（15 - 5 - 20）等。

2. 生育期追肥　追肥可采用腐殖酸包裹尿素、增效尿素、腐殖酸型过磷酸钙、缓释磷酸二铵、腐殖酸含促生菌生物复混肥（20 - 0 - 10）、腐殖酸型杨梅专用长效肥（15 - 4 - 20、11 - 5 - 23、16 - 6 - 17）、腐殖酸高效缓释复混肥（15 - 5 - 20）、硫基长效水溶性滴灌肥（10 - 15 - 25）等。

3. 根外追肥　可根据杨梅树生育情况，酌情选用含腐殖酸水溶肥、氨基酸水溶肥、海藻酸水溶肥、氨基酸螯合微量元素水溶肥、大量元素水溶肥、活力钙叶面肥、活力硼叶面肥、活力钾叶面肥等。

四、无公害杨梅树营养套餐施肥技术规程

本规程以杨梅高产、优质、无公害、环境友好为目标，选用有机无机复合肥料、长效缓释肥料、有机活性水溶肥料进行施用，各地在具体应用时，可根据当地杨梅树龄及树势、测土配方推荐用量进行调整。

1. 杨梅幼树营养套餐施肥技术规程

（1）定植肥　杨梅树一般在 2 月下旬至 3 月上旬栽植，栽植前先按（4～5）米 ×（4～5）米株行距挖好定植穴，穴长、宽各 1.0～1.2 米、深 0.7～0.8 米，亩栽 25～40 株。挖穴时把表土和心土分开放，以便填土时分层利用。一般在秋冬季挖穴，熟化土壤。然后在穴底用生物有机肥 2～3 千克（无害化处理过的有机肥料 10～15 千克）、草木灰 2.5～3 千克、腐殖酸性型过磷酸钙 0.5～1 千克，与泥土拌匀放入做底基肥，其上盖一层 15～20 厘米的表土。定植后，用杂草进行地面覆盖，减少水分蒸发，夏季高温干旱，用松树枝进行插荫，减少直射光。

（2）基肥　每年 9～10 月施基肥，施肥量随着树龄增大，施肥量增加。施肥一般采用盘状施肥法和环状沟施肥法。根据肥源，选取下面组合之一：①株施生物有机肥 2～3 千克（无害化处理过的有机肥料 10～20 千克）、草木灰 1～1.5 千克、杨梅有机型专用肥 0.5～1.5 千克；②株施生物有机肥 2～3 千克

（无害化处理过的有机肥料 10～20 千克）、草木灰 1～1.5 千克、腐殖酸含促生菌生物复混肥（20 - 0 - 10）0.5～1.5 千克；③株施生物有机肥 2～3 千克（无害化处理过的有机肥料 10～20 千克）、草木灰 1～1.5 千克、腐殖酸高效缓释复混肥（15 - 5 - 20）0.3～1.0 千克；④株施生物有机肥 2～3 千克（无害化处理过的有机肥料 10～20 千克）、草木灰 1～1.5 千克、腐殖酸型杨梅专用长效肥（15 - 4 - 20、11 - 5 - 23、16 - 6 - 17）0.3～1.0 千克。

（3）定植第一年追肥　施肥可于降雨前后或兑水施入。

① 当年 6 月底至 8 月底。株施：无害化处理过的稀薄人粪尿 2～3 千克、增效尿素 25～50 克、大粒钾肥 30～40 克；或无害化处理过的稀薄人粪尿 2～3 千克、腐殖酸含促生菌生物复混肥（20 - 0 - 10）0.1～0.2 千克。

② 其余每月浇施一次。无害化处理过的腐熟人粪尿 2～5 千克；或增效尿素 0.2～0.4 千克；或硫基长效水溶性滴灌肥（10 - 15 - 25）0.4～0.6 千克。

③ 10 月至翌年 1 月。再施 2 次过冬肥，每株每次：以无害化处理过厩肥 5～20 千克、腐殖酸含促生菌生物复混肥（20 - 0 - 10）0.4～0.6 千克；或无害化处理过厩肥 5～20 千克、腐殖酸高效缓释复混肥（15 - 5 - 20）0.3～0.5 千克；或无害化处理过厩肥 5～20 千克、杨梅有机型专用肥 0.4～0.6 千克；或无害化处理过厩肥 5～20 千克、腐殖酸型杨梅专用长效肥（11 - 5 - 23）0.3～0.5 千克。

④ 夏梢、秋梢萌发时。每次叶面喷施 500～1 000 倍腐殖酸水溶肥或 500～1 000 倍氨基酸水溶肥。

（4）定植第二年追肥

① 2～9 月。每月浇施一次：无害化处理过的 10% 人粪尿、硫基长效水溶性滴灌肥（10 - 15 - 25）0.2～0.3 千克兑水 30 千克；或 2% 尿素、硫基长效水溶性滴灌肥（10 - 15 - 25）0.2～0.3 千克兑水 30 千克。

② 10 月肥。株施：生物有机肥 1 千克、腐熟菜籽饼 0.5 千克、草木灰 1 千克、杨梅有机型专用肥 0.2～0.3 千克；或生物有机肥 1 千克、腐熟菜籽饼 0.5 千克、腐殖酸高效缓释复混肥（15 - 5 - 20）0.1～0.2 千克；或物有机肥 1 千克、腐熟菜籽饼 0.5 千克、腐殖酸型杨梅专用长效肥（11 - 5 - 23）0.1～0.3 千克。

③ 夏梢、秋梢萌发时。每次叶面喷施 500～1 000 倍腐殖酸水溶肥或 500～1 000 倍氨基酸水溶肥。

（5）定植第三年追肥　在春、夏、秋梢抽生前半个月施肥。

① 3 月枝梢发芽开始。每月施一次肥，每株用：增效尿素 0.1～0.15 千克，或硫基长效水溶性滴灌肥（10 - 15 - 25）0.2～0.3 千克兑水浇施。

②5～6月份始果后。采取环状或盘状施肥法施肥，在距树苗60～80厘米处挖30厘米左右的环状沟。株施：腐殖酸含促生菌生物复混肥（20-0-10）0.3～0.4千克；或腐殖酸高效缓释复混肥（15-5-20）0.2～0.3千克；或杨梅有机型专用肥0.3～0.4千克；或腐殖酸型杨梅专用长效肥（11-5-23）0.2～0.3千克。

③春梢、夏梢、秋梢萌发时。每次叶面喷施500～1 000倍腐殖酸水溶肥或500～1 000倍氨基酸水溶肥。

2. 杨梅结果初期树（植后4～9年）营养套餐施肥技术规程　杨梅定植4～5年开始进入结果期，施肥是协调营养生长和生殖生长，维持树势健壮稳定，达到优质稳产目的的关键。

（1）促梢肥（催芽肥、春肥）　2月中旬至3月萌芽前施，占总肥量的20％。根据肥源，选取下面组合之一：①株施腐殖酸含促生菌生物复混肥（20-0-10）0.5～0.7千克、草木灰5～10千克；②株施腐殖酸高效缓释复混肥（15-5-20）0.3～0.5千克；③株施腐殖酸型杨梅专用长效肥（15-4-20）0.3～0.5千克；④株施增效尿素0.3～0.5千克、硫酸钾0.5～0.7千克。

（2）壮果肥（膨果肥）　一般在5月中下旬杨梅硬核期施入。根据肥源，选取下面组合之一：①株施腐殖酸型过磷酸钙0.3～0.5千克、大粒钾肥1～1.5千克；②草木灰5～10千克、腐殖酸高效缓释复混肥（15-5-20）0.8～1.0千克；③草木灰5～10千克、腐殖酸型杨梅专用长效肥（11-5-23）0.8～1.0千克。

（3）采果肥（夏梢肥、秋梢肥）　一般在6～7月采果前后及时补充树体养分，以有机肥为主，辅以速效氮肥，占全年总施肥量的40％～50％。根据肥源，选取下面组合之一：①株施生物有机肥2～3千克（无害化处理过的有机肥料10～15千克）、草木灰5～7.5千克、杨梅有机型专用肥1.5～2千克；②株施生物有机肥2～3千克（无害化处理过的有机肥料10～15千克）、草木灰5～7.5千克、腐殖酸含促生菌生物复混肥（20-0-10）1.5～2千克、腐殖酸型过磷酸钙0.2～0.3千克；③株施生物有机肥2～3千克（无害化处理过的有机肥料10～15千克）、草木灰5～7.5千克、腐殖酸高效缓释复混肥（15-5-20）1.4～1.7千克或腐殖酸型杨梅专用长效肥（11-5-23）1.5～1.8千克；④株施生物有机肥2～3千克（无害化处理过的有机肥料10～15千克）、草木灰5～7.5千克、增效尿素0.3～0.5千克，硫酸钾2～2.5千克，腐殖酸型过磷酸钙0.2～0.4千克。

（4）越冬肥（基肥）　10～11月结合土壤深翻扩穴施入，隔2～3年扩穴一次。根据肥源，选取下面组合之一：株施生物有机肥3～5千克（无害化处理过的厩肥 25～30 千克，或堆肥 40～45 千克，或饼肥 3～5 千克）、草木灰 2～2.5 千克、杨梅有机型专用肥 1.5～2 千克。

（5）根外追肥　可在发芽前、花期、谢花后进行根外追肥。

① 发芽前。当年 12 月至翌年 1 月，叶面喷施 500～1 000 倍腐殖酸水溶肥（500～1 000 倍氨基酸水溶肥）、1 500 倍活力硼叶面肥、氨基酸螯合锌钼水溶肥 2 次，间隔期 15 天。

② 花期。3 月上旬，叶面喷施 500～1 000 倍大量元素水溶肥、1 500 倍活力硼叶面肥。

③ 谢花后。3 月中下旬，叶面喷施 500～1 000 倍腐殖酸水溶肥（500～1 000倍氨基酸水溶肥）、500 倍活力钾叶面肥 3 次，间隔期 20 天。

3. 杨梅结果盛期树（植后 10 年以上）营养套餐施肥技术规程　杨梅结果盛期树树冠较大，根系分布广，须根大多分布在树冠滴水线内外，施肥时应沿树冠四周滴水线附近，开挖宽 20～30 厘米的环状浅沟，施肥后覆土。施肥量按树体大小和结果量而定，每年施肥 2～3 次。

（1）采果肥　一般于 6～7 月中旬前采果后，最迟在采果后 15～20 天内完成。施肥量应根据树势强弱和结果量而定，以有机肥为主，配施速效氮肥，一般占总施肥量的 30%。根据肥源，选取下面组合之一：①株施生物有机肥 5～7 千克（无害化处理过的有机肥料 20～25 千克）、草木灰 10～12 千克、杨梅有机型专用肥 2～3 千克；②株施生物有机肥 5～7 千克（无害化处理过的有机肥料 20～25 千克）、草木灰 10～12 千克、腐殖酸含促生菌生物复混肥（20-0-10）2～3 千克、腐殖酸型过磷酸钙 0.5～1 千克；③株施生物有机肥 5～7 千克（无害化处理过的有机肥料 20～25 千克）、草木灰 10～12 千克、腐殖酸高效缓释复混肥（15-5-20）1.5～2 千克或腐殖酸型杨梅专用长效肥（11-5-23）1.5～2 千克；④株施生物有机肥 5～7 千克（无害化处理过的有机肥料 20～25 千克）、草木灰 10～12 千克、增效尿素 0.3～0.5 千克、硫酸钾 1～1.5 千克、腐殖酸型过磷酸钙 0.5～1 千克。

（2）壮果肥　一般在 4 月底至 5 月中旬前施入，占总肥量的 30%，以速效氮、钾肥为主。根据肥源，选取下面组合之一：①株施腐殖酸含促生菌生物复混肥（20-0-10）0.5～1 千克、草木灰 5～10 千克；②株施腐殖酸高效缓释复混肥（15-5-20）0.6～0.8 千克；③株施腐殖酸型杨梅专用长效肥（15-4-20）0.6～0.8 千克；④株施增效尿素 0.2～0.3 千克、硫酸钾 0.5～1 千克。

（3）秋后肥　9～10 月重施秋后肥。根据肥源，选取下面组合之一：①株施生物有机肥 3～4 千克；②株施无害化处理过的菜籽饼 2～3 千克；③株施无害化处理过的牛或猪栏肥 20～30 千克。

（4）越冬肥　一般在 11 月中下旬至翌年 1 月下旬施入：①株施生物有机肥 3～5 千克（无害化处理过的有机肥料 15～25 千克）、草木灰 15～20 千克、杨梅有机型专用肥 4～5 千克、硼砂 50～100 克。②株施生物有机肥 3～5 千克（无害化处理过的有机肥料 15～25 千克）、草木灰 15～20 千克、腐殖酸含促生菌生物复混肥（20-0-10）4～5 千克、腐殖酸高效缓释复混肥（15-5-20）3～4 千克或腐殖酸型杨梅专用长效肥（11-5-23）3～4 千克、硼砂 50～100 克。③株施生物有机肥 3～5 千克（无害化处理过的有机肥料 15～25 千克）、草木灰 15～20 千克、硫酸钾 0.5～1.0 千克、硼砂 50～100 克。

（5）根外追肥　可在发芽前、花期、谢花后进行根外追肥。

① 采果期。一般于 6～7 月中旬前采果后，叶面喷施 500～1 000 倍腐殖酸水溶肥（500～1 000 倍氨基酸水溶肥）、氨基酸螯合锌钼锰水溶肥 2 次，间隔期 15 天；或叶面喷施 0.01%～0.02%钼酸铵、0.2%～0.4%硫酸锰、0.2%磷酸二氢钾、0.2%尿素溶液。

② 花芽萌发初期至开花前。叶面喷施叶面喷施 500～1 000 倍腐殖酸水溶肥（500～1 000 倍氨基酸水溶肥）、1 500 倍活力硼叶面肥、氨基酸螯合锌水溶肥 1～2 次，间隔期 20 天。或叶面喷施 0.1%～0.2%硫酸锌，或 0.1%～0.2%硼砂、0.05%尿素、0.1%磷酸二氢钾混合液 1～2 次，间隔期 20 天。

③ 幼果期和果实发白期。可叶面喷施 500～800 倍氨基酸水溶肥、500～1 000倍大量元素水溶肥、1 500 倍活力钙叶面肥 2～3 次，间隔期 15 天。

第三节　枇杷树测土配方与营养套餐施肥技术

枇杷是我国南方的特色水果，为蔷薇科枇杷属植物，又称芦橘、芦枝、琵琶等。我国四川、重庆、湖南、湖北、安徽、江苏、浙江、福建、江西、广东、广西、海南、云南、贵州、台湾等地均有栽培。

一、枇杷树的营养需求特点

枇杷树为常绿小乔木，通常嫁接苗定植 2～3 年后，实生苗定植 4～5 年开始结果，8～10 年进入盛果期，30 年后产量下降，40～50 年后为衰老期。

1. 枇杷树的需肥特点　据刘希碟（2007）研究，枇杷树叶片含氮 1.154%～2.387%、含磷 0.068%～0.191%、含钾 0.942%～3.691%、含钙 0.381%～3.340%、含镁 0.061%～0.289%、含锌 19.50～279.00 毫克/千克、含铁 11.36～379.11 毫克/千克、含锰 10.04～882.79 毫克/千克、含铜 3.32～104.21 毫克/千克、含硼 2.12～64.48 毫克/千克、含钼 0.01～0.98 毫克/千克。可以看出，氮、钾含量较高，钙次之，磷、镁较少；微量元素中锌、铁、锰较高，铜、硼、钼较少。

枇杷树叶片和新梢中氮含量最高，枝和根愈老氮含量愈低；当年生的新梢、叶片和种子红磷的含量高，枝、叶、根都是愈老磷的含量愈低；叶片和果实中钾的含量最高，和氮相似，也是枝、根愈老钾含量愈低；钙主要分布在叶片和新梢中，叶片愈老含量愈高，而枝和根愈老含量愈低，果实中含钙极少；镁与氮的情况大体相似。从整株树体看，以钙含量最高，依次是钾、氮、镁、磷。

据研究，每生产 1 000 千克枇杷鲜果，需吸收氮 1.1 千克、五氧化二磷 0.4 千克、氧化钾 3.2 千克，氮、磷、钾吸收比例为 1∶0.36∶2.91，可见枇杷是喜钾果树。

2. 枇杷树不同生长发育阶段的营养特点　根据枇杷树各生长发育时期对肥料需要的不同，将枇杷树的生命周期划分为 4 个阶段。

（1）幼年阶段　将枇杷树定植后的前两年，即进入初果期之前，定为幼年阶段。在这一阶段中，枇杷幼年树在春、夏、秋、冬四季均可抽梢，以营养生长为主，迅速增加枝叶量，壮大根系。其特点是枇杷根系数量较少，范围较小，因此，要薄肥勤施。一般一年施肥 5～8 次，施肥的位置逐步外移；以氮肥为主，其次是少量的磷肥及钾肥；在抽梢前施好促梢肥，半个月后抽出的新梢展叶时，再施一次壮梢肥。

（2）结果初期阶段　生长良好的枇杷树，在定植后 3～5 年为结果初期。这一阶段的枇杷树，继续大量地进行营养生长，扩大树冠，同时开始花芽分化，开花结果，根系生长也已趋完善。矿质营养补充的特点是：施肥次数可减少，而应增加施肥量，一年要施 3～4 次肥；调整氮、磷、钾的比例，增加磷、钾肥的施用，促进开花结果。

（3）结果盛期阶段　枇杷树冠接近封行，产量基本稳定的阶段。这段时期中，枇杷树冠扩大速度逐渐放慢，树形已经形成，树体的营养生长主要是为结果。矿质营养补充的特点是以适中的营养生长和结果的比例，保持产量和品质；按照枇杷的结果营养（结果量）特点，调整肥料种类、施肥量及配比，如适当增施钾肥（枇杷高需钾）。

（4）衰老阶段 枇杷树结果 20～30 年后，树势减弱，逐渐衰老，如果管理不善，其衰老还会提前。这一阶段中，枇杷枝梢生长势弱，内膛空虚，产量下降。生产上常用重剪更新方法，促进枝梢生长，恢复树势。矿质营养补充的特点是随着更新栽培技术的运用，枝叶和根系的生长恢复、器官的建成，而需要大量的营养物质。因此，应结合土壤改良，增加施肥量并施以氮肥为主的速效肥。

二、枇杷树测土施肥配方

1. 根据土壤肥力确定 根据枇杷园有机质、碱解氮、有效磷、速效钾含量确定土壤肥力分级，然后根据不同肥力水平确定施肥量。如表 9-7 为枇杷园的土壤肥力分级，表 9-8 为枇杷园不同肥力水平推荐施肥量。

表 9-7 枇杷园土壤肥力分级

肥力水平	有机质（克/千克）	碱解氮（毫克/千克）	有效磷（毫克/千克）	速效钾（毫克/千克）
低	<10	<60	<5	<50
中	10～15	60～120	5～10	50～150
高	>15	>120	>10	>150

表 9-8 枇杷园不同肥力水平推荐施肥量（千克/亩）

肥力等级	推荐施肥量		
	纯氮	五氧化二磷	氧化钾
低肥力	12～14	8～10	9～11
中肥力	14～16	9～11	11～13
高肥力	16～18	10～12	13～15

2. 根据不同树龄确定 枇杷树的需肥量较大，比一般落叶果树多，1～3 年生幼树，一年可施用有机肥 1 000～2 000 千克/亩，成年树可施用有机肥 2 000～3 000 千克/亩，氮、磷、钾肥用量参考表 9-9。

3. 不同产区施肥试验确定 枇杷树由于立地条件、土壤、气候、栽培特点、品种、产量、树龄、树势等不同，各地推荐的施肥量差异也很大。

表9-9 不同树龄枇杷树施肥用量参考表（千克/亩）

树龄（年）	产量	氮（N）	磷（P_2O_5）	钾（K_2O）
1～2		2.0～2.5	1.0～1.5	1.5～2.5
3～4	1～2.5千克/株	3.0～3.5	1.5～2.0	2.0～3.0
5～6	5～15千克/株	4.0～5.0	2.5～3.0	3.0～3.5
7～8	10～20千克/株	6.0～7.0	3.5～6.0	5.0～8.0
9～10		10～11	8.5～9.0	9.5～12
15	600～800千克/亩	13～15	10～13	12.5～15
20		18～20	13～15	14～16

（1）凌国宏（2014）与肥料企业合作，经过试验提出安徽省枇杷专用肥配方为总养分含量45%（18-12-15）。

（2）王坤璞等（2001）在福建农林大学教授指导下，利用以产定肥方法提出：幼年枇杷树氮肥施用量0.1～0.3千克/株，氮、磷、钾比例为1:0.4:0.6；枇杷初结果树株产10千克鲜果，每年施纯氮0.4千克，氮、磷、钾比例为1:（0.4～0.5）:（0.6～0.8）；枇杷成年树株产25～35千克鲜果，每年施纯氮1.0千克，氮、磷、钾比例为1:（0.5～0.6）:（0.8～1.0）。

（3）张明理（2011）利用以产定肥方法提出，福建省按株产30千克计，每株施肥量为：氮1.0千克、五氧化二磷0.6千克、氧化钾0.8千克。

4. 叶片分析 采用叶龄为6～8月的夏梢结果母枝叶片为样品进行分析，测定非结果枝条上部叶片的养分含量，将分析结果与表9-10中的指标相比较，诊断枇杷树体营养状况。

表9-10 枇杷树营养诊断表

元素	成熟叶片含量		缺素症状	补救办法
	正常	缺乏		
氮	13～20克/千克	<10克/千克	树体长势弱，枝梢少且细短，叶小而薄，老叶早脱落，果小产量低	叶面喷施1%～2%尿素溶液2～3次
磷	0.8～1.5克/千克	<0.4克/千克	根系生长差，枝、叶生长不良，叶小、色暗绿，坐果率低，产量和品质受到影响	叶面喷施0.5%～1%磷酸二氢钾或1.5%过磷酸钙

（续）

元素	成熟叶片含量		缺素症状	补救办法
	正常	缺乏		
钾	15～22.5克/千克	<11克/千克	新梢细弱，叶色失绿，叶尖叶缘出现黄褐色枯斑，叶片易落，坐果率低，果小着色差，品质差	叶面喷施 0.5%～1%磷酸二氢钾2～3次；或1%～1.5%硫酸钾溶液2～3次
钙	17～24克/千克	<12克/千克	根尖生长停止，根毛畸变；叶片顶端或边缘生长受阻，直至枯萎，枯花严重；芽色变褐、枯死；果实易出现果脐病和干缩病	喷施 0.5%～1%的硝酸钙溶液3～4次
镁	2.2～3.8克/千克	<1.4克/千克	叶片褪绿黄化，叶脉间失绿，提早脱落；严重时叶肉变褐坏死	叶面喷施 1%～2%硫酸镁3～4次
锌	15～20毫克/千克	<12毫克/千克	叶片变小，树体衰弱，枝梢萎缩，花芽形成困难，结实不良，产量低	叶面喷施 0.3%～0.5%硫酸锌溶液3～4次
锰	230～270毫克/千克	<180毫克/千克	叶片失绿，严重时叶片变褐枯萎，果实质地变软，果色浅，坐果率低，产量低	叶面喷施 0.3%硫酸锰溶液2～3次
硼	50～150毫克/千克	<15毫克/千克	茎顶端生长受阻，根部生长不良或尖端坏死，叶片增厚且变脆，或出现失绿坏死斑点，花少发育不良，影响开花结果	叶面喷施 0.1%～0.2%硼砂或硼酸溶液2～3次

三、无公害枇杷树营养套餐肥料组合

1. **基肥** 根据测土施肥配方，以氮、磷、钾为基础，添加腐殖酸、有机型螯合微量元素、增效剂、土壤调理剂等，生产含锌、锰、硼、铁、铜等枇杷树有机型专用肥，根据当地枇杷树施肥现状，综合各地枇杷树配方肥配制资料，基础肥料选用及用量（1吨产品）如下：建议氮、磷、钾总养分量为30%（10-8-12），氮、磷、钾比例分别为1：0.8：1.2。硫酸铵100千克、尿素141千克、磷酸一铵105千克、过磷酸钙150千克、钙镁磷肥15千克、硫酸钾240千克、硼砂15千克、氨基酸锌锰铁20千克、硝基腐殖酸100千克、生物磷钾细菌肥40千克、生物制剂20千克、增效剂13千克、土壤调理剂41千克。

也可选用腐殖酸含促生菌生物复混肥（20-0-10）、腐殖酸型枇杷专用长效肥（18-12-15）、腐殖酸高效缓释复混肥（15-5-20）、腐殖酸涂层长效肥（18-10-17）等。

2. 生育期追肥　追肥可采用腐殖酸包裹尿素、增效尿素、腐殖酸型过磷酸钙、缓释磷酸二铵、腐殖酸含促生菌生物复混肥（20-0-10）、腐殖酸型枇杷专用长效肥（18-12-15）、腐殖酸高效缓释复混肥（15-5-20）、腐殖酸涂层长效肥（18-10-17）、硫基长效水溶性滴灌肥（10-15-25）等。

3. 根外追肥　可根据枇杷树生育情况，酌情选用腐殖酸水溶肥、氨基酸水溶肥、海藻酸水溶肥、氨基酸螯合微量元素水溶肥、大量元素水溶肥、活力钙叶面肥、活力硼叶面肥、活力钾叶面肥等。

四、无公害枇杷树营养套餐施肥技术规程

本规程以枇杷高产、优质、无公害、环境友好为目标，选用有机无机复合肥料、长效缓释肥料、有机活性水溶肥料进行施用，各地在具体应用时，可根据当地枇杷树龄及树势、测土配方推荐用量进行调整。

1. 枇杷幼树营养套餐施肥技术规程

（1）**定植肥**　枇杷树栽植前先挖好定植穴，穴长、宽各 1.0～1.2 米、深 0.7～0.8 米。挖穴时把表土和心土分开放，以便填土时分层利用。一般在秋冬季挖穴，熟化土壤。然后在穴底用生物有机肥 2～3 千克（无害化处理过的有机肥料 10～15 千克）、枇杷有机型专用肥 0.5～1 千克，与泥土拌匀放入做基肥，其上盖一层 15～20 厘米的表土。定植后，用杂草进行地面覆盖。

（2）**定植第一年追肥**

① 第一年定植后至萌芽 2～3 厘米时，施第一次肥。以后每 15～20 天施肥 1 次，直到 7 月停止。每次株施：无害化处理过的稀薄人粪尿 3～5 千克、增效尿素 25～50 克、腐殖酸型过磷酸钙 10～15 克；或无害化处理过的稀薄人粪尿 3～5 千克、硫基长效水溶性滴灌肥（10-15-25）50～100 克。

② 9～10 月追肥 1 次。株施增效尿素 5～10 克、增效磷酸铵 5 克；或枇杷有机型专用肥 20～50 克。施肥方法离树干 0.5 米处挖环状沟或放射状沟，深 20 厘米、宽 20～30 厘米，施肥后覆土。

③ 夏梢、秋梢萌发时。每次叶面喷施 500～1 000 倍腐殖酸水溶肥或 500～1 000 倍氨基酸水溶肥。

（3）**定植第二至三年追肥**

① 扩穴改土。每株每年填埋生物有机肥 3～5 千克（无害化处理过的畜粪肥 30～50 千克）、生石灰 1～1.5 千克进行扩大改土（或培土作墩）。

② 2 月、3 月、5 月、9 月、11 月各追肥 1 次。每次株施：无害化处理过

的 10%人粪尿 5～10 千克、硫基长效水溶性滴灌肥（10-15-25）0.1～0.2 千克；或增效尿素 50 克、硫基长效水溶性滴灌肥（10-15-25）0.1～0.2 千克兑水 30 千克。

其中 2 月和 11 月增施 100 克腐殖酸型过磷酸钙，3 月增施大粒钾肥50 克。

③ 春梢、夏梢、秋梢萌发时。每次叶面喷施 500～1 000 倍腐殖酸水溶肥或 500～1 000 倍氨基酸水溶肥。

2. 枇杷初结果树（植后 4～9 年）营养套餐施肥技术规程 枇杷树定植4～6 年开始进入结果期，已进入试产阶段，但仍以培养丰产树冠为主。此时施肥应以有机肥为主、化肥为辅，以氮为主、适当增施磷、钾肥。可采用放射状沟、条沟施肥的方法。

（1）壮果肥（春肥） 在春梢萌芽前或疏果套袋前（约 2 月底前）进行为宜。根据肥源，选取下面组合之一：①株施枇杷有机型专用肥 0.4～0.6 千克；②株施腐殖酸含促生菌生物复混肥（20-0-10）0.4～0.7 千克、腐殖酸型过磷酸钙 0.2～0.3 千克；③株施腐殖酸型枇杷专用长效肥（18-12-15）0.3～0.5 千克；④株施腐殖酸高效缓释复混肥（15-5-20）0.3～0.5 千克；⑤株施腐殖酸涂层长效肥（18-10-17）0.2～0.4 千克；⑥ 株施增效尿素 0.1～0.2 千克、腐殖酸型过磷酸钙 0.2～0.3 千克、大粒钾肥 0.1～0.2 千克。

（2）采果肥（夏肥） 以采果前 7 天至采果后 7 天内进行为宜，最好采前施腐熟有机肥，采后施化肥。根据肥源，选取下面组合之一：①株施无害化处理过的人粪尿 10～15 千克基础上，再施：枇杷有机型专用肥 0.6～0.8 千克，或腐殖酸型枇杷专用长效肥（18-12-15）0.5～0.7 千克，或株施腐殖酸涂层长效肥（18-10-17）0.4～0.6 千克，或增效尿素 0.3～0.5 千克、腐殖酸型过磷酸钙 0.2～0.3 千克、大粒钾肥 0.2～0.3 千克；②株施无害化处理过的猪粪 5.0～15 千克基础上，再施：枇杷有机型专用肥 0.6～0.8 千克，或腐殖酸型枇杷专用长效肥（18-12-15）0.5～0.7 千克，或株施腐殖酸涂层长效肥（18-10-17）0.4～0.6 千克，或增效尿素 0.3～0.5 千克、腐殖酸型过磷酸钙 0.2～0.3 千克、大粒钾肥 0.2～0.3 千克；③株施无害化处理过的鸡粪2.0～3.0 千克基础上，再施：枇杷有机型专用肥 0.6～0.8 千克，或腐殖酸型枇杷专用长效肥（18-12-15）0.5～0.7 千克，或株施腐殖酸涂层长效肥（18-10-17）0.4～0.6 千克，或增效尿素 0.3～0.5 千克、腐殖酸型过磷酸钙 0.2～0.3 千克、大粒钾肥 0.2～0.3 千克。

（3）基肥（秋肥） 以花穗抽出后、开花前进行为宜，最好在 9 月底前完成。根据肥源，选取下面组合之一：①株施生物有机肥 3～5 千克（无害化处理过的有机肥料 20～30 千克）、枇杷有机型专用肥 1.5～2 千克；②株施生物有机肥 3～5 千克（无害化处理过的有机肥料 20～30 千克）、腐殖酸含促生菌生物复混肥（20 - 0 - 10）1.5～2 千克、腐殖酸型过磷酸钙 0.5～1 千克；③株施生物有机肥 3～5 千克（无害化处理过的有机肥料 20～30 千克）、株施腐殖酸涂层长效肥（18 - 10 - 17）1.5～1.8 千克或腐殖酸型枇杷专用长效肥（18 - 12 - 15）1.2～1.6 千克；④株施生物有机肥 3～5 千克（无害化处理过的有机肥料 20～30 千克）、增效尿素 0.3～0.5 千克，硫酸钾 0.3～0.5 千克，腐殖酸型过磷酸钙 0.5～1 千克。

（4）根外追肥　可在 6～8 月、9～10 月、2～3 月进行根外追肥。

① 6～8 月。每月上旬叶面喷施 500～1 000 倍腐殖酸水溶肥（500～1 000 倍氨基酸水溶肥）、1 500 倍活力硼叶面肥、氨基酸螯合锌水溶肥。

② 9～10 月。每月中旬叶面喷施 500～1 000 倍腐殖酸水溶肥（500～1 000 倍氨基酸水溶肥）、1 500 倍活力钙叶面肥。

③ 2～3 月。连需 2 次叶面喷施 500～1 000 倍腐殖酸水溶肥（500～1 000 倍氨基酸水溶肥）、500 倍活力钾叶面肥，间隔期 15 天。

3. 枇杷成年树营养套餐施肥技术规程　定植 7 年后的枇杷树已逐渐进入盛产期，此时由于结果消耗了大量的钾元素。施肥应以有机肥为主、化肥为铺，均衡施用氮、磷、钾肥，尤其注意增施钾肥。

（1）壮果肥（春肥）　在春梢萌芽前或疏果套袋前（约 2 月底前）进行为宜。根据肥源，选取下面组合之一：①株施枇杷有机型专用肥 0.5～0.8 千克；②株施腐殖酸含促生菌生物复混肥（20 - 0 - 10）0.5～0.8 千克、腐殖酸型过磷酸钙 0.5～0.8 千克；③株施腐殖酸型枇杷专用长效肥（18 - 12 - 15）0.4～0.6 千克；④株施腐殖酸高效缓释复混肥（15 - 5 - 20）0.4～0.6 千克；⑤株施腐殖酸涂层长效肥（18 - 10 - 17）0.3～0.5 千克；⑥株施增效尿素 0.4～0.6 千克、腐殖酸型过磷酸钙 0.4～0.6 千克、大粒钾肥 0.4～0.6 千克。

（2）采果肥（夏肥）　以采果前 7 天至采果后 7 天内进行为宜，最好采前施腐熟有机肥，采后施化肥。根据肥源，选取下面组合之一：①株施无害化处理过的人粪尿 50～70 千克基础上，再施：枇杷有机型专用肥 1.5～2 千克，或腐殖酸型枇杷专用长效肥（18 - 12 - 15）1.3～1.7 千克，或株施腐殖酸涂层长效肥（18 - 10 - 17）1.4～1.8 千克；②株施无害化处理过的猪粪 40～60 千克基础上，再施：枇杷有机型专用肥 1.5～2 千克，或腐殖酸型枇杷专用长效肥（18 - 12 - 15）1.3～1.7 千克，或株施腐殖酸涂层长效肥（18 - 10 - 17）1.4～1.8 千克，或增效尿素 0.8～1.0 千克、腐殖酸型过磷酸钙 1～1.5 千克、大粒钾肥 0.5～0.7 千克；③株施无害化处理过的鸡粪 10～15 千克基础上，再施：枇杷有机型专用肥 1.5～2 千克，或腐殖酸型枇杷专用长效肥（18 - 12 - 15）1.3～1.7 千克，或株施腐殖酸涂层长效肥（18 - 10 - 17）1.4～1.8 千克，或增效尿素 0.8～1.0 千克、腐殖酸型过磷酸钙 1～1.5 千克、大粒钾肥 0.5～0.7 千克。

（3）基肥（秋肥）　以花穗抽出后、开花前进行为宜，最好在 9 月底前完成。根据肥源，选取下面组合之一：①株施生物有机肥 5～8 千克（无害化处理过的有机肥料 50～80 千克）、枇杷有机型专用肥 1.8～2 千克；②株施生物有机肥 5～8 千克（无害化处理过的有机肥料 50～80 千克）、腐殖酸含促生菌生物复混肥（20 - 0 - 10）1.8～2 千克、腐殖酸型过磷酸钙 1.0～1.5 千克；③株施生物有机肥 5～8 千克（无害化处理过的有机肥料 50～80 千克）、株施腐殖酸涂层长效肥（18 - 10 - 17）1.6～1.8 千克或腐殖酸型枇杷专用长效肥（18 - 12 - 15）1.5～1.7 千克；④株施生物有机肥 5～8 千克（无害化处理过的有机肥料 50～80 千克）、硫酸钾 0.5～0.7 千克，腐殖酸型过磷酸钙 0.5～1 千克。

（4）根外追肥　可在 6～8 月、9～10 月、2～3 月进行根外追肥。

① 6～8 月。每月上旬叶面喷施 500～1 000 倍腐殖酸水溶肥（500～1 000 倍氨基酸水溶肥）、1 500 倍活力硼叶面肥、氨基酸螯合锌水溶肥。

② 9～10 月。每月中旬叶面喷施 500～1 000 倍腐殖酸水溶肥（500～1 000 倍氨基酸水溶肥）、1 500 倍活力钙叶面肥。

③ 2～3 月。连需 2 次叶面喷施 500～1 000 倍腐殖酸水溶肥（500～1 000 倍氨基酸水溶肥）、500 倍活力钾叶面肥，间隔期 15 天。

第十章
草本果树测土配方与营养套餐施肥技术

北方的落叶果树和南方的常绿果树多为木本乔木植物，我国果树生产中，还存在一些一年生和多年生的草本果树。多年生草本果树主要有香蕉、菠萝、草莓、火龙果等。一年生草本果树主要是瓜类，如西瓜、甜瓜、哈密瓜、木瓜等。

第一节　香蕉测土配方与营养套餐施肥技术

香蕉是热带亚热带的特产水果，具有产量高、投产快、风味独特、营养丰富、价值高、供应期长、综合利用范围广等特点。香蕉通常仅在南、北纬 23°的区域有大规模种植，我国主要分布在广东、广西、海南、福建、台湾等地，云南、四川等地南部也有种植。

一、香蕉的营养需求特点

1. **香蕉不同品种的养分吸收特性**　我国香蕉的种类主要有：香蕉、大蕉和龙牙蕉三大类型，但经过近几年来的品种优化，香蕉生产已从过去的多个主栽品种发展到目前的以巴西蕉为主。根据广东省农业科学院土壤肥料研究所研究结果（表 10-1），不同品种香蕉对养分的吸收比例接近，氮、磷、钾、钙、镁吸收比例为 1：（0.08～0.09）：（3.05～3.27）：（0.55～0.61）：（0.13～0.27）。如果以每生产 1 000 千克香蕉果实，不同品种需要吸收的氮、磷、钾养分量为：矮脚遁地雷≈中把香蕉＞矮香蕉＞巴西蕉，表明获得相等产量，巴西蕉需要吸收的养分量较少。

2. **不同生育期叶片和根系吸收养分动态**

（1）不同生育期叶片吸收养分动态　以巴西蕉为例，在营养生长期叶片养分以氮含量最高，而且比较稳定，在花芽分化期至抽蕾期氮含量急剧下降，在抽蕾后下降趋势减缓。叶片含钾量在营养生长期一直保持上升趋势，在花芽分

表 10 - 1　不同香蕉品种生产 1 000 千克果实养分吸收量

品种	吸收情况	氮	磷	钾	钙	镁
中把香蕉	吸收量（千克）	5.89	0.47	18.77		
	吸收比例	1	0.08	3.19		
矮脚遁地雷	吸收量（千克）	5.93	0.48	18.07		
	吸收比例	1	0.08	3.05		
矮香蕉	吸收量（千克）	4.84	0.45	14.90	2.97	0.62
	吸收比例	1	0.09	3.08	0.61	0.13
巴西蕉	吸收量（千克）	4.59	0.41	15.0	2.52	1.22
	吸收比例	1	0.09	3.27	0.55	0.27

化期至抽蕾期水平显著提高，在抽蕾期达到最高，然后逐渐下降。在整个生育期，叶片氮、钾含量明显高于其他元素，并表现出明显的消长关系。

叶片的钙、镁含量在整个生育期的变化非常相似，在营养生长期含量逐渐降低，在抽蕾期降至最低，然后有所上升。叶片中硫含量在整个生育期变化不大，在成熟期稍有提高。叶片磷的含量则一直维持在较低水平。

（2）不同生育期根系吸收养分动态　仍然以巴西蕉为例。根系养分含量在整个生育期均以钾含量最高，达到 5.49%，约为氮含量的 2～3 倍。钾含量在营养生长期最高，至花芽分化期逐渐下降，至抽蕾期则明显下降至最低，然后在果实膨大期又稍有提高。根系含氮量在整个生育期变化不大，为 1.4%～1.7%。根系磷的含量在整个生育期十分稳定，钙的含量也变化很小，而镁含量则随着根系的生长而不断提高，表现出和钾含量大致相反的变化趋势。

3. 香蕉不同生育期对养分的吸收规律　香蕉在营养生长期（18 片大叶前），氮、磷、钾吸收量占总生育期的 10.7%，吸收的比例为 1∶0.10∶2.72；孕蕾期（18～28 片大叶）氮、磷、钾吸收量占总生育期的 35.4%，吸收的比例为 1∶0.11∶3.69；果实发育成熟期氮、磷、钾吸收量占总生育期的 53.9%，吸收的比例为 1∶0.10∶3.19。

香蕉对养分的需求随着叶期增大而增加，18～40 叶期生长发育的好坏，对香蕉的产量与质量起决定性作用，是香蕉重要施肥期。这个时期又可分两个重施期：一是营养生长中后期（18～29 叶，春植蕉植后 3～5 个月，夏秋植蕉植后与宿根蕉出芽定笋后 5～9 个月），此期处于营养生长盛期，对养分要求十分强烈，反应最敏感。二是花芽分化期（30～40 叶，春植蕉植后 5～7 个月，夏秋植蕉植后与宿根蕉出芽定笋后 9～11 个月），由抽大叶 1～2 片至短圆的葵扇叶，叶距由疏转密，抽叶速度转慢，假茎发育至最粗，球茎（蕉头）开始呈坛形，此期处于生殖生长的花芽分化过程，需要大量养分供幼穗生长发育，才能形成穗大果长的果穗。

4. 香蕉需肥量　香蕉为多年生常绿大型草本植物。若以中等产量每亩产 2 000 千克蕉果计算，每亩香蕉约需从土壤中吸收氮（N）24 千克、磷（P_2O_5）7 千克、钾（K_2O）87 千克，而香蕉 1 千克鲜物中含有氮 5.6 克、磷（P_2O_5）1 克、钾（K_2O）28.3 克，三者的比例为 1∶0.2∶5。可见，香蕉是非常喜钾的植物。

二、香蕉测土施肥配方

氮、钾养分是香蕉植株营养交互作用的主要决定因素，香蕉对氮、钾养分的吸收大大高于其他养分。因此，在香蕉施肥上，应充分考虑氮、钾营养的平衡供应。在实际生产上，主要有以下确定方法。

1. 根据灌溉条件、土壤肥力水平、产量水平确定

（1）常规沟灌条件　根据土壤肥力水平、有机肥品种、产量水平等，有机肥推荐用量参考表 10 - 2，氮肥推荐用量参考表 10 - 3，磷肥推荐用量参考表 10 - 4，钾肥推荐用量参考表 10 - 5。

表 10 - 2　常规沟灌香蕉有机肥推荐用量（千克/亩）

肥力等级	产量水平					
	3 330		4 660		6 000	
	商品有机肥	禽粪类	商品有机肥	禽粪类	商品有机肥	禽粪类
低	360	733	453	867	533	1 067
中	267	533	320	667	400	867
高	187	333	213	467	267	667
极高	80	133	107	267	133	467

表 10 - 3　常规沟灌香蕉氮肥推荐用量（千克/亩）

肥力等级	产量水平		
	3 330	4 660	6 000
低	16.7	23.3	26.7
中	13.3	20.0	23.3
高	10.0	16.7	20.0
极高	6.7	13.3	16.7

表 10 - 4　常规沟灌香蕉磷肥推荐用量（千克/亩）

肥力等级	极低	低	中	高	极高
Bray Ⅱ - P（毫克/千克）	<7	7~20	20~30	30~45	>45
磷肥用量	26.7	23.3	20.0	16.7	13.3

表 10 - 5　常规沟灌香蕉钾肥推荐用量（千克/亩）

肥力等级	产量水平		
	3 330	4 660	6 000
低	50.0	70.0	80.0
中	40.0	60.0	70.0
高	30.0	50.0	60.0
极高	20.0	40.0	50.0

（2）滴灌条件　有机肥和磷肥作基肥，可参考常规沟灌条件下表 10 - 2 和表 10 - 4。氮肥和钾肥作追肥，灌水时随滴灌管道施入（表 10 - 6）。

表 10 - 6　香蕉滴灌追肥推荐用量（千克/亩）

肥力等级	产量水平					
	3 330		4 660		6 000	
	N	K_2O	N	K_2O	N	K_2O
低	8.3	25.0	11.7	35.0	13.3	40.0
中	6.7	20.0	10.0	30.0	11.7	35.0
高	5.0	15.0	8.3	25.0	10.0	30.0
极高	3.3	10.0	6.7	20.0	8.3	25.0

2. **根据目标产量确定**　2014 年秋季农业部科学施肥指导意见：针对香蕉生产中普遍忽视有机肥施用和土壤培肥，钙、镁、硼等中微量元素缺乏，施肥总量不足及过量现象同时存在，重施钾肥但时间偏迟等问题，提出以下施肥原则：施肥依据"合理分配肥料、重点时期重点施用"的原则；氮、磷、钾肥配合施用，根据生长时期合理分配肥料，花芽分化期后加大肥料用量，注重钾肥施用，增加钙镁肥，补充缺乏的微量元素养分；施肥配合灌溉，采用灌溉施肥技术的可减少 15% 左右的肥料投入量；整地时增施石灰调节土壤酸碱度，同时补充土壤钙营养及杀灭有害菌。

表 10-7　农业部根据目标产量推荐施肥量（千克/亩）

目标产量	推荐施肥量			
	有机肥	N	P_2O_5	K_2O
>5 000	传统有机肥：1 000～3 000 腐熟禽畜粪：<1 000	45～60	15～20	70～90
3 000～5 000	传统有机肥：1 000～2 000 腐熟禽畜粪：<1 000	30～45	8～12	50～70
<3 000	传统有机肥：1 000～1 500 腐熟禽畜粪：<1 000	18～25	6～8	30～45

另根据土壤酸度，定植前每亩施用石灰 40～80 千克、硫酸镁 25～30 千克，与有机肥混匀后施用；缺硼、锌的果园，每亩施用硼砂 0.3～0.5 千克、七水硫酸锌 0.8～1.0 千克。

香蕉苗定植成活后至花芽分化前，施入约占总肥料量 20％的氮肥、50％的磷肥和 20％的钾肥；在花芽分化期前至抽蕾前施入约占总施肥量 45％的氮肥、30％的磷肥和 50％的钾肥；在抽蕾后施入 35％的氮肥、20％的磷肥和 30％钾肥。前期可施水肥或撒施，花芽分化期开始宜沟施或穴施，共施肥 7～10 次。

3. 根据土壤速效钾含量分级确定　在各地测土配方施肥中，应根据各地的具体情况把所施用的有机肥的养分扣除后才计算化肥施用量。表 10-8 提供了一套计算氮、钾肥总施用量的实用参考指标。首先根据土壤速效钾含量测定结果，设定目标产量，再确定纯氮用量，按照钾、氮肥施用比例计算香蕉全生育期的氮、钾肥施用总量。对于磷肥用量，一般肥料施入养分比例五氧化二磷/氮为 0.25～0.35 就可以满足香蕉对磷的需要。

表 10-8　香蕉钾、氮肥分级施用指标

土壤速效钾 （K_2O，毫克/千克）	目标产量 （吨/亩）	纯氮用量 （千克/亩）	钾氮肥施用比例 （K_2O/N）
>900			不施钾肥
600～900			0.3～0.6
300～600			0.6～1.0
150～300	2.5～4.0	35～45	1.0～1.2
75～150			1.2～1.3
<75			1.3～1.4

4. 叶片分析 植株处于生长旺期，采自第三叶主脉两侧，每侧取 15～20 厘米宽的叶切片，测定养分含量，将分析结果与表 10 - 9 中的指标相比较，诊断香蕉营养状况。

表 10 - 9　香蕉营养诊断表

元素	成熟叶片含量		缺素症状	补救办法
	正常	缺乏		
氮	28～40 克/千克	<6 克/千克	叶色淡绿而失去光泽，叶小而薄，新叶生长慢，茎干细弱，吸芽萌发少，果实细而短，梳数少，皮色暗，产量低	叶面喷施 1%～2%尿素溶液 2～3 次
磷	2～2.5 克/千克	<2 克/千克	老叶边缘会出现失绿状态，继而出现紫褐斑点，后期会连片产生"锯齿状"枯斑，导致叶片卷曲，叶柄易折断，幼叶深蓝绿色。吸芽抽身迟而弱，果实香味和甜味均差	叶面喷施 0.5%～1%磷酸二氢钾或 1.5%过磷酸钙
钾	31～40 克/千克	<30 克/千克	叶变小且展开缓慢，老叶出现橙黄色失绿，提早黄化，使植株保存青叶数少，抽蕾迟，果穗的梳数、果数较少，果实瘦小畸形。植株表现脆弱，易折；果实品质下降，不耐贮运，茎秆软弱易折	叶面喷施 1%～1.5%氯化钾溶液 2～3 次
钙	8～12 克/千克	<5 克/千克	最初的症状表现在幼叶上，其侧脉变粗且叶缘失绿，继而向中脉扩展，呈锯状叶斑。4～6 月有的蕉园还表现叶片变形或几乎没有叶片的叶子穗状叶	叶面喷施 0.3%～0.5%的硝酸钙溶液 3～4 次
镁	3～4.6 克/千克	<3 克/千克	叶片出现枯点，进而转黄晕，但叶缘仍绿，仅叶边缘与中脉两侧的叶片黄化，叶柄呈紫斑，叶鞘与假茎分开，叶寿命缩短，并影响果实发育	叶面喷施 1%～2%硫酸镁溶液 3～4 次
硫	2.3～2.7 克/千克	<2.3 克/千克	在幼叶上呈黄白色，随缺乏程度加深，叶缘出现坏死斑点，侧脉稍微变粗，有时出现没叶片的叶子。缺硫抑制香蕉的生长，果穗长得很小或抽不出来	叶面喷施 0.5%～1%的硫酸盐溶液 3～4 次
铁	80～2 200 毫克/千克	<80 毫克/千克	表现在幼叶上，最常见的症状是整个叶片失绿，呈黄白色，失绿程度是春季比夏季严重，干旱条件下更为明显。铁的过剩症是叶边缘变黑，接着便坏死	喷施 0.5%硫酸亚铁溶液 3～4 次

（续）

元素	成熟叶片含量		缺素症状	补救办法
	正常	缺乏		
锌	21～35 毫克/千克	<18 毫克/千克	叶片条带状失绿并有时坏死，但仍可抽正常叶；果穗小，呈水平状，不下垂，果指先端乳头状	叶面喷施 0.3%～0.5%硫酸锌溶液 3～4 次
锰	1 000～2 200 毫克/千克	<25 毫克/千克	幼叶叶缘附近叶脉间失绿，叶面有针头状褐黑斑，第二至四叶条纹状失绿，主脉附近叶脉间组织保持绿色；叶柄出现紫色斑块，果小，果肉黄色果实表面有 1～6 毫米深褐色至黑色斑	叶面喷施 0.3%硫酸锰溶液 2～3 次
硼	20～80 毫克/千克	<11 毫克/千克	叶片失绿下垂，有时心叶不直，新叶主脉处出现交叉状失绿条带，叶片窄短；根系生长差、坏死，果心、果肉或果皮下出现琥珀色	叶面喷施 0.1%～0.2%硼砂或硼酸溶液 2～3 次
铜	9～20 毫克/千克	<9 毫克/千克	植株所有叶片上出现均匀一致的灰白色，与氮的缺乏相似，氮叶柄不出现粉红色，柄脉弯曲，使整株呈伞状。植株易感真菌和病毒	叶面喷施 0.2%～0.3%硫酸铜溶液 3～4 次

三、无公害香蕉营养套餐肥料组合

1. **基肥** 根据测土施肥配方，以氮、磷、钾为基础，添加腐殖酸、有机型螯合微量元素、增效剂、土壤调理剂等，生产含锌、锰、硼、铁、铜等香蕉有机型专用肥，根据当地香蕉施肥现状，综合各地香蕉配方肥配制资料，优选 3 个配方，各地根据实际情况进行选择。平衡香蕉各种养分需要，基础肥料选用及用量（1 吨产品）如下：

配方 1：建议氮、磷、钾总养分量为 38%，氮、磷、钾比例分别为 1：0.38：1.54。硫酸铵 100 千克、尿素 226 千克、磷酸二铵 28 千克、钙镁磷肥 30 千克、过磷酸钙 200 千克、氯化钾 333 千克、氨基酸螯合钙锌硼稀土 20 千克、生物制剂 30 千克、增效剂 12 千克、土壤调理剂 21 千克。

配方 2：建议氮、磷、钾总养分量为 30%，氮、磷、钾比例分别为 1：0.25：2.5。硫酸铵 100 千克、尿素 128 千克、钙镁磷肥 12 千克、过磷酸钙 120 千克、氯化钾 333 千克、氨基酸螯合钙锌硼稀土 20 千克、硝基腐殖酸 150 千克、氨基酸 65 千克、生物制剂 30 千克、增效剂 12 千克、土壤调理剂

30 千克。

配方 3：建议氮、磷、钾总养分量为 26%，氮、磷、钾比例分别为 1：0.33：1.56。硫酸铵 100 千克、尿素 144 千克、过磷酸钙 200 千克、钙镁磷肥 20 千克、氯化钾 233 千克、氨基酸螯合钙锌硼稀土 20 千克、硝基腐殖酸 211 千克、生物制剂 30 千克、增效剂 12 千克、土壤调理剂 30 千克。

也可选用腐殖酸含促生菌生物复混肥（20-0-10）、腐殖酸高效缓释复混肥（15-5-22）、腐殖酸涂层长效肥（15-5-25）等。

2. 生育期追肥 追肥可采用腐殖酸包裹尿素、增效尿素、腐殖酸型过磷酸钙、缓释磷酸二铵、腐殖酸含促生菌生物复混肥（20-0-10）、腐殖酸高效缓释复混肥（15-5-22）、腐殖酸涂层长效肥（15-5-25）、多元素滴灌肥（20-0-28）、有机水溶肥（20-0-15）等。

3. 根外追肥 可根据香蕉生育情况，酌情选用腐殖酸水溶肥、氨基酸水溶肥、海藻酸水溶肥、氨基酸螯合微量元素水溶肥、大量元素水溶肥、活力钙叶面肥、活力硼叶面肥、活力钾叶面肥等。

四、无公害香蕉营养套餐施肥技术规程

本规程以香蕉高产、优质、无公害、环境友好为目标，选用有机无机复合肥料、长效缓释肥料、有机活性水溶肥料进行施用，各地在具体应用时，可根据当地香蕉种植情况对测土配方推荐用量进行调整。

1. 常规沟灌条件下香蕉营养套餐施肥技术规程

（1）冬春底肥 一般开沟环状施肥，施后覆土。如遇土壤干旱，还需适量浇水。根据肥源，选取下列组合之一：①株施生物有机肥 1～1.5 千克（无害化处理过的腐熟有机肥 5～10 千克）、香蕉有机型专用肥 1～1.2 千克；②株施生物有机肥 1～1.5 千克（无害化处理过的腐熟有机肥 5～10 千克）、腐殖酸含促生菌生物复混肥（20-0-10）1～1.2 千克、腐殖酸型过磷酸钙 0.5～0.7 千克；③株施生物有机肥 1～1.5 千克（无害化处理过的腐熟有机肥 5～10 千克）、腐殖酸高效缓释复混肥（15-5-22）或腐殖酸涂层长效肥（15-5-25）0.8～1.0 千克；④株施生物有机肥 1～1.5 千克（无害化处理过的腐熟有机肥 5～10 千克）、增效尿素 0.2～0.3 千克、腐殖酸型过磷酸钙 0.5～0.7 千克、大粒钾肥 0.5～0.7 千克。

（2）15 叶龄期肥 正常生长情况下，根据肥源，选取下列组合之一：①株施香蕉有机型专用肥 0.8～1 千克；②株施腐殖酸高效缓释复混肥（15-5-22）0.6～0.8 千克；③株施腐殖酸涂层长效肥（15-5-25）0.5～0.7 千

克；④增效尿素 0.1～0.2 千克、腐殖酸型过磷酸钙 0.3～0.5 千克、大粒钾肥 0.3～0.6 千克。

如发现蕉苗长势不均匀，小苗、弱苗比例在 10% 以上时，要施"提苗肥"，可每株用有机水溶肥（20 - 0 - 15）0.1 千克、增效尿素 0.1 千克，兑水 100 倍浇在小苗、弱苗离根兜 10 厘米处。

（3）花芽分化肥　抽蕾前 40 天（吸芽苗叶龄 20 叶、组培苗叶龄 28 叶）左右施，根据肥源，选取下列组合之一：①株施香蕉有机型专用肥 0.8～1 千克；②株施腐殖酸高效缓释复混肥（15 - 5 - 22）0.6～0.8 千克；③株施腐殖酸涂层长效肥（15 - 5 - 25）0.5～0.7 千克；④增效尿素 0.1～0.2 千克、腐殖酸型过磷酸钙 0.3～0.5 千克、大粒钾肥 0.3～0.6 千克。

（4）抽蕾肥　抽蕾前后施，根据肥源，选取下列组合之一：①株施香蕉有机型专用肥 0.5～0.7 千克；②株施腐殖酸高效缓释复混肥（15 - 5 - 22）0.4～0.6 千克；③株施腐殖酸涂层长效肥（15 - 5 - 25）0.3～0.5 千克；④增效尿素 0.1 千克、腐殖酸型过磷酸钙 0.2～0.3 千克、大粒钾肥 0.2～0.3 千克。

（5）根外追肥　主要在开春前后、花芽分化期、抽蕾前后、果实膨大期等进行根外追肥。

① 开春前后。可叶面喷施 500～1 000 倍腐殖酸水溶肥或 500～1 000 倍氨基酸水溶肥 2 次，间隔期 14 天。

② 花芽分化期。叶面喷施 1 500 倍含活力硼叶面肥、1 500 倍活力钙叶面肥。

③ 抽蕾期前后。叶面喷施 500～1 000 倍腐殖酸水溶肥（500～1 000 倍氨基酸水溶肥）、1 500 倍活力钙叶面肥。

④ 抽蕾至果实成熟前 20 天左右。叶面喷施 500～1 000 倍腐殖酸水溶肥（500～1 000 倍氨基酸水溶肥）、500 倍活力钾叶面肥。

2. 滴灌条件下香蕉营养套餐施肥技术规程

（1）底肥　一般开沟环状施肥，施后覆土。如遇土壤干旱，还需适量浇水。根据肥源，选取下列组合之一：①株施生物有机肥 1～1.5 千克（无害化处理过的腐熟有机肥 5～10 千克）、香蕉有机型专用肥 1～1.2 千克；②株施生物有机肥 1～1.5 千克（无害化处理过的腐熟有机肥 5～10 千克）、腐殖酸含促生菌生物复混肥（20 - 0 - 10）1～1.2 千克、腐殖酸型过磷酸钙 0.5～0.7 千克；③株施生物有机肥 1～1.5 千克（无害化处理过的腐熟有机肥 5～10 千克）、腐殖酸高效缓释复混肥（15 - 5 - 22）或腐殖酸涂层长效肥（15 - 5 - 25）0.8～1.0 千克；④株施生物有机肥 1～1.5 千克（无害化处理过的腐熟有机肥

5～10 千克）、增效尿素 0.2～0.3 千克、腐殖酸型过磷酸钙 0.5～0.7 千克、大粒钾肥 0.5～0.7 千克。

（2）滴灌施肥　主要施用多元素滴灌肥（20 - 0 - 28）、大粒钾肥等（表10 - 10）。

（3）根外追肥　主要在开春前后、花芽分化期、抽蕾前后、果实膨大期等进行根外追肥。

① 15～16 片叶。叶面喷施 500～1 000 倍含腐殖酸水溶肥或 500～1 000 倍氨基酸水溶肥。

② 21～22 片叶。叶面喷施 500～1 000 倍腐殖酸水溶肥（500～1 000 倍氨基酸水溶肥）、1 500 倍含活力硼叶面肥。

③ 27～28 片叶。叶面喷施 500～1 000 倍腐殖酸水溶肥（500～1 000 倍氨基酸水溶肥）、1 500 倍活力钙叶面肥。

④ 27～28 片叶。叶面喷施 1 500 倍活力钙叶面肥。

⑤ 37～38 片叶。叶面喷施 1 500 倍活力钾叶面肥。

⑥ 43～44 片叶。叶面喷施 1 500 倍活力钾叶面肥。

表 10 - 10　香蕉滴灌用肥技术表（克/株）

叶片数	多元素滴灌肥	大粒钾肥
9～10	6	3
11～12	8	4
13～14	12	6
15～16	15	10
17～18	20	
19～20	25	30
21～22	30	
23～24	30	30
25～26	30	
27～28	35	40
29～30	45	30
31～32	45	45

（续）

叶片数	多元素滴灌肥	大粒钾肥
33～34	45	45
35～36	45	35
37～38	45	35
39～40	40	35
41～42	30	20
43～44	20	20
44 叶后 20 天	20	10
44 叶后 40 天	20	10
44 叶后 60 天	20	10

第二节　菠萝测土配方与营养套餐施肥技术

菠萝，又名凤梨，凤梨科凤梨属草本植物，原产巴西，现世界上 40 多个国家种植，是世界第三大热带水果，世界第七大水果。我国菠萝主要集中种植在广东省雷州半岛的徐闻、雷州，海南省的万宁、琼海、昌江，广西壮族自治区的南宁、钦州、防城，福建省的龙海市、漳浦，云南省的西双版纳、德宏州等地。

一、菠萝的营养需求特点

1. **菠萝果实带走的养分量**　据中国热带农业科学院分析资料，每 1 000 千克菠萝果实带走氮 0.73～0.76 千克、五氧化二磷 0.099～0.111 千克、氧化钾 1.63～1.71 千克。每 1 000 千克菠萝果与芽带走的养分则为：氮 0.95～0.99 千克、五氧化二磷 0.13～0.14 千克、氧化钾 1.99～2.09 千克。

据广西研究资料表明，每亩产 3.5 吨的菠萝园，每年吸收氮 13.67 千克、五氧化二磷 3.87 千克、氧化钾 26.20 千克、氧化钙 8.07 千克、氧化镁 2.80 千克。每产 1 吨果实，需要吸收氮 3.7～7.0 千克、五氧化二磷 1.1～1.5 千克、氧化钾 7.2～10.8 千克、氧化钙 2.2～2.5 千克、氧化镁 0.25～0.78 千克。

2. 菠萝不同生长器官的养分含量动态

（1）叶片　据中国热带农业科学院分析资料，叶片中养分含量顺序从高到低排序为：钾、氮、钙、硫、镁、磷、铁、锰、硼，钾的含量是氮的 2.07～2.85 倍，不同品种间氮、磷、钾差异不大。嫩叶中磷、钾的含量略高于成熟叶，而成熟叶氮、磷、钾含量则高于老叶，说明随着叶片衰老，叶片中氮、磷、钾养分向新生器官转移。

（2）茎　菠萝茎的氮、磷含量与成熟叶差异不大，钾含量则大大高于成熟叶。茎越大，产量越高，培育健壮的茎是取得高产的关键。

（3）根系　菠萝根系的氮、磷、钾含量不但远远低于叶片，而且低于其他器官，但铁含量则远远高于其他器官。

（4）果柄　菠萝果柄氮、磷含量较低，与根系相差不大，但钾却远远高于根系，与叶片差不多。

（5）果实　菠萝收获期果实的养分含量顺序从高到低为：钾、氮、磷，磷含量与成熟叶片差异不大，氮、钾含量则低于成熟叶片。

（6）芽　同其他器官一样，菠萝芽的的养分含量顺序从高到低为：钾、氮、磷，且芽的氮、磷、钾含量较高，特别是磷的含量大于叶片。

3. 主要生长部位的养分动态变化

菠萝吸收养分规律与其他植物不一样，钾比氮多，钙比磷多，需钾需钙多，另外对铁、锰、锌、硼、钼、铜等微量元素需求全面，需要及时补充。菠萝营养生长期需氮多，氮、磷、钾吸收比例为 17：10：16；开花结果期，需钾多，磷次之，氮较少，氮、磷、钾吸收比例为 7：10：23。

菠萝叶片中的氮、磷、钾含量在菠萝快速生长期略有下降，在果实生长发育期则显著下降。在营养生长发育期，茎部氮、磷、钾养分含量有升有降，在快速生长期略有下降，在缓慢生长期略有回升，在果实生长发育期则逐步下降。同茎一样，在营养生长发育期，根系氮、磷、钾养分含量有升有降，前期略高后期略低，在果实生长发育期则略有下降。果柄中氮、磷、钾养分含量随着生长发育而逐渐下降。果实中氮、磷、钾养分含量则随着果实生长而下降。

二、菠萝测土施肥配方

1. 根据土壤养分测试确定

广东省徐闻县冯奕玺（1997）把菠萝园土壤养分分为 3 级，并提出相应的有机肥、氮、磷、钾肥料施用量（表 10－11）。由于冯奕玺是在亩产 1 500～2 000 吨基础上提出的，而目前菠萝的平均产量已达 2 700 千克，高产可达 5 000 千克，因此实际应用时，应当根据当地情况进行修正。

表 10 - 11　菠萝园土壤养分分级及相应施肥量推荐

土壤养分分级	土壤养分（毫克/千克）			施肥量（千克/亩）			
	碱解氮	有效磷	速效钾	有机肥	N	P_2O_5	K_2O
丰富	>100	>10	>120	500	12.5	7.5	10
中等	50～100	5～10	50～120	750	15	10	15
缺乏	<50	<5	<50	1250	20	17.5	20

2. 不同产区施肥量　由于菠萝栽植面积较小，对施肥量研究不多。表 10 - 12列出一些国家和我国不同地区的肥料施用量，可作一定参考。

表 10 - 12　不同国家和地区菠萝施肥量（千克/亩）

国家或地区	N	P_2O_5	K_2O	MgO	土壤类型
福建龙海	75	68	56		黏土
福建上坪	70.5	23.5	22.5		沙壤土
海南昌江	44	15	25		壤土
海南陵水	91.5	22.5	112.5		沙土
广东徐闻	35.5	35	48.5		黏土
广东雷州	24.4	19.5	33.3		黏土
广西防城	16～32	5～10	20～40		沙壤土
广西南宁	25	13.5	29		壤土或沙土
巴西	41	13	44	3.7	沙壤土
法国	13.6	6.8	34	6.8	
美国	39	5	39	8.5	壤土或沙壤土
泰国	36～50				
印度	43～57				·

3. 根据目标产量确定　中国农业大学张江周等（2011）在广东省徐闻县进行"3414"肥效试验，提出不同产量水平下的施肥量推荐，如表10 - 13。

表 10 - 13　广东省徐闻县不同产量水平下施肥量推荐（千克/亩）

目标产量	N	P₂O₅	K₂O
>4 000	68.0～81.9	48.8～62.0	65.8～79.8
3 000～4 000	60.0～71.1	38.9～49.5	57.6～68.5
<3 000	49.7～60.9	32.3～38.3	51.5～61.9

4. 叶片分析　植株处于生长旺期，从刚成熟叶的白色基部采样，测定养分含量，将分析结果与表 10 - 14 中的指标相比较，诊断香蕉营养状况。

表 10 - 14　菠萝营养诊断表

元素	成熟叶片含量		缺素症状	补救办法
	正常	缺乏		
氮	10～17 克/千克	<10 克/千克	总体失绿，黄化，叶尖坏死，特别是老叶	叶面喷施 2%～3%尿素溶液 2～3 次
磷	0.8～2.3 克/千克	<0.8 克/千克	叶色变褐，特别是老叶明显。老叶叶尖和叶缘干枯，显棕褐色，并向主脉发展，枝梢生长细弱，果实汁少，酸度大	叶面喷施 2%～3%磷酸二氢钾或 1.5%过磷酸钙
钾	18～42 克/千克	<18 克/千克	植株矮小，叶窄	叶面喷施 2%～3%氯化钾溶液 2～3 次
钙	3～5 克/千克	<3 克/千克	很少出现缺钙可视症状	对于酸性过强土壤，可合理使用石灰
镁	1.8～3 克/千克	<1 克/千克	首先出现在低位衰老叶片上，基部叶叶肉为黄色、青铜色或红色，但叶脉仍呈绿色。进一步发展，整个叶片组织全部淡黄，然后变褐直至最终坏死	叶面喷施 1%～2%硫酸镁溶液 3～4 次
铁			叶片颜色就会变黄且下垂，最后导致全株枯死	喷施 1%～1.5%硫酸亚铁溶液 3～4 次

（续）

元素	成熟叶片含量		缺素症状	补救办法
	正常	缺乏		
锌			叶片增厚且歪扭，变脆，边缘向上卷，叶色逐渐变黄，尤其是幼叶，呈扇状散开，轮生扭曲，后期叶片有坏死斑出现，叶片上有明显的斑点	叶面喷施0.3%～0.5%硫酸锌溶液3～4次
硼			畸形，皮厚小果，小果之间爆裂，充斥着果皮分泌物，顶苗少或没有，托芽多，叶末端干枯	叶面喷施0.3%～1%硼砂或硼酸溶液2～3次
铜			植株叶片绿色较浅，且叶片薄而窄，直立，部分没有白粉盖着的叶片而现绿色斑，称为菠萝绿萎病。抽出的心叶较短，窄。最后会导致整株死亡	叶面喷施0.2%～0.3%硫酸铜溶液3～4次

三、无公害菠萝营养套餐肥料组合

1. **基肥**　根据测土施肥配方，以氮、磷、钾为基础，添加腐殖酸、有机型螯合微量元素、增效剂、土壤调理剂等，生产含锌、锰、硼、铁、铜等菠萝有机型专用肥，根据当地菠萝施肥现状，综合各地菠萝配方肥配制资料，建议氮、磷、钾总养分量为30%，氮、磷、钾比例分别为1∶0.28∶1.23。硫酸铵100千克、尿素200千克、钙镁磷肥20千克、过磷酸钙200千克、氯化钾246千克、氨基酸螯合锰铁锌硼钼25千克、硫酸镁70千克、硝基腐殖酸85千克、生物制剂24千克、增效剂10千克、土壤调理剂23千克。

也可选用腐殖酸含促生菌生物复混肥（20-0-10）、腐殖酸高效缓释复混肥（15-5-20）、腐殖酸涂层长效肥（16-6-20）等。

2. **生育期追肥**　追肥可采用腐殖酸包裹尿素、增效尿素、腐殖酸型过磷酸钙、缓释磷酸二铵、腐殖酸含促生菌生物复混肥（20-0-10）、腐殖酸高效缓释复混肥（15-5-20）、腐殖酸涂层长效肥（16-6-20）、多元素滴灌肥（22-9-9）、有机水溶肥（20-5-10）等。

3. **根外追肥**　可根据菠萝生育情况，酌情选用含腐殖酸水溶肥、含氨基酸水溶肥、含海藻酸水溶肥、氨基酸螯合微量元素水溶肥、大量元素水溶肥、活力钙叶面肥、活力硼叶面肥、活力钾叶面肥等。

四、无公害菠萝营养套餐施肥技术规程

本规程以菠萝高产、优质、无公害、环境友好为目标，选用有机无机复合肥料、长效缓释肥料、有机活性水溶肥料进行施用，各地在具体应用时，可根据当地菠萝种植情况对测土配方推荐用量进行调整。

1. 常规灌溉条件下菠萝营养套餐施肥技术规程

（1）底肥　采果后，一般开沟施肥，施后覆土。根据肥源，选取下列组合之一：①亩施生物有机肥400～600千克（无害化处理过的腐熟有机肥3 000～5 000千克）、菠萝有机型专用肥30～40千克；②亩施生物有机肥400～600千克（无害化处理过的腐熟有机肥3 000～5 000千克）、腐殖酸含促生菌生物复混肥（20-0-10）30～40千克、腐殖酸型过磷酸钙15～20千克；③亩施生物有机肥400～600千克（无害化处理过的腐熟有机肥3 000～5 000千克）、腐殖酸高效缓释复混肥（15-5-20）25～35千克或腐殖酸涂层长效肥（16-6-20）30～40千克；④亩施生物有机肥400～600千克（无害化处理过的腐熟有机肥3 000～5 000千克）、增效尿素15～20千克、腐殖酸型过磷酸钙15～20千克、大粒钾肥10～15千克。

（2）壮苗肥　分别在定植成活后和完全封行前追肥两次壮苗肥。

① 在定植成活后。亩施菠萝有机型专用肥15～20千克，或腐殖酸高效缓释复混肥（15-5-20）12～16千克，或腐殖酸涂层长效肥（16-6-20）15～20千克，或增效尿素8～10千克、腐殖酸型过磷酸钙5～7千克、大粒钾肥6～8千克。

② 在完全封行前。亩追施菠萝有机型专用肥10～12千克，或腐殖酸高效缓释复混肥（15-5-20）8～10千克，或腐殖酸涂层长效肥（16-6-20）10～12千克，或增效尿素5～7千克、腐殖酸型过磷酸钙5～6千克、大粒钾肥4～6千克。

（3）促花壮蕾肥。10月至翌年2月，在花芽分化期至花蕾抽发前，根据肥源，选取下列组合之一施肥：①亩施生物有机肥40～60千克、菠萝有机型专用肥20～30千克；②亩施生物有机肥40～60千克、腐殖酸含促生菌生物复混肥（20-0-10）20～30千克、腐殖酸型过磷酸钙15～20千克；③亩施生物有机肥40～60千克、腐殖酸高效缓释复混肥（15-5-20）16～20千克或腐殖酸涂层长效肥（16-6-20）20～30千克；④亩施生物有机肥40～60千克、增效尿素10～12千克、腐殖酸型过磷酸钙8～10千克、大粒钾肥8～10千克。

（4）壮果肥　谢花前至果实膨大前，根据肥源，选取下列组合之一施肥：①亩施菠萝有机型专用肥20～30千克；②腐殖酸含促生菌生物复混肥（20-0-10）20～30千克、腐殖酸型过磷酸钙15～20千克；③腐殖酸高效缓释复混肥

（15－5－20）16～20千克；④腐殖酸涂层长效肥（16－6－20）20～30千克；⑤亩施增效尿素10～12千克、腐殖酸型过磷酸钙8～10千克、大粒钾肥8～10千克。

（5）壮芽肥　采收前，根据肥源，选取下列组合之一施肥：①亩施菠萝有机型专用肥20～30千克；②腐殖酸含促生菌生物复混肥（20－0－10）20～30千克、腐殖酸型过磷酸钙15～20千克；③腐殖酸高效缓释复混肥（15－5－20）16～20千克；④腐殖酸涂层长效肥（16－6－20）20～30千克；⑤亩施增效尿素10～12千克、腐殖酸型过磷酸钙8～10千克、大粒钾肥8～10千克。

（6）根外追肥　主要在定植成活后、完全封行前、10月至翌年2月、谢花至果实膨大前、采收前等进行根外追肥。

①定植成活后。叶面喷施500～1000倍腐殖酸水溶肥或500～1000倍氨基酸水溶肥。

②完全封行前。叶面喷施500～1000倍腐殖酸水溶肥或500～1000倍氨基酸水溶肥2次，间隔期15天。

③10月至翌年2月。叶面喷施1500倍含活力硼叶面肥2次，间隔期15天。

④谢花至果实膨大前。叶面喷施500～1000倍腐殖酸水溶肥（500～1000倍氨基酸水溶肥）、500倍活力钾叶面肥2次，间隔期15天。

⑤采收前。叶面喷施500～1000倍腐殖酸水溶肥或500～1000倍氨基酸水溶肥2次，间隔期15天。

2. 滴灌条件下香蕉营养套餐施肥技术规程　菠萝滴灌施肥技术是借助于滴灌带，将溶解于水中的肥料直接滴灌到菠萝根部，便于菠萝直接吸收养分的一种集灌溉与施肥于一体的技术。具有提高肥料利用率、节省肥料、提高产量和品质、减少人工、随时可以供给菠萝水分和养分，即使在干旱季节也能保证菠萝快速生长。

（1）底肥　采果后，一般开沟施肥，施后覆土。根据肥源，选取下列组合之一：①亩施生物有机肥400～600千克（无害化处理过的腐熟有机肥3000～5000千克）、菠萝有机型专用肥30～40千克；②亩施生物有机肥400～600千克（无害化处理过的腐熟有机肥3000～5000千克）、腐殖酸含促生菌生物复混肥（20－0－10）30～40千克、腐殖酸型过磷酸钙15～20千克；③亩施生物有机肥400～600千克（无害化处理过的腐熟有机肥3000～5000千克）、腐殖酸高效缓释复混肥（15－5－20）25～35千克或腐殖酸涂层长效肥（16－6－20）30～40千克；④亩施生物有机肥400～600千克（无害化处理过的腐熟有机肥3000～5000千克）、增效尿素15～20千克、腐殖酸型过磷酸钙15～20千克、大粒钾肥10～15千克。

（2）生长期根际追肥　借鉴中国农业大学与资源环境与粮食安全中心联合天脊化工集团股份有限公司、中国热带农业科学院南亚热带作物研究所等单位的菠萝滴灌施肥研究成果，建议菠萝生长期追肥方案采用表10－15。

表 10 - 15　菠萝滴灌营养套餐施肥方案

施肥时期	施肥时间	施肥量	备注
缓慢生长期	定植后 20～30 天	根据肥源，选取下列组合之一进行施肥： ①亩施多元素滴灌肥（22 - 9 - 9）8～10 千克、增效尿素 2～3 千克； ②亩施有机水溶肥（20 - 5 - 10）8～10 千克、增效尿素 2～3 千克； ③亩施增效尿素 6～8 千克、腐殖酸型过磷酸钙 5～7 千克、大粒钾肥 5～7 千克	①每次施用时，先清水灌溉 15 分钟，水肥灌溉 30 分钟，最后再清水灌溉 15 分钟。 ②目标产量为 4 500 千克左右
	定植后 90～120 天	根据肥源，选取下列组合之一进行施肥： ①亩施多元素滴灌肥（22 - 9 - 9）10～12 千克、增效尿素 3～5 千克、硫酸镁 3～5 千克； ②亩施有机水溶肥（20 - 5 - 10）8～10 千克、增效尿素 3～5 千克、硫酸镁 3～5 千克； ③亩施增效尿素 7～9 千克、腐殖酸型过磷酸钙 5～7 千克、大粒钾肥 6～8 千克	
快速生长期	定植后 150～165 天	根据肥源，选取下列组合之一进行施肥： ①亩施多元素滴灌肥（22 - 9 - 9）20～30 千克、增效尿素 10～12 千克； ②亩施有机水溶肥（20 - 5 - 10）20～30 千克、增效尿素 10～12 千克； ③亩施增效尿素 15～20 千克、腐殖酸型过磷酸钙 20～30 千克、大粒钾肥 12～15 千克	
	定植后 180～195 天	根据肥源，选取下列组合之一进行施肥： ①亩施多元素滴灌肥（22 - 9 - 9）25～35 千克、硫酸镁 5～7 千克； ②亩施增效尿素 17～21 千克、腐殖酸型过磷酸钙 25～30 千克、大粒钾肥 15～17 千克、硫酸镁 5～7 千克	
	定植后 210～225 天	根据肥源，选取下列组合之一进行施肥： ①亩施有机水溶肥（20 - 5 - 10）25～35 千克、氯化钾 10～15 千克； ②亩施增效尿素 17～21 千克、腐殖酸型过磷酸钙 25～30 千克、大粒钾肥 15～17 千克	
	定植后 240～255 天	亩施多元素滴灌肥（22 - 9 - 9）40～50 千克、硫酸镁 7～10 千克	

（续）

施肥时期	施肥时间	施肥量	备注
催花期	催花前 15～30 天	根据肥源，选取下列组合之一进行施肥： ① 亩施有机水溶肥（20-5-10）20～25 千克； ② 亩施增效尿素 12～15 千克、腐殖酸型过磷酸钙 5～10 千克、大粒钾肥 10～15 千克	
果实膨大期	菠萝谢花后	根据肥源，选取下列组合之一进行施肥： ① 亩施多元素滴灌肥（22-9-9）20～25 千克、硝酸钙 5～7 千克； ② 亩施增效尿素 12～15 千克、腐殖酸型过磷酸钙 6～8 千克、大粒钾肥 10～15 千克、硝酸钙 5～7 千克	
壮芽期	果实收获后	根据肥源，选取下列组合之一进行施肥： ① 亩施多元素滴灌肥（22-9-9）10～15 千克； ② 亩施有机水溶肥（20-5-10）12～16 千克； ③ 亩施增效尿素 10～12 千克、腐殖酸型过磷酸钙 6～8 千克、大粒钾肥 10～12 千克	

（3）根外追肥　主要在定植成活后、完全封行前、10 月至翌年 2 月、谢花至果实膨大前、采收前等进行根外追肥。

① 定植成活后。叶面喷施 500～1 000 倍腐殖酸水溶肥或 500～1 000 倍氨基酸水溶肥。

② 完全封行前。叶面喷施 500～1 000 倍腐殖酸水溶肥或 500～1 000 倍氨基酸水溶肥 2 次，间隔期 15 天。

③ 10 月至翌年 2 月。叶面喷施 1 500 倍活力硼叶面肥 2 次，间隔期 15 天。

④ 谢花至果实膨大前。叶面喷施 500～1 000 倍腐殖酸水溶肥（500～1 000 倍氨基酸水溶肥）、500 倍活力钾叶面肥 2 次，间隔期 15 天。

⑤ 采收前。叶面喷施 500～1 000 倍腐殖酸水溶肥或 500～1 000 倍氨基酸水溶肥 2 次，间隔期 15 天。

第三节　草莓测土配方与营养套餐施肥技术

草莓属蔷薇科常绿多年生草本植物，在园艺学上属于浆果类。草莓具有结果最快、成熟最早、繁殖最易、周期最短、病虫害少、管理方便等特点，一般栽培后数月即有产量。草莓的气候适应性广，我国各地均有栽培，主要分布在北到辽宁、南至浙江等我国中东部地区，其中最为集中的产地有辽宁丹东、河北满城、山东烟台、江苏句容、上海青浦和奉贤、浙江建德等。

一、草莓的营养需求特点

1. 草莓对养分需求特点　草莓是多年生草本植物，对养分的需求与其他木本果树相比较，有明显的差异，其中对氮、磷、钾、钙、镁的需要量较多，而对铁、锌、锰、铜、硼、钼等微量元素的需要量较少。对氮、磷、钾的需求，以钾最多，氮次之，磷较少。据研究，每生产 1 000 千克果实约需从土壤中吸收纯氮 6～10 千克、五氧化二磷 2.5～4 千克、氧化钾 9～13 千克，氮、磷、钾吸收比例为 1∶(0.34～0.40)∶(1.34～1.38)。

2. 草莓生长期吸收养分动态变化　露地栽培草莓随着气温变化有一明显休眠期，其吸肥特点大体上可分为 5 个阶段。

第一阶段是植株定植后至完成自然休眠为止。在近 4 个月的生长期中，由于植株休眠因而对养分吸收相对较低。根据对植株干物质的分析结果，此期氮、磷、钾的吸收比例为 1∶0.34∶0.3，以氮素吸收最高。

第二阶段是自然休眠解除后到植株现蕾期。随着温度的升高，植株开始较旺盛生长，养分吸收较前一阶段增加，此期氮、磷、钾元素的吸收比例为 1∶0.26∶0.65。

第三阶段是随着气温与土温的升高，植株进入旺盛生长期。开花坐果均在这一时期，吸收和消耗的养分达到高峰。这一阶段氮、磷、钾三元素的吸收比例为 1∶0.28∶0.93，钾的吸收量几乎与氮素吸收量相当。

第四阶段是随着果实的膨大与成熟，草莓植株在吸肥上表现为氮的吸收速度明显降低，磷、钾吸收量增加。氮、磷、钾三元素的比例为 1∶0.37∶1.72，钾的吸收量达到高峰，可能与果实膨大及成熟对钾元素的大量需求有关。

第五阶段是采果后，结果造成植株大量消耗营养，需要壮苗，同时大量抽生匍匐茎也需吸收营养，固此要及时补充氮肥和少量磷、钾肥。

二、草莓测土施肥配方

1. 根据土壤肥力确定　根据土壤有机质、碱解氮、有效磷、速效钾含量确定土壤肥力分级，然后根据不同肥力水平确定施肥量。如表 10 - 16 为草莓的土壤肥力分级，表 10 - 17 为不同肥力水平草莓推荐施肥量，表 10 - 18 为草莓测土配方施肥推荐卡。

表 10 - 16　草莓园土壤肥力分级

肥力水平	有机质（克/千克）	碱解氮（毫克/千克）	有效磷（毫克/千克）	速效钾（毫克/千克）
低	<10	<60	<5	<50
中	10～20	60～120	5～20	50～150
高	>20	>120	>20	>150

表 10 - 17　不同肥力水平草莓施肥量推荐（千克/亩）

肥力等级	施肥量		
	氮	五氧化二磷	氧化钾
低肥力	15～17	7～9	9～11
中肥力	14～16	6～8	9～10
高肥力	13～15	6～7	7～9

2. 根据目标产量确定　综合各地试验资料，根据目标产量建议草莓施肥量参考表 10 - 18。

表 10 - 18　根据目标产量草莓施肥量推荐（千克/亩）

目标产量	施肥量		
	氮	五氧化二磷	氧化钾
>2 000	16～18	8～10	12～14
1 500～2 000	14～16	6～8	10～12
<1 500	12～14	4～6	8～10

3. 不同产区施肥量推荐

（1）许乃霞等（2015）在江苏苏州氮、磷、钾三要素配方为 20 - 20 - 20、20 - 10 - 20、13 - 2 - 13 进行试验，建议氮、磷、钾施肥量分别为 20 千克/亩、10 千克/亩、20 千克/亩。

（2）陈龙娟等（2011）在上海青浦进行试验，建议将氮、磷、钾三要素施肥量从常规施肥的 24.15 千克/亩、16.5 千克/亩、16.5 千克/亩，调整为 20 千克/亩、14.5 千克/亩、15.5 千克/亩。

（3）陈春宏等（1997）在上海青浦进行试验，建议在施有机肥基础上，露地草莓氮、磷、钾三要素施肥量 14 千克/亩、14 千克/亩、14 千克/亩较为适宜。

（4）顾玉成等（2005）在湖北省进行试验，建议在施有机肥基础上。露地草莓氮、磷、钾三要素施肥量 36 千克/亩、7 千克/亩、15 千克/亩较为适宜。

4. 营养失调诊断 草莓常见营养缺素症及补救方法如表 10-19。

表 10-19 草莓常见缺素症及补救措施

营养元素	缺素症状	补救措施
氮	叶片逐渐由绿色变为淡绿色或黄色，局部枯焦而且比正常叶片略小。老叶的叶柄和花萼呈微红色，叶色较淡或呈锯齿状亮红色	叶面喷施 0.3%～0.5%尿素溶液或硝酸铵溶液 2～3 次
磷	植株生长发育不良，叶、花、果变小，叶片呈青铜色至暗绿色，近叶缘处出现紫褐色斑点。	叶面喷施 0.1%～2%磷酸二氢钾溶液 1%过磷酸钙浸出溶液 2～3 次
钾	小叶中脉周围呈青铜色，叶缘灼伤状或坏死，叶柄变紫色，随后坏死；老叶的叶脉间出现褐色小斑点；果实颜色浅、味道差	叶面喷施 0.3%～0.5%硫酸钾溶液 2～3 次
钙	多出现在开花前现蕾时，新叶端部及叶缘变褐呈灼伤状或干枯，叶脉间褪绿变脆，小叶展开后不能正常生长，根系短，不发达，易发生硬果	叶面喷施 1%硝酸钙或 0.3%氯化钙溶液 2～3 次
镁	最初上部叶片边缘黄化和变褐枯焦，进而叶脉间褪绿并出现暗褐色斑点，部分斑点发展为坏死斑。枯焦加重时，茎部叶片呈现淡绿色并肿起，枯焦现象随着叶龄的增长和缺镁程度的加重而加重	叶面喷施 0.1%～0.2%硫酸镁或硝酸镁溶液 2～3 次
铁	幼叶黄化、失绿，开始叶脉仍为绿色，叶脉间变为黄白色。严重时，新长出的小叶变白，叶片边缘坏死或小叶黄化	叶面喷施 0.3%～0.5%硫酸亚铁溶液 2～3 次
锌	老叶变窄，特别是基部叶片缺锌越重窄叶部分越伸长。严重缺锌时，新叶黄化，叶脉微红，叶片边缘有明显锯齿形边	叶面喷施 0.2%～0.3%硫酸锌或螯合锌溶液 2～3 次
硼	叶片短缩呈环状，畸形，有皱纹，叶缘褐色。老叶叶脉间失绿，叶上卷。匍匐蔓发生很慢，根少。花小，授粉和结实率低，果实畸形或呈瘤状，果小种子多，果品质量差	叶面喷施 0.01%～0.02%硼砂或硼酸溶液 2～3 次
铜	新叶脉间失绿，出现花白斑	叶面喷施 0.1%～0.2%硫酸铜溶液 2～3 次
钼	叶片均匀地由绿转淡，随着缺钼程度的加重，叶片上出现焦枯、叶缘卷曲现象	叶面喷施 0.01%～0.03%钼酸铵或钼酸钠溶液 2～3 次

三、无公害草莓营养套餐肥料组合

1. **基肥** 根据测土施肥配方，以氮、磷、钾为基础，添加腐殖酸、有机型螯合微量元素、增效剂、土壤调理剂等，生产含锌、锰、硼、铁、铜等草莓有机型专用肥，根据当地施肥现状，综合各地草莓配方肥配制资料，建议氮、磷、钾总养分量为35%，氮、磷、钾比例分别为1:0.36:1.14。基础肥料选用及用量（1吨产品）如下：硫酸铵100千克、尿素253千克、重过磷酸钙32千克、过磷酸钙200千克、钙镁磷肥20千克、硫酸钾320千克、氨基酸螯合锌硼锰铜20千克、生物制剂23千克、增效剂12千克、土壤调理剂20千克。

也可选用腐殖酸含促生菌生物复混肥（20-0-10）、腐殖酸高效缓释复混肥（15-5-20）、腐殖酸硫基长效缓释肥（23-12-10）等。

2. **生育期追肥** 追肥可采用腐殖酸包裹尿素、增效尿素、腐殖酸型过磷酸钙、缓释磷酸二铵、腐殖酸含促生菌生物复混肥（20-0-10）、腐殖酸高效缓释复混肥（15-5-20）、腐殖酸硫基长效缓释肥（23-12-10）、含微量元素高磷配方滴灌肥（15-30-15）、含微量元素平衡配方滴灌肥（20-20-20）、含微量元素高钾配方滴灌肥（16-80-32-2Mg）等。

3. **根外追肥** 可根据草莓生育情况，酌情选用腐殖酸水溶肥、氨基酸水溶肥、海藻酸水溶肥、氨基酸螯合微量元素水溶肥、大量元素水溶肥、活力钙叶面肥、活力硼叶面肥、活力钾叶面肥等。

四、无公害草莓营养套餐施肥技术规程

本规程以草莓高产、优质、无公害、环境友好为目标，选用有机无机复合肥料、长效缓释肥料、有机活性水溶肥料进行施用，各地在具体应用时，可根据当地草莓种植情况对测土配方推荐用量进行调整。

1. **常规灌溉条件下草莓营养套餐施肥技术规程**

（1）**育苗肥** 草莓育苗一般采用匍匐茎繁殖方法。繁殖地块，根据肥源，选取下列组合之一：①亩施生物有机肥600～800千克（无害化处理过的腐熟有机肥5 000～8 000千克）、草莓有机型专用肥60～80千克；②亩施生物有机肥600～800千克（无害化处理过的腐熟有机肥5 000～8 000千克）、腐殖酸含促生菌生物复混肥（20-0-10）60～80千克、腐殖酸型过磷酸钙30～40千克；③亩施生物有机肥600～800千克（无害化处理过的腐熟有机肥5 000～

8 000 千克)、腐殖酸高效缓释复混肥 (15 - 5 - 20) 50~70 千克或腐殖酸涂层长效肥 (23 - 12 - 10) 40~60 千克;④亩施生物有机肥 600~800 千克(无害化处理过的腐熟有机肥 5 000~8 000 千克)、增效尿素 6~8 千克、腐殖酸型过磷酸钙 50~60 千克。

以后追施增效尿素 2~3 次,每次每亩追施 7.5~10 千克,并根据土壤墒情,勤浇小水。

(2) 定植前基肥　在移栽前 7~10 天翻入土中。根据肥源,选取下列组合之一:①亩施生物有机肥 300~400 千克(无害化处理过的腐熟有机肥 3 000~4 000 千克)、草莓有机型专用肥 50~60 千克;②亩施生物有机肥 300~400 千克(无害化处理过的腐熟有机肥 3 000~4 000 千克)、腐殖酸含促生菌生物复混肥 (20 - 0 - 10) 50~60 千克、腐殖酸型过磷酸钙 20~30 千克;③亩施生物有机肥 300~400 千克(无害化处理过的腐熟有机肥 3 000~4 000 千克)、腐殖酸高效缓释复混肥 (15 - 5 - 20) 40~50 千克或腐殖酸涂层长效肥 (23 - 12 - 10) 35~45 千克;④亩施生物有机肥 300~400 千克(无害化处理过的腐熟有机肥 3 000~4 000 千克)、增效尿素 10~12 千克、腐殖酸型过磷酸钙 40~50 千克、大粒钾肥 8~10 千克。

(3) 定植后追肥　分别在定植成活后和完全封行前追肥两次壮苗肥。

① 在定植成活后(定植后 10 天左右)。亩施草莓有机型专用肥 15~20 千克,或腐殖酸高效缓释复混肥 (15 - 5 - 20) 12~16 千克,或腐殖酸涂层长效肥 (23 - 12 - 10) 12~15 千克,或增效尿素 8~10 千克、腐殖酸型过磷酸钙 10~12 千克、大粒钾肥 6~8 千克。

② 花芽分化期。亩施草莓有机型专用肥 15~20 千克,或腐殖酸高效缓释复混肥 (15 - 5 - 20) 12~16 千克,或腐殖酸涂层长效肥 (23 - 12 - 10) 12~15 千克,或增效尿素 8~10 千克、腐殖酸型过磷酸钙 10~12 千克、大粒钾肥 6~8 千克。

③ 幼果膨大期。亩施草莓有机型专用肥 12~15 千克,或腐殖酸高效缓释复混肥 (15 - 5 - 20) 11~13 千克,或腐殖酸涂层长效肥 (23 - 12 - 10) 10~12 千克,或增效尿素 6~8 千克、腐殖酸型过磷酸钙 8~10 千克、大粒钾肥 5~7 千克。

(4) 根外追肥　主要在苗期、开花结果期等进行根外追肥。

① 苗期。叶面喷施 500~1 000 倍腐殖酸水溶肥或 500~1 000 倍氨基酸水溶肥 2 次,间隔 20 天。

② 开花结果期每 20~30 天。叶面喷施 500~1 000 倍腐殖酸水溶肥 (500~1 000倍氨基酸水溶肥)、1 500 倍活力钙叶面肥、500 倍活力钾叶面肥

1次。

2. 滴灌条件下草莓营养套餐施肥技术规程

（1）育苗肥　草莓育苗一般采用匍匐茎繁殖方法。繁殖地块，根据肥源，选取下列组合之一：①亩施生物有机肥 600～800 千克（无害化处理过的腐熟有机肥 5 000～8 000 千克）、草莓有机型专用肥 60～80 千克；②亩施生物有机肥 600～800 千克（无害化处理过的腐熟有机肥 5 000～8 000 千克）、腐殖酸含促生菌生物复混肥（20 - 0 - 10）60～80 千克、腐殖酸型过磷酸钙 30～40 千克；③亩施生物有机肥 600～800 千克（无害化处理过的腐熟有机肥 5 000～8 000 千克）、腐殖酸高效缓释复混肥（15 - 5 - 20）50～70 千克或腐殖酸涂层长效肥（23 - 12 - 10）40～60 千克；④亩施生物有机肥 600～800 千克（无害化处理过的腐熟有机肥 5 000～8 000 千克）、增效尿素 6～8 千克、腐殖酸型过磷酸钙 50～60 千克。

以后追施增效尿素 2～3 次，每次每亩追施 7.5～10 千克，并根据土壤墒情，勤浇小水。

（2）定植前基肥　在移栽前 7～10 天翻入土中。根据肥源，选取下列组合之一：①亩施生物有机肥 300～400 千克（无害化处理过的腐熟有机肥 3 000～4 000 千克）、草莓有机型专用肥 50～60 千克；②亩施生物有机肥 300～400 千克（无害化处理过的腐熟有机肥 3 000～4 000 千克）、腐殖酸含促生菌生物复混肥（20 - 0 - 10）50～60 千克、腐殖酸型过磷酸钙 20～30 千克；③亩施生物有机肥 300～400 千克（无害化处理过的腐熟有机肥 3 000～4 000 千克）、腐殖酸高效缓释复混肥（15 - 5 - 20）40～50 千克或腐殖酸涂层长效肥（23 - 12 - 10）35～45 千克；④亩施生物有机肥 300～400 千克（无害化处理过的腐熟有机肥 3 000～4 000 千克）、增效尿素 10～12 千克、腐殖酸型过磷酸钙 40～50 千克、大粒钾肥 8～10 千克。

（3）定植后追肥　以水溶性滴灌肥为主，结合灌溉进行施肥。

① 从定植至开花期。每亩施含微量元素高磷配方滴灌肥（15 - 30 - 15）10～12 千克，分 4 次施用，每次 2.5～3 千克，7～9 天 1 次。

② 开花至坐果期。每亩施含微量元素平衡配方滴灌肥（20 - 20 - 20）7～8 千克，分 2 次施用，每次 3.5～4 千克，7～9 天 1 次。

③ 坐果至收获结束。每亩施用含微量元素高钾配方滴灌肥（16 - 80 - 32 - 2Mg）90～97.5 千克，分 15 次施用，每次 6～6.5 千克，7～9 天 1 次。

（4）根外追肥　主要在苗期、开花结果期等进行根外追肥。

① 苗期。叶面喷施 500～1 000 倍腐殖酸水溶肥或 500～1 000 倍氨基酸水溶肥 2 次，间隔 20 天。

② 开花结果期每 20～30 天。叶面喷施 500～1 000 倍腐殖酸水溶肥（500～1 000倍氨基酸水溶肥）、1 500 倍活力钙叶面肥、500 倍活力钾叶面肥 1 次。

第四节　西瓜测土配方与营养套餐施肥技术

西瓜是葫芦科西瓜属一年生蔓性草本植物。全球西瓜产量居葡萄、香蕉、柑橘、苹果之后，列第五位，我国西瓜栽培面积居世界第一位。我国各地均有种植，以新疆吐鲁番西瓜、兰州沙田西瓜、北京大兴西瓜、河南汴梁西瓜、山东德州西瓜、陕西关中西瓜等闻名全国。西瓜栽培方式多种多样。属于露地的有西北的旱塘栽培和砂田栽培，华北的平畦栽培，长江以南的高畦栽培等；属于保护地的有北京的风障栽培，保定的苇毛栽培，以及地膜覆盖栽培、塑料大棚栽培、温室栽培等。

一、西瓜的营养需求特点

1. 西瓜对养分的吸收动态　据周光华研究，西瓜对氮、磷、钾三要素的吸收基本与干物质的增长相平衡，即生长发育前期吸收氮、磷、钾的量较小，坐果后急剧增加。西瓜在发芽期吸收量极小；幼苗期占总吸收量的 0.54%；伸蔓期植株干重迅速增长，矿物质吸收量增加，占总吸收量的 14.66%；坐果期、果实生长盛期吸收量最大，占全期的 84.18%；变瓤期由于植株叶的衰老脱落及组织中含量降低，植株三要素出现负值。

西瓜整个生育期需钾量多，氮次之，磷最少；广东省农业科学院测定，一株正常的西瓜一生吸收氮、磷、钾的总量为氮 14.5 克、磷 4.78 克、钾 20.41 克。按吸收量和各自的利用率计算，三者比例为 3.24∶1∶4.27。周光华测定结果是 3.28∶1∶4.33，两者测定结果非常接近。

据朱洪勋等（1989）研究，西瓜植株吸收氮量最大时期在果实膨大期，吸收量占总吸收量的 68.1%，其余为成熟期和伸蔓期，分别为 15.52% 和 12.86%。其他时期则较少。西瓜对磷吸收的高峰与氮相同，也在果实膨大期，占吸收总量的 68.23%，其次为成熟期占 23.53%，再次为抽蔓期占 7.53%。西瓜吸收钾的量在三要素中最多，吸收高峰在果实膨大期，占吸收总量的 66.345，其次为成熟期占 21.99%，再次为抽蔓期占 8.82%。西瓜膨大期和成熟期吸收的磷、钾在三要素中比例最高，氮、磷、钾吸收比例为 1∶0.31∶1.13 和 1∶0.36∶1.22。西瓜全生育期三要素需求比例为 1∶0.32∶1.14。

2. **西瓜不同器官对养分吸收变化** 据朱洪勋等（1989）研究，伸蔓期以前，叶片是氮、磷、钾的分配中心，相对含量分别为 83.0%、80.0%、73.1%。生长中后期，氮、磷、钾的分配中心是果实，相对含量分别为67.56%、86.21%、72.33%；茎中则明显减少，可能是元素的再利用。叶中氮的输出为最大积累量的 6.68%，磷达到 28.5%，钾为 8.76%；茎中输出则占最大积累量的 7.4%，磷达到 13.4%，钾为 21.96%。氮、磷、钾的运输率（果实中元素含量/全株含量）为 66.5%、81.1%、72.3%。可见，西瓜生育期，植株的不同器官对氮、磷、钾的吸收的数量比例是不同，总体趋势是：氮的吸收极早，至伸蔓期增加迅速，果实膨大期达吸收高峰；钾的吸收前期较少，在果实膨大期吸收量急剧上升；磷的吸收初期较高，高峰出现较早，在伸蔓期趋于平稳，果实膨大期明显降低。

二、西瓜测土施肥配方

1. **根据土壤肥力确定** 根据当地种植西瓜地肥力确定土壤肥力等级，然后根据不同肥力水平确定施肥量。表 10-20 为不同肥力水平西瓜推荐施肥量。

表 10-20 不同肥力水平西瓜推荐施肥量（千克/亩）

肥力等级	施肥量		
	氮	五氧化二磷	氧化钾
低肥力	22~24	8~10	10~12
中肥力	20~23	7~9	8~11
高肥力	18~21	6~8	7~9

2. **根据土壤养分测定结果确定** 有条件的地区，通过测定土壤速效养分含量，并对基础产量低、中、高进行聚类分析，确定西瓜施肥量，如表10-21。

表 10-21 不同土壤养分与施肥推荐表

碱解氮（毫克/千克）	有效磷（毫克/千克）	速效钾（毫克/千克）	施肥量（千克/亩）		
			氮	五氧化二磷	氧化钾
<30	<10	<100	18~21	10	12
<30	10~20	100~150	18~21	8~10	9~12
<30	>20	>150	18~21	<8	<9

（续）

碱解氮 （毫克/千克）	有效磷 （毫克/千克）	速效钾 （毫克/千克）	施肥量（千克/亩）		
			氮	五氧化二磷	氧化钾
30～60	<10	<100	15～18	10	12
30～60	10～20	100～150	15～18	8～10	9～12
30～60	>20	>150	15～18	<8	<9
>60	<10	<100	10～15	10	12
>60	10～20	100～150	10～15	8～10	9～12
>60	>20	>150	10～15	<8	<9

3. 以地定产推荐施肥量　当地进行西瓜"3414"肥效试验基础上，可根据当地西瓜田的基础产量推荐施肥量，如表10-22。

表10-22　以地定产推荐施肥量（千克/亩）

基础产量	施肥量			预估产量
	氮	五氧化二磷	氧化钾	
<1 000	12～16	5～8	7～9	1 500～2 000
1 000～2 000	16～20	8～11	9～11	2 000～3 500
>2 000	18～22	9～12	11～13	3 500～4 000

4. 根据目标产量推荐施肥量　利用以产定肥推荐施肥量可参考表10-23。为了比较简便准确地确定施肥量，也可以计算土壤肥力基础，根据土壤肥沃程度进行酌情增减施肥量。

表10-23　西瓜以产定肥推荐施肥量（千克/亩）

目标产量	施肥量		
	氮	五氧化二磷	氧化钾
2 000	6.0	5.5	6.5
2 500	9.5	7.0	9.5
3 000	12.5	8.5	13.0
3 500	16.0	10.5	16.5
4 000	19.5	12.0	19.5
4 500	22.5	13.5	23.0
5 000	26.0	15.0	26.5

5. **西北压砂西瓜施肥推荐**　根据西北压砂西瓜种植土壤测结果和田间肥效试验，在施用 1 000 千克/亩有机肥基础上，不同产量水平下，氮、磷、钾推荐施肥量可参考表 10-24。

表 10-24　压砂西瓜施肥量推荐（千克/亩）

产量水平	施肥量		
	氮	五氧化二磷	氧化钾
500	2.5	1.2	0
1 000	5.1	2.0	0
1 500	7.8	3.1	1.2
2 000	10.5	4.3	2.5
2 500	13.4	5.6	4.4

6. 不同产区施肥推荐

（1）哈雪娇等（2011）在北京大兴进行"3414"肥效试验，最佳经济产量水平 3 524 千克/亩的经济施肥量（$N-P_2O_5-K_2O$）为纯氮 47.27 千克/亩、五氧化二磷-6.54 千克/亩、氧化钾-19.48 千克/亩；最佳经济产量水平 3 951 千克/亩的经济施肥量（$N-P_2O_5-K_2O$）为纯氮 16.48 千克/亩、五氧化二磷-6.71 千克/亩、氧化钾-13.85 千克/亩；最佳经济产量水平 3 322 千克/亩的经济施肥量（$N-P_2O_5-K_2O$）为纯氮 14.30 千克/亩、五氧化二磷-5.77 千克/亩、氧化钾-6.88 千克/亩。

（2）周凯等（2009）在贵州省进行试验，建议在圈肥 2 000 千克/亩、沼肥 2 000 千克基础上，尿素 21.7 千克/亩、过磷酸钙 23.8 千克/亩、硫酸钾 20.0 千克/亩。

（3）赵卫星等（2010）在河南济源和原阳进行试验，采用养分平衡法确定西瓜施肥量，产量水平在 3 800~4 500 千克/亩情况下，建议纯氮、五氧化二磷、氧化钾施用量为 35.9 千克/亩、13.2 千克/亩、43.9 千克/亩。

（4）颉宗明等（2010）在陕西省进行"3414"肥效试验，建议亩施肥量：纯氮 19.54~19.70 千克、五氧化二磷 12.12~12.24 千克、氧化钾 12.57~12.66 千克，氮、磷、钾比例为 1:0.6:0.7。

（5）邓云等（2013）在河南中牟进行"3414"肥效试验，最佳经济产量水平 3 900~4 000 千克/亩的经济施肥量：氮 18.25 千克/亩、五氧化二磷 10.14 千克/亩、氧化钾 13.81 千克/亩。

（6）张玉凤等（2010）在山东省进行试验，建议纯氮、五氧化二磷、氧化钾施用总量为 50.3 千克/亩，三者比例为 1:0.41:1.28。

（7）张书中等（2015）在河南周口进行试验，建议亩施肥量：氮 17.24 千克/亩、五氧化二磷 13.50 千克、氧化钾 14.70 千克。

7. 营养失调诊断　西瓜常见营养缺素症及补救方法如表 10 - 25。

表 10 - 25　西瓜常见缺素症及补救措施

营养元素	缺素症状	补救措施
氮	植株生长缓慢，茎叶细弱，下部叶片绿色褪淡，茎蔓新梢节间缩短，幼瓜生长缓慢，果实小，产量低	叶面喷施 0.3%～0.5%尿素溶液或硝酸铵溶液 2～3 次
磷	根系发育差，植株细小，叶片背面呈紫色，花芽分化受到影响，开花迟，成熟晚，容易落花和化瓜，果肉中往往出现黄色纤维和硬块，甜度下降	叶面喷施 0.4%～0.5%过磷酸钙浸出溶液 2～3 次
钾	植株生长缓慢，茎蔓细弱，叶面皱曲，老叶边缘变褐枯死，并逐渐向内扩展，严重时向心叶发展，使之变为淡绿色，甚至叶缘也出现焦枯状，坐果率很低，果实小，甜度低	叶面喷施 0.4%～0.5%硫酸钾或磷酸二氢钾溶液 2～3 次
钙	叶缘黄化干枯，叶片向外侧卷曲，呈降落伞状，植株顶部一部分变褐坏死，茎蔓停止生长	叶面喷施 0.2%～0.4%氯化钙溶液 2～3 次
镁	叶片主脉附近的叶脉首先黄化，然后逐渐地向上扩大，使整叶变黄	叶面喷施 0.1%～0.2%硫酸镁溶液 2～3 次
锌	茎蔓细弱，节间短，叶片发育不良，向叶背翻卷，叶尖和叶缘逐渐焦枯	叶面喷施 0.1%～0.2%硫酸锌或螯合锌溶液 2～3 次
硼	新蔓节间变短，蔓梢向上直立，新叶变小，叶面凹凸不平，有叶色不匀的斑纹	叶面喷施 0.1%～0.2%硼砂或硼酸溶液 2～3 次
锰	嫩叶脉间黄化，主脉仍为绿色，进而发展到刚成熟的大叶，种子发育不全，易形成变形果	叶面喷施 0.05%～0.1%硫酸锰溶液 2～3 次
铁	叶片叶脉间黄化，叶脉仍为绿色	叶面喷施 0.1%～0.4%硫酸亚铁溶液 2～3 次

三、无公害西瓜营养套餐肥料组合

1. 基肥　根据测土施肥配方，以氮、磷、钾为基础，添加腐殖酸、有机型螯合微量元素、增效剂、土壤调理剂等，生产含锌、锰、硼、铁、铜等西瓜有机型专用肥，根据当地施肥现状，综合各地配方肥配制资料，从下面 3 种配方进行选择。各配方基础肥料选用及用量（1吨产品）如下。

配方1：综合各地西瓜配方肥配制资料，建议氮、磷、钾总养分量为30％，氮、磷、钾比例分别为1：0.64：1.09。硫酸铵100千克、尿素150千克、磷酸一铵120千克、氨化过磷酸钙100千克、硫酸钾240千克、硫酸镁43千克、硝基腐殖酸100千克、氨基酸锌硼锰铁铜35千克、生物制剂30千克、氨基酸40千克、增效剂12千克、土壤调理剂30千克。

配方2：综合各地西瓜配方肥配制资料，建议氮、磷、钾总养分量为26％，氮、磷、钾比例分别为1：0.67：1.22。硫酸铵100千克、尿素130千克、磷酸一铵73千克、过磷酸钙150千克、钙镁磷肥15千克、硫酸钾222千克、氨基酸锌硼锰铁铜钼稀土35千克、硝基腐殖酸110千克、硫酸镁35千克、氨基酸40千克、生物制剂35千克、增效剂10千克、土壤调理剂45千克。

配方3：综合各地西瓜配方肥配制资料，建议氮、磷、钾总养分量为35％，氮、磷、钾比例分别为1：0.54：1.15。硫酸铵100千克、尿素212千克、磷酸一铵109千克、过磷酸钙100千克、钙镁磷肥10千克、硫酸钾300千克、氨基酸锌硼锰铁铜35千克、硝基腐殖酸90千克、生物制剂20千克、增效剂12千克、土壤调理剂12千克。

也可选用腐殖酸含促生菌生物复混肥（20-0-10）、腐殖酸高效缓释复混肥（15-5-20）、腐殖酸硫基长效缓释肥（23-12-10）等。

2. 生育期追肥　追肥可采用腐殖酸包裹尿素、增效尿素、腐殖酸型过磷酸钙、缓释磷酸二铵、腐殖酸含促生菌生物复混肥（20-0-10）、腐殖酸高效缓释复混肥（15-5-20）、腐殖酸硫基长效缓释肥（23-12-10）、西瓜腐殖酸型滴灌（冲施）肥（20-0-15）、长效硫基含硼锌水溶滴灌肥（10-15-25）等。

3. 根外追肥　可根据西瓜生育情况，酌情选用含腐殖酸水溶肥、氨基酸水溶肥、海藻酸水溶肥、氨基酸螯合微量元素水溶肥、大量元素水溶肥、活力钙叶面肥、活力硼叶面肥、活力钾叶面肥等。

四、无公害西瓜营养套餐施肥技术规程

本规程以西瓜高产、优质、无公害、环境友好为目标，选用有机无机复合肥料、长效缓释肥料、有机活性水溶肥料进行施用，各地在具体应用时，可根据当地西瓜种植情况对测土配方推荐用量进行调整。

1. 常规灌溉条件下西瓜营养套餐施肥技术规程

（1）定植前基肥　在移栽前7～10天翻入土中。根据肥源，选取下列组合之一：①亩施生物有机肥 200～300 千克（无害化处理过的腐熟有机肥 2 000～3 000 千克）、西瓜有机型专用肥 60～80 千克；②亩施生物有机肥 200～300 千克（无害化处理过的腐熟有机肥 2 000～3 000 千克）、腐殖酸含促生菌生物复混肥（20 - 0 - 10）60～80 千克、腐殖酸型过磷酸钙 30～40 千克；③亩施生物有机肥 200～300 千克（无害化处理过的腐熟有机肥 2 000～3 000 千克）、腐殖酸高效缓释复混肥（15 - 5 - 20）50～70 千克或腐殖酸硫基长效缓释肥（23 - 12 - 10）40～60 千克；④亩施生物有机肥 200～300 千克（无害化处理过的腐熟有机肥 2 000～3 000 千克）、增效尿素 15～20 千克、增效磷铵 15～20 千克、大粒钾肥 25～30 千克。

（2）定植后追肥　主要施催蔓肥和膨瓜肥。

① 催蔓肥。定植后 30 天左右，当蔓长到 70 厘米，追肥一次。亩施西瓜有机型专用肥 15～20 千克，或腐殖酸高效缓释复混肥（15 - 5 - 20）12～16 千克，或腐殖酸硫基长效缓释肥（23 - 12 - 10）12～15 千克，或增效尿素 10～12 千克、腐殖酸型过磷酸钙 8～10 千克、大粒钾肥 10～15 千克。

② 膨瓜肥。在幼果长至鸡蛋大小时，亩施西瓜有机型专用肥 20～25 千克，或腐殖酸高效缓释复混肥（15 - 5 - 20）18～20 千克，或腐殖酸涂层长效肥（23 - 12 - 10）16～18 千克，或增效尿素 8～10 千克、大粒钾肥 10～15 千克。或施用两次西瓜腐殖酸型滴灌（冲施）肥（20 - 0 - 15）10～15 千克，间隔期 20～30 天。

（3）根外追肥　主要在苗期、开花结果期等进行根外追肥。

① 5 片真叶期。叶面喷施 500～1 000 倍腐殖酸水溶肥（500～1 000 倍氨基酸水溶肥）、1 500 倍活力硼叶面肥。

② 小瓜期（坐住瓜后）。叶面喷施 500～1 000 倍腐殖酸水溶肥（500～1 000 倍氨基酸水溶肥）、1 500 倍活力钙叶面肥。

③ 瓜膨大期（0.5 千克大时）。叶面喷施 500 倍活力钾叶面肥 2 次，间隔期 15 天。

2. 滴灌条件下西瓜营养套餐施肥技术规程

（1）定植前基肥　在移栽前 7～10 天翻入土中。根据肥源，选取下列组合之一：①亩施生物有机肥 200～300 千克（无害化处理过的腐熟有机肥 2 000～3 000 千克）、西瓜有机型专用肥 60～80 千克；②亩施生物有机肥 200～300 千克（无害化处理过的腐熟有机肥 2 000～3 000 千克）、腐殖酸含促生菌生物复混肥（20 - 0 - 10）60～80 千克、腐殖酸型过磷酸钙 30～40 千克；③ 亩施生物有机肥 200～300 千克（无害化处理过的腐熟有机肥 2 000～3 000 千克）、腐殖酸高效缓释复混肥（15 - 5 - 20）50～70 千克或腐殖酸硫基长效缓释肥

（23－12－10）40～60 千克；④亩施生物有机肥 200～300 千克（无害化处理过的腐熟有机肥 2 000～3 000 千克）、增效尿素 15～20 千克、增效磷铵 15～20 千克、大粒钾肥 25～30 千克。

（2）滴灌追肥　在栽植后 15 天、开花期、膨大期，结合滴灌灌水进行施肥。

① 栽植后 15 天。每亩施长效硫基含硼锌水溶滴灌肥（10－15－25）5～6 千克，分 2 次施用，每次 2.5～3 千克，7～9 天 1 次。

② 开花期。每亩施长效硫基含硼锌水溶滴灌肥（10－15－25）10～12 千克，分 2 次施用，每次 5～6 千克，7～9 天 1 次。

③ 西瓜膨大期。每亩施长效硫基含硼锌水溶滴灌肥（10－15－25）15～18 千克，分 3 次施用，每次 5～6 千克，7～9 天 1 次。

（3）根外追肥　主要在苗期、开花结果期等进行根外追肥。

① 5 片真叶期。叶面喷施 500～1 000 倍腐殖酸水溶肥（500～1 000 倍氨基酸水溶肥）、1 500 倍活力硼叶面肥。

② 小瓜期（坐住瓜后）。叶面喷施 500～1 000 倍腐殖酸水溶肥（500～1 000倍氨基酸水溶肥）、1 500 倍活力钙叶面肥。

③ 瓜膨大期（0.5 千克大时）。叶面喷施 500 倍活力钾叶面肥 2 次，间隔期 15 天。

第五节　甜瓜测土配方与营养套餐施肥技术

甜瓜又名香瓜，有厚皮甜瓜与薄皮甜瓜两种，葫芦科甜瓜属蔓性植物，一年生蔓生植物。原产热带，现我国各地普遍栽培，中国华北为薄皮甜瓜次级起源中心，新疆为厚皮甜瓜起源中心。著名的新疆哈密瓜和甘肃的白兰瓜属于甜瓜不同的变种或者品系。

一、甜瓜的营养需求特点

甜瓜是以含糖量高、生理成熟的果实为产品，因此对养分元素的需求与其他果树有较大不同。

1. **甜瓜不同生育期吸收养分的动态变化**　甜瓜对养分吸收以幼苗期吸肥最少，开花后氮、磷、钾吸收量逐渐增加，氮、钾吸收高峰约在坐果后 16～17 天，坐果后 26～27 天就急剧下降，磷、钙吸收高峰在坐果后 26～27 天，并延续至果实成熟。开花到果实膨大末期的 1 个月左右时间内，是甜瓜吸收养分最多的时期，也是肥料的最大效率期。在甜瓜栽培中，铵态氮肥比硝态氮肥肥效差，且铵态氮会影响含糖量，因此应尽量选用硝态氮肥。甜瓜为忌氯作物，不宜施用氯化铵、氯化钾等肥料。

据陈波浪等（2013）研究报道，不同肥力水平下，甜瓜吸收的氮、磷、钾的总量均随生育期的推进而增加。伸蔓期之前，高、中、低肥力甜瓜单株氮的吸收积累量分别占总吸收积累量的30.2%、26.3%和34.1%，磷分别占24.9%、32.2%和29.4%，钾分别占19.3%、15.4%和20.3%。坐果期之前，高、中、低肥力甜瓜单株氮的吸收积累量分别占总吸收积累量的65.4%、46.2%和46.2%，磷分别占47.4%、40.5%和40.6%，钾分别占40.0%、25.3%和25.7%。

2. 甜瓜不同器官吸收养分的分配　据陈波浪等（2013）研究报道，在伸蔓期之前，甜瓜氮素有67.1%分配到叶片中，30.7%分配到茎中；坐果后，茎、叶内氮素分配量有所下降，但仍保持在22.5%和59.2%。到成熟期，果实分配量达到63%以上，茎和叶中氮素分配量下降到17.4%和18.6%。

磷和钾素的分配相似，伸蔓期和坐果期主要分配在茎和叶中，分配比例之和达到97.1%、97.9%和76.8%、83.7%，成熟期主要分配在果实中，分配分别为71.4%和73.4%。

3. 甜瓜不同生育期养分吸收比例和数量　据陈波浪等（2013）研究报道，总体上看，甜瓜吸收比例钾高于氮，更明显高于磷。伸蔓期氮、磷、钾吸收比例为1：（0.24～0.38）：（1.82～2.01），坐果期为1：（0.21～0.32）：（1.71～1.88），成熟期为1：（0.30～0.37）：（2.93～3.38）。整个生育期，中、低肥力水平下甜瓜磷的吸收比例均高于高肥力，低肥力水平甜瓜钾的吸收比例均高于高、中肥力。生育后期高、中肥力水平下甜瓜的氮、磷、钾吸收量分别为9.69千克/亩、2.87千克/亩、28.41千克/亩，分别比低肥力水平高41.4%、13.6%和22.5%。

据张跃建等（2011）研究报道，不同厚皮甜瓜在养分吸收积累上有一定差异（表10-26）。

表10-26　不同厚皮甜瓜整个生育期中单株吸收养分量（克）

品种	干重	氮	五氧化二磷	氧化钾	钙	镁
玉姑	134.12	1.85	0.79	3.39	2.18	0.65
翠雪5号	162.27	2.99	1.18	4.59	2.67	0.77
夏蜜	182.05	2.79	1.26	5.88	3.06	0.89

据张跃建等（2011）研究报道，3 个品种中，每亩养分需求量，氮 2.78～4.49 千克、五氧化二磷 1.19～1.89 千克、氧化钾 5.08～6.89 千克、钙 3.27～4.59 千克、氧化镁 0.98～1.33 千克，以钾最多，其次为氮、钙，磷、镁较少（表 10 - 27）。

表 10 - 27　不同厚皮甜瓜每亩养分需求量（千克）

品种	氮	五氧化二磷	氧化钾	钙	镁
玉姑	2.78	1.19	5.08	3.27	0.98
翠雪 5 号	4.49	1.77	6.89	4.01	1.15
夏蜜	4.18	1.89	8.83	4.59	1.33

二、甜瓜测土施肥配方

1. 根据土壤肥力确定　根据当地种植甜瓜地肥力确定土壤肥力等级，然后根据不同肥力水平确定施肥量。表 10 - 28 为不同肥力水平甜瓜推荐施肥量。

表 10 - 28　甜瓜推荐施肥量（千克/亩）

肥力等级	施肥量		
	氮	五氧化二磷	氧化钾
低肥力	21～22	7～9	9～12
中肥力	18～21	6～8	8～10
高肥力	17～20	6～7	7～9

2. 根据目标产量推荐施肥量　沈晖等在宁夏进行试验，提出旱区压砂地不同目标产量的氮、磷、钾施肥量（表 10 - 29），根据土壤肥沃程度进行酌情增减施肥量。

表 10 - 29　旱区压砂地甜瓜推荐施肥量（千克/亩）

目标产量	施肥量		
	氮	五氧化二磷	氧化钾
1 250～1 400	4.6～5.5	1.8～2.0	9.2～10.9
1 400～1 550	4.4～5.3	2.3～2.7	9.0～10.6
1 550～1 700	5.2～5.9	2.7～3.0	9.4～11.0
1 700～1 850	5.6～6.0	2.9～3.0	11.3～12.2

3. 不同产区施肥量推荐

（1）张兆辉等（2014）在上海市进行试验，利用数学模型构建提出甜瓜氮、磷、钾配比为 2.03∶1∶3.36，每亩施肥量为：氮 10.5 千克、五氧化二磷 5.2 千克、氧化钾 17.4 千克。

（2）吴永成等（2012）在江苏省盐城市进行试验，利用响应面设计提出珍珠网纹甜瓜每亩施肥量为：氮 6.0 千克、五氧化二磷 3.0 千克、氧化钾 16.2 千克。

（3）吴海华等（2012）在新疆南疆进行试验，利用养分平衡法建议新疆全立架露地栽培甜瓜目标产量为 5 000 千克/亩，每亩施肥量为：氮 20.7 千克、五氧化二磷 9.0 千克、氧化钾 10.3 千克。

（4）薛亮等（2015）在甘肃省进行试验，利用饱和最优设计提出甜瓜每亩施肥量为：氮 17.30～17.58 千克、五氧化二磷 8.87～8.94 千克、氧化钾 5.84～5.90 千克。

（5）巴拉提巴克（2011）在新疆喀什进行"3414"肥效试验，提出最大施肥量：氮为 13.21 千克/亩，五氧化二磷为 9.97 千克/亩，氧化钾为 11.33 千克/亩；最大产量为 2 185.42 千克/亩。最佳施肥量：氮为 13.72 千克/亩，五氧化二磷 9.33 千克/亩，氧化钾 11.49 千克/亩；产量为 2 185.23 千克/亩。

（6）周军等（2011）在陕西阎良地区根据田间试验结果建立了的甜瓜肥料效应函数。在中等土壤肥力条件下，甜瓜的最佳经济产量为 2 725.27 千克/亩，氮、磷、钾肥料最佳施用量为氮 7.75 千克/亩、五氧化二磷 4.29 千克/亩、氧化钾 K_2O 8.6 千克/亩，氮、磷、钾配比为 1∶0.55∶1.11。

4. 营养失调诊断　甜瓜常见营养缺素症及补救方法如表 10-30。

表 10-30　甜瓜常见缺素症及补救措施

营养元素	缺素症状	补救措施
氮	叶片小，上位叶更小；从下向上逐渐顺序变黄；叶脉间黄化，叶脉突出，后扩展至全叶；坐果少，膨大慢	叶面喷施 0.3%～0.5%尿素溶液或硝酸铵溶液 2～3 次
磷	苗期叶色浓绿，硬化，株矮；成株期叶片小，稍微上挺；严重时，下位叶发生不规则的褪绿斑。	叶面喷施 0.4%～0.5%过磷酸钙浸出溶液 2～3 次
钾	生长早期，叶缘出现轻微的黄化，在次序上先是叶缘，然后是叶脉间黄化，顺序很明显；在生育的中、后期，中位叶附近出现和上述相同的症状；叶缘枯死，随着叶片不断生长，叶向外侧卷曲；品种间的症状差异显著	叶面喷施 0.4%～0.5%硫酸钾或磷酸二氢钾溶液 2～3 次

（续）

营养元素	缺素症状	补救措施
钙	上位叶形状稍小，向内侧和外侧卷曲。长时间连续低温、日照不足、急剧晴天高温，生长点附近的叶片叶缘卷曲枯死。上位叶的叶脉间黄化，叶片变小，出现矮化症状	叶面喷施 0.2%～0.4%氯化钙溶液 2～3 次
镁	在生长发育过程中，下位叶的叶脉间叶肉渐渐失绿变黄，进一步发展，除了叶缘残留点绿色外叶间均黄化。	叶面喷施 0.1%～0.2%硫酸镁溶液 2～3 次
锌	从中位叶开始褪色，与健叶比较，叶脉清晰可见。随着叶脉间逐渐褪色，叶缘从黄化到变成褐色。因叶缘枯死，叶片向外侧稍微卷曲，生长点附近的节间缩短，但新叶不黄化	叶面喷施 0.1%～0.2%硫酸锌或螯合锌溶液 2～3 次
硼	生长点附近的节间显著地缩短。上位叶向外侧卷曲，叶缘部分变褐色，当仔细观察上位叶叶脉时，有萎缩现象。果实表皮出现木质化	叶面喷施 0.1%～0.2%硼砂或硼酸溶液 2～3 次
铁	植株的新叶除了叶脉全部黄化，到后期叶脉也渐渐失绿，侧蔓上的叶片也出现同样症状	叶面喷施 0.1%～0.4%硫酸亚铁溶液 2～3 次

三、无公害甜瓜营养套餐肥料组合

1. **基肥**　根据测土施肥配方，以氮、磷、钾为基础，添加腐殖酸、有机型螯合微量元素、增效剂、土壤调理剂等，生产含锌、锰、硼、铁、铜等甜瓜有机型专用肥，根据当地施肥现状，综合各地配方肥配制资料，从下面 3 种配方进行选择。各配方基础肥料选用及用量（1 吨产品）如下。

配方 1：综合各地甜瓜配方肥配制资料，建议氮、磷、钾总养分量为30%，氮、磷、钾比例分别为 1∶0.46∶1.04。硫酸铵 100 千克、尿素 160 千克、磷酸一铵 79 千克、过磷酸钙 100 千克、钙镁磷肥 10 千克、硫酸钾 250 千克、硝酸钙 100 千克、硝基腐殖酸 100 千克、氨基酸螯合锌硼锰铜 20 千克、生物制剂 25 千克、氨基酸 26 千克、增效剂 10 千克、土壤调理剂 20 千克。

配方 2：综合各地甜瓜配方肥配制资料，建议氮、磷、钾总养分量为25%，氮、磷、钾比例分别为 1∶0.4∶1.1。硫酸铵 100 千克、尿素 110 千克、磷酸一铵 80 千克、硫酸钾 200 千克、硝酸钙 150 千克、腐殖酸钾 100 千克、氨基酸锌硼锰铜 20 千克、硝基腐殖酸 150 千克、氨基酸 30 千克、生物制剂 30 千克、增效剂 10 千克、土壤调理剂 20 千克。

配方 3：综合各地甜瓜配方肥配制资料，建议氮、磷、钾总养分量为 35%，氮、磷、钾比例分别为 1：0.54：1.13。硫酸铵 100 千克、硝酸铵 50 千克、尿素 139 千克、磷酸一铵 140 千克、硫酸钾 300 千克、氨基酸锌硼锰铁铜 25 千克、硝酸钙 100 千克、硫酸镁 64 千克、氨基酸 30 千克、生物制剂 20 千克、增效剂 12 千克、土壤调理剂 20 千克。

也可选用腐殖酸含促生菌生物复混肥（20-0-10）、腐殖酸高效缓释复混肥（15-5-20）、腐殖酸硫基长效缓释肥（23-12-10）等。

2. 生育期追肥　追肥可采用腐殖酸包裹尿素、增效尿素、腐殖酸型过磷酸钙、缓释磷酸二铵、腐殖酸含促生菌生物复混肥（20-0-10）、腐殖酸高效缓释复混肥（15-5-20）、腐殖酸硫基长效缓释肥（23-12-10）、甜瓜腐殖酸型滴灌（冲施）肥（20-0-15）、长效硫基含硼锌水溶滴灌肥（10-15-25）等。

3. 根外追肥　可根据甜瓜生育情况，酌情选用腐殖酸水溶肥、氨基酸水溶肥、海藻酸水溶肥、氨基酸螯合微量元素水溶肥、大量元素水溶肥、活力钙叶面肥、活力硼叶面肥、活力钾叶面肥等。

四、无公害甜瓜营养套餐施肥技术规程

本规程以甜瓜高产、优质、无公害、环境友好为目标，选用有机无机复合肥料、长效缓释肥料、有机活性水溶肥料进行施用，各地在具体应用时，可根据当地甜瓜种植情况对测土配方推荐用量进行调整。

1. 常规灌溉条件下甜瓜营养套餐施肥技术规程

（1）定植前基肥　在移栽前 7～10 天翻入土中。根据肥源，选取下列组合之一：①亩施生物有机肥 100～200 千克（无害化处理过的腐熟有机肥 1 500～2 000 千克）、甜瓜有机型专用肥 60～80 千克；②亩施生物有机肥 100～200 千克（无害化处理过的腐熟有机肥 1 500～2 000 千克）、腐殖酸含促生菌生物复混肥（20-0-10）60～80 千克、腐殖酸型过磷酸钙 30～40 千克；③亩施生物有机肥 100～200 千克（无害化处理过的腐熟有机肥 1 500～2 000 千克）、腐殖酸高效缓释复混肥（15-5-20）50～70 千克或腐殖酸硫基长效缓释肥（23-12-10）40～60 千克；④亩施生物有机肥 100～200 千克（无害化处理过的腐熟有机肥 1 500～2 000 千克）、增效尿素 15～20 千克、增效磷酸铵 15～20 千克、大粒钾肥 25～30 千克。

（2）定植后追肥　主要施催蔓肥和膨瓜肥。

① 伸蔓期追肥。在甜瓜抽蔓至开花坐果期，亩施甜瓜有机型专用肥12～15千克，或腐殖酸高效缓释复混肥（15-5-20）10～12千克，或腐殖酸硫基长效缓释肥（23-12-10）8～10千克，或增效尿素8～10千克、大粒钾肥3～5千克。

② 甜瓜膨大初期肥。开花坐果后果实开始膨大之间，亩施甜瓜有机型专用肥20～25千克，或腐殖酸高效缓释复混肥（15-5-20）18～20千克，或腐殖酸涂层长效肥（23-12-10）16～18千克，或增效尿素12～15千克、大粒钾肥4～6千克。或施用2次甜瓜腐殖酸型滴灌（冲施）肥（20-0-15）10～15千克，间隔期20～30天。

③ 果实膨大中期追肥。亩施甜瓜有机型专用肥12～15千克，或腐殖酸高效缓释复混肥（15-5-20）10～12千克，或腐殖酸硫基长效缓释肥（23-12-10）8～10千克，或增效尿素0～10千克、大粒钾肥3～5千克。或施用两次甜瓜腐殖酸型滴灌（冲施）肥（20-0-15）10～15千克，间隔期20～30天。

（3）根外追肥　主要在期、膨大期等进行根外追肥。

① 伸蔓期。叶面喷施500～1 000倍腐殖酸水溶肥（500～1 000倍氨基酸水溶肥）、1 500倍活力钙叶面肥2次，间隔期15天。

② 瓜迅速膨大期（瓜1千克时）。叶面喷施500倍活力钾叶面肥2次，间隔期15天。

2. 滴灌条件下甜瓜营养套餐施肥技术规程

（1）定植前基肥　在移栽前7～10天翻入土中。根据肥源，选取下列组合之一：①亩施生物有机肥100～200千克（无害化处理过的腐熟有机肥1 500～2 000千克）、甜瓜有机型专用肥60～80千克；②亩施生物有机肥100～200千克（无害化处理过的腐熟有机肥1 500～2 000千克）、腐殖酸含促生菌生物复混肥（20-0-10）60～80千克、腐殖酸型过磷酸钙30～40千克；③亩施生物有机肥100～200千克（无害化处理过的腐熟有机肥1 500～2 000千克）、腐殖酸高效缓释复混肥（15-5-20）50～70千克或腐殖酸硫基长效缓释肥（23-12-10）40～60千克；④亩施生物有机肥100～200千克（无害化处理过的腐熟有机肥1 500～2 000千克）、增效尿素15～20千克、增效磷酸铵15～20千克、大粒钾肥25～30千克。

（2）滴灌追肥　在5片真叶期、伸蔓期、膨大期，结合滴灌灌水进行施肥。

① 5片真叶期开始至伸蔓期。每亩施长效硫基含硼锌水溶滴灌肥（10-15-25）5～6千克，分2次施用，每次2.5～3千克，8～10天1次。

②伸蔓期。每亩施长效硫基含硼锌水溶滴灌肥（10 - 15 - 25）8～10千克，分2次施用，每次4～5千克，8～10天1次。

③甜瓜膨大期。每亩施长效硫基含硼锌水溶滴灌肥（10 - 15 - 25）12～15千克，分3次施用，每次4～5千克，8～10天1次。

（3）根外追肥　主要在伸蔓期、膨大期等进行根外追肥。

①伸蔓期。叶面喷施500～1 000倍腐殖酸水溶肥（500～1 000倍氨基酸水溶肥）、1 500倍活力钙叶面肥2次，间隔期15天。

②瓜迅速膨大期。叶面喷施500倍活力钾叶面肥2次，间隔期15天。

主 要 参 考 文 献

陈林，程滨，赵瑞芬，等，2012. 核桃养分需求规律研究 [J]. 山西农业科学，40 (5)：
　555 - 558.

陈丽妮，刘朝辉，彭毅，等，2011. 赫山区柑橘施肥指标体系研究 [J]. 湖南农业科学，9：
　51 - 53.

陈永兴，2009. 丘陵山地枇杷不同树龄高产平衡施肥技术 [J]. 果农之友，11：23，25.

邓兰生，张承林，2015. 草莓水肥一体化技术图解 [M]. 北京：中国农业出版社.

邓兰生，张承林，2015. 香蕉水肥一体化技术图解 [M]. 北京：中国农业出版社.

邓云，孙德玺，朱迎春，等，2013. "3414" 肥效试验对西瓜产量的影响及推荐施肥分析
　[J]. 中国瓜菜，26 (3)：16 - 19.

樊小林，黄彩龙，2004. 荔枝年生长周期内 N、P、K 营养动态规律与施肥管理体系 [J].
　果树学报，21 (6)：548 - 551.

冯美利，刘立云，曾鹏，等，2009. 不同成熟度椰子叶片 N、P、K 含量及其变化规律 [J].
　江西农业学报，21 (12)：64 - 65，69.

冯奕玺，1997. 应用因土配方施肥技术提高菠萝产量和质量 [J]. 云南热作科技，4：42 -
　43，69.

葛建军，何文选，2008. 柑橘测土配方施肥技术指标体系研究与应用 [J]. 邵阳学院学报，
　5 (2)：90 - 93.

颉宗明，张樱棣，付存仓，2010. 西瓜测土配方施肥试验示范初报 [J]. 陕西农业科学，1：
　99 - 102.

韩联兼，陈思婷，韩超文，2007. 椰子可持续发展施肥策略 [J]. 广西热带农业，4：
　13 - 15.

胡克纬，张承林，2015. 葡萄水肥一体化技术图解 [M]. 北京：中国农业出版社.

何永群，龙淑珍，李志，等，2010. 荔枝营养生长与生殖生长的营养特点及配方施肥研究
　[J]. 广西农业科学，41 (5)：452 - 455.

黄建民，陈东元，2008. 脐橙平衡施肥技术 [J]. 现代园艺，11：17 - 18.

哈雪姣，高春燕，刘唯一，等，2011. 北京大兴区西瓜测土配方施肥指标体系研究 [J]. 中
　国农技推广，27 (1)：35 - 37.

姜存仓，2011. 果园测土配方施肥技术 [M]. 北京：化学工业出版社.

马海洋，刘亚男，石伟琦，等，2015. 香蕉优化施肥浅析 [J]. 中国土壤与肥料，3：50 - 54.

刘桂东，姜存仓，王运华，等，2010. 赣南脐橙施肥状况调查分析与评价 [J]. 现代园艺，
　1：6 - 8.

刘红，杨彦红，2007. 大棚草莓平衡施肥研究 [J]. 西北林学院学报，22 (6)：36-39.

刘建安，刘向锋，王志攀，等，2006. 平衡施肥技术在烟草生产中的应用研究 [J]. 现代农业科技，1：53-54.

刘清国，龚德勇，王晓敏，等，2013. 贵州干热河谷芒果施肥试验 [J]. 福建林业科技，40 (3)：82-85.

陆若辉，边武英，娄烽，等，2011. 测土配方施肥技术在大棚草莓生产上的应用 [J]. 浙江农业科学，3：522-525.

鲁剑巍，陈防，王富华，等，2002. 湖北省柑橘园土壤养分分级研究 [J]. 植物营养与肥料学报，8 (4)：390-394.

林莉，苏淑钗，2004. 板栗矿质营养与施肥研究进展 [J]. 北京农学院学报，19 (1)：73-76.

林致钎，邓孝祺，2014. 脐橙测土配方施肥试验报告 [J]. 现代园艺，2：4-5.

凌国宏，2014. 枇杷施用专用配方肥试验研究 [J]. 安徽农学通报，20 (7)：73, 99.

劳秀荣，杨守祥，韩燕来，2008. 果园测土配方施肥技术 [M]. 北京：中国农业出版社.

劳秀荣，2000. 果树施肥手册 [M]. 北京：中国农业出版社.

李鸿德，薛振乾，胡江波，2008. 陕北干旱枣区枣树施肥技术 [J]. 西北园艺，10：31-32.

李秀珍，2014. 苹果科学施肥 [M]. 北京：金盾出版社.

李晓红，曹文元，周永利，等，2011. 城固县柑橘"3414"田间肥效试验研究报告 [J]. 陕西农业科学，3：50-53.

李晓河，陈盛文，赖汉龙，等，2009. 龙眼配方施肥试验研究 [J]. 中国农学通报，10：95-96.

麦全法，林宁，吴能义，等，2009. 海南南田农场反季节芒果优化施肥研究 [J]. 热带农业科学，29 (1)：12-16.

潘启城，黄尚聪，黄继庆，2009. 丘陵地带芒果园土壤改良与合理施肥 [J]. 中国园艺文摘，3：91-92.

乔宝营，朱运钦，黄海帆，等，2008. 大棚葡萄配方施肥技术研究 [J]. 北方园艺，3：106-107.

全国农业技术推广服务中心，2011. 南方果树测土配方施肥技术 [M]. 北京：中国农业出版社.

全国农业技术推广服务中心，2011. 北方果树测土配方施肥技术 [M]. 北京：中国农业出版社.

权伟，应苗苗，康华靖，等，2014. 洞头县杨梅测土配方施肥技术探讨 [J]. 浙江农业科学，8：1178-1180.

邱维美，1996. 海南椰树施肥效应与合理施肥 [J]. 热带作物研究，2：25-30.

沈方科，黄剑平，李柳霞，等，2011. 潮土区蜜柚配方施肥研究 [J]. 安徽农业科学，39 (4)：2 135-2 137.

沈静，孙玲丽，邢嘉语，等，2012. 科学施肥与现代农业 [J]. 磷肥与复肥，27 (4)：86-88.

沈晖，田军仓，宋天华，2011. 旱地压砂地甜瓜平衡施肥产量效应研究 ［J］. 节水灌溉，11：5-8.

孙运甲，张立联，2014. 测土配方施肥指导手册 ［M］. 济南：山东大学出版社

宋志伟，2011. 果树测土配方施肥技术 ［M］. 北京：中国农业科学技术出版社

宋志伟，张爱中，2014. 果树实用测土配方施肥技术 ［M］. 北京：中国农业出版社

汤文秀，2003. 柿子需肥特点及施肥对策 ［J］. 福建果树，3：53-54.

唐龙祥，邱兵，毛祖舜，1997. 海南椰子氮磷钾镁肥施用效应研究 ［J］. 土壤肥料，5：35-36，39.

谭永贞，潘启城，2009. 测土配方施肥技术在芒果园土壤改良中的应用 ［J］. 农业科技通讯，12：200-202.

新疆慧尔农业科技股份有限公司，2014. 新疆主要农作物营养套餐施肥技术 ［M］. 北京：中国农业科学技术出版社.

王萍，刘立云，董志国，等，2014. 椰子不同叶序5种矿质元素含量变化规律初探 ［J］. 西南农业学报，27（2）：743-746.

闻禄，2013. 普洱市香蕉施肥现状调查与分析 ［J］. 热带农业科学，23（11）：5-8.

吴海华，陈波浪，盛建东，等，2012. 南疆全立架露地栽培甜瓜平衡施肥参数的初步研究 ［J］. 新疆农业科学，49（10）：1 793-1 798.

吴连松，郭志雄，2009. 我国龙眼营养与施肥研究的回顾 ［J］. 江西农业学报，21（6）：81-83.

许乃霞，杨益花，单建明，等，2015. 水肥一体化施肥对草莓产量的影响 ［J］. 安徽农业科学，43（3）：62-63，69.

薛亮，马忠明，杜少平，2015. 沙漠绿洲灌区甜瓜氮磷钾用量优化模式研究 ［J］. 中国农业科学，48（2）：303-313.

杨昌庆，徐教风，1995. 新西兰柿树施肥及缺素症的防治 ［J］. 落叶果树，2：53-54.

杨先芬，梅家训，苏桂林，2009. 橘柑橙柚施肥技术 ［M］. 北京：金盾出版社.

杨先芬，梅家训，苏桂林，2011. 龙眼荔枝施肥技术 ［M］. 北京：金盾出版社.

杨宇，邓正春，彭永胜，等，2013. 柑橘叶片营养诊断施肥技术研究 ［J］. 湖南农业科学，15：183-184.

杨亦鹏，林春，2011. 海岛洞头无公害西瓜需肥规律及施肥技术 ［J］. 中国园艺文摘，2：130-131.

曾春华，2014. 平和县琯溪蜜柚施肥技术探讨 ［J］. 福建农业，6：74-75.

周凯，胡德平，石梅，等，2009. 无公害西瓜施肥配方施肥筛选试验 ［J］. 贵州农业科学，37（1）：147-148.

周修冲，刘国坚，姚建武，等，2000. 芒果营养特性及平衡施肥效应研究 ［J］. 土壤肥料，4：13-16.

张福锁，陈新平，陈清，等，2009. 中国主要作物施肥指南 ［M］. 北京：中国农业大学出版社.

张洪昌，段继贤，王顺利，2014. 果树施肥技术手册 [M]. 北京：中国农业出版社.

张化民，2001. 枣树施肥配方标准的应用方法 [J]. 中国林副特产，2 (57)：30 - 31.

张江周，严程明，史庆林，等，2014. 菠萝营养与施肥 [M]. 北京：中国农业大学出版社.

张明德，孔凡生，2002. 柿树专用肥及综合配套技术 [J]. 农业新技术，2：11 - 12，15.

张文，符传良，吉清妹，等，2012. 海南芒果平衡施肥技术研究 [J]. 广东农业科学，19：67 - 70.

张舒平，钱炳坤，冯建兴，1999. 龙眼施肥技术模式的认同与差异 [J]. 福建果树，3：41 - 43.

张书中，黄玉波，姜秀芳，等，2015. 豫东潮土地不同氮磷因子对西瓜产量的影响 [J]. 农业科技通讯，4：120 - 122.

张兴旺，2006. 板栗的需肥特性与施肥要点 [J]. 云南林业，27 (1)：19.

张玉凤，董亮，刘兆辉，等，2010. 不同肥料用量和配比对西瓜产量、品质及养分吸收的影响 [J]. 中国生态农业学报，18 (4)：765 - 769.

张跃建，1999. 东魁杨梅对主要矿质养分的年间吸收量 [J]. 浙江农业学报，11 (4)：208 - 211.

张跃建，苗立祥，蒋桂花，等，2011. 厚皮甜瓜矿质元素吸收特性研究 [J]. 农业科技通讯，10：57 - 60.

张兆辉，杨晓峰，左恩强，等，2014. 西瓜 N、P、K 配方施肥数学模型构建的研究 [J]. 中国农学通报，30 (16)：102 - 107.

周斌，李勇星，晏晓龙，等，2007. 杨梅配方施肥技术示范初报 [J]. 中国南方果树，36 (3)：55.

周林军，曾明，王秀祺，等，2013. 我国杨梅矿质营养特性研究进展 [J]. 中国南方果树，42 (2)：35 - 39.

周军，张立新，司立征，等，2011. 厚皮甜瓜矿质元素吸收特性研究 [J]. 西北农业学报，20 (6)：132 - 135.

詹世虎，1998. 板栗配方施肥促丰产研究初报 [J]. 林业科技通讯，11：26 - 30.

赵登超，孙蕾，刘方春，等，2013. 山东枣庄石榴园土壤养分状况研究 [J]. 中国农学通报，29 (22)：212 - 215.

赵维峰，李绍鹏，李茂富，等，2004. 龙眼营养诊断技术 [J]. 热带林业，32 (3)：26 - 29.

赵卫星，常高正，徐小利，等，2010. 测土配方施肥在西瓜上的应用效果 [J]. 果树学报，27 (5)：828 - 832.

赵永志，2012. 果树测土配方施肥技术理论与实践 [M]. 北京：中国农业科学技术出版社.

中国化工学会肥料专业委员会，云南金星化工有限公司，2013. 中国主要农作物营养套餐施肥技术 [M]. 北京：中国农业科学技术出版社.

庄伊美，1989. 龙眼、荔枝营养与施肥 [J]. 福建热作科技，4：27 - 35.

图书在版编目（CIP）数据

果树测土配方与营养套餐施肥技术 / 宋志伟等编著
. —北京：中国农业出版社，2016.2（2019.1重印）
ISBN 978 - 7 - 109 - 21300 - 5

Ⅰ.①果… Ⅱ.①宋… Ⅲ.①果园土-土壤肥力-测
定法②果树-施肥-配方 Ⅳ.①S660.6

中国版本图书馆 CIP 数据核字（2015）第 296031 号

中国农业出版社出版
（北京市朝阳区麦子店街 18 号楼）
（邮政编码 100125）
责任编辑　魏兆猛
————————
北京万友印刷有限公司印刷　　新华书店北京发行所发行
2016 年 2 月第 1 版　　2019 年 1 月北京第 2 次印刷
————————
开本：720mm×960mm　1/16　印张：18
字数：310 千字
定价：35.00 元
（凡本版图书出现印刷、装订错误，请向出版社发行部调换）